《养猪实用技术》

编 写 委 员 会

主　编　张永康　李世满　杨　刚

副主编　李应科　杨文琳　徐婧祎

编　委　马建明　王粉琴　赵小刚　朱鹏智　魏小平
杨鸿斌　王红娟　纳海龙　海　梅　施兴梅
杨　忠　王万峰　马国栋　李舒恬　李生虎
赵　娜　崔　海　贺林芝　陈西风　王金果
李　勇　张　涛

张永康　李世满　杨　刚　主编

养猪实用技术

YANGZHU SHIYONG JISHU

黄河出版传媒集团
阳光出版社

图书在版编目（CIP）数据

养猪实用技术 / 张永康，李世满，杨刚主编. -- 银川：阳光出版社，2022.6
ISBN 978-7-5525-6335-1

Ⅰ. ①养… Ⅱ. ①张… ②李… ③杨… Ⅲ. ①养猪学 Ⅳ. ①S828

中国版本图书馆CIP数据核字（2022）第091628号

养猪实用技术　　张永康　李世满　杨　刚　主编

责任编辑　马　晖
封面设计　石　磊
责任印制　岳建宁

黄河出版传媒集团 阳光出版社 出版发行

出 版 人　薛文斌
地　　址　宁夏银川市北京东路139号出版大厦（750001）
网　　址　http：//www.ygchbs.com
网上书店　http：//shop129132959.taobao.com
电子信箱　yangguangchubanshe@163.com
邮购电话　0951-5047283
经　　销　全国新华书店
印刷装订　宁夏银报智能印刷科技有限公司
印刷委托书号　（宁）0023605

开　　本　720mm×980mm　1/16
印　　张　18.5
字　　数　300千字
版　　次　2022年6月第1版
印　　次　2022年6月第1次印刷
书　　号　ISBN 978-7-5525-6335-1
定　　价　48.00元

前　言

中国是世界上公认的养猪大国，猪存栏量及出栏量均居世界第一，约占全球的一半。尽管我国养猪生产在数量上占优势，但生产水平与欧、美等发达国家相比，仍有一定的差距，主要表现在母猪繁殖率不高、仔猪成活率低、饲料利用率低和胴体瘦肉率低等方面。近年来，在党和政府关注新农村建设问题及调整农业生产结构的战略决策出台后，各方加大了对养猪业的投入及扶持力度。目前，养猪产业正值转型和产业升级的重要时期，一些现代化的技术及设备正在不断应用于养猪业中，一线急需大量的技术技能人才，来助推改变产业增长方式。

高职高专畜牧兽医专业培养目标就是为畜牧生产培养高素质技术技能人才。猪生产技术课程是畜牧兽医专业核心课程。因此，本书针对目前养猪业发展现状，以培养适应新时代行业需求人才为目标，以实际工作任务为主要内容，结合不同岗位需求技能，让学生充分掌握各项工作任务及相应技能。按照养猪生产的工作过程，将内容分为4个项目和13项训练任务，并附养猪实用技术问答，便于学生开拓专业眼界和巩固所学知识。本书也可作为养殖企业技术人员和养殖户的学习参考书。

本书由宁夏职业技术学院张永康、杨刚，宁夏红寺堡区畜牧兽医技术推广服务中心李世满担任主编，由红寺堡区畜牧兽医技术推广服务中心的技术人员和宁夏职业技术学院生命科技学院畜牧兽医教研室的老师参与编写本书，在此一并感谢。在编写过程中，参阅了国内外前辈及同仁的文献、著作和科研成果，在此一并致谢。

但由于我们的水平有限，编写时间仓促，书中内容的取舍、文字表达等方面可能会出现一些问题，敬请同仁及读者批评指正，为此书提出宝贵意见，以便再版时修订。

编　者

2022年4月

目 录

项目一　选种选育技术

知识目标：识别目前我国饲养的主要地方品种、引入品种和培育品种；理解杂交繁育体系及配套系的概念；掌握脂肪型、兼用型、瘦肉型猪的特征；掌握现代化品种的外貌特征及生产性能；掌握配套系杂交的优点及设计原则；掌握种猪测定的基本方法；掌握猪群最佳年龄结构、性别比例，选留、淘汰的原则与方法；掌握BLUP法育种软件的应用方法。

技能目标：运用长白猪、大约克夏猪、杜洛克猪进行三元杂交生产模式的设计；鉴别种猪的纯度，挑选出健康、具有品种特征特点的种猪；编制并正确地实施一般猪场种猪选留、淘汰的技术方案；在技术人员的指导下，开展育种工作；利用猪场设施进行种猪测定；能使用BLUP法育种软件进行育种工作。

职业岗位：饲养员、品种鉴定员、繁殖员（工）

本单元共有两个任务，任务一为猪的品种识别，要让学生能够识别目前我国饲养的主要地方品种、引入品种和培育品种；任务二为种猪的选择，让学生掌握性能测定技术及种猪选择的具体方法。

任务一　猪的品种识别

我国猪种遗传资源极为丰富，据1986年出版的《中国猪品种志》介绍，我国地方猪种分为6种类型48个品种，培育品种12个，从国外引进经过我国长期风土驯化的猪种6个，共计66个，可谓品种繁多，位居世界之首，是世界猪种资源宝库中的重要组成部分。

一、猪的品种分类

按经济类型划分：瘦肉型、脂肪型、肉脂兼用型

表 1–1　猪种经济类型划分比较

	瘦肉型	脂肪型	兼用型
1. 体形外貌			
体型	流线型	方砖型	
头颈部	轻而肉少	重而肉多	
四肢	高、四肢间宽大	矮、四肢间距窄	
体长与胸围比	大于 15 cm	基本差不多，不超过 2 cm	
2. 胴体特征			
瘦肉率	高于 55%	低于 45%	45%~50%
背膘	薄、小于 3.5 cm	厚、多于 4.5 cm	3.5~4.5 cm
3. 饲料利用特点	转化瘦肉率高	转化脂肪率高	
4. 代表品种	长白、大约克、三江白猪	槐猪、赣州白猪	上海白猪、新金猪

二、我国地方猪种

（一）我国地方猪种的分类

我国地方猪种按其外貌体型、生产性能、当地农业生产情况、自然条件和移民等社会因素，大致可以划分为六个类型：华北型、江海型、华中型、华南型、西南型和高原型。

1. 华北型

（1）地理分布　最广，主要在淮河、秦岭以北。

（2）体形外貌　华北型猪毛色多为黑色，偶在末端出现白斑。体躯较大，四肢粗壮；头较平直，嘴筒较长；耳大下垂，额间多纵行皱纹；皮厚多皱褶，毛粗密，鬃毛发达，可长达10 cm；冬季密生绒毛，乳头8对左右。

（3）猪种特点　抗寒力强，产仔数一般在12头以上，母性强，泌乳性能好，仔猪育成率较高。耐粗饲和消化力强。

（4）猪种　东北民猪、八眉猪、黄淮海黑猪、沂蒙黑猪。

2. 华南型

（1）地理分布　分布在云南省西南部和南部边缘，广西和广东偏南的大部分地区，以及福建的东南角和台湾各地。

（2）体形外貌　毛色多为黑白花，在头、臀部多为黑色，腹部多为白色，体躯偏小，体型丰满，背腰宽阔下陷，腹大下垂，皮薄毛稀，耳小直立或向两侧平伸；性成熟早，乳头多为5~7对。

（3）猪种特点　早熟，产仔数较少，每胎6~10头，脂肪偏多。

（4）猪种　两广小花猪、蓝塘猪、香猪、槐猪、桃源猪。

3. 华中型

（1）地理分布　主要分布于长江南岸到北回归线之间的大巴山和武陵山以东的地区，大致与华中区相符合。

（2）体形　体躯较华南型猪大，体型则与华南型猪相似。毛色以黑白花为主，头尾多为黑色，体躯中部有大小不等的黑斑，个别有全黑，体质较疏松，骨骼细致，背腰较宽而多下凹，乳头6~8对。

（3）猪种特点　生产性能介于华南与华北之间。每窝产仔10~13头，早熟，肉质细嫩。

（4）猪种　金华猪、大花白猪、华中两头乌猪、福州黑猪、莆田黑猪。

4. 江海型

（1）地理分布　主要分布于汉水和长江中下游沿岸以及东南沿海地区。

（2）体形外貌　毛色自北向南由全黑逐步向黑白花过渡，个别猪种全为白色，骨骼粗壮，皮厚而松，多皱褶，耳大下垂。

（3）猪种特点　繁殖力高，乳头多为8对或8对以上；窝产仔13头以上，高者达15头以上；脂肪多，瘦肉少。

（4）猪种　太湖猪、姜曲海猪、虹桥猪、中国台湾猪。

5. 西南型

（1）地理分布　分布在云贵高原和四川盆地的大部分地区以及湘鄂西部。

（2）体形外貌　毛色多为全黑和相当数量的黑白花（“六白”或不完全“六白”等），但也有少量红毛猪。头大，腿较粗短，额部多有旋毛或纵行皱纹。

（3）猪种特点　产仔数一般为8~10头，屠宰率低，脂肪多。

（4）猪种　内江猪、荣昌猪、乌金猪。

6. 高原型

（1）地理分布　主要分布在青藏高原。

（2）体形外貌　被毛多为全黑色，少数为黑白花和红毛。头狭长，嘴筒直尖，犬齿发达，耳小竖立，体型紧凑，四肢坚实，形似野猪。

（3）猪种特点　属小型早熟品种。每窝产仔5~6头，生长慢，胴体瘦肉多，背毛粗长，绒毛密生，适应高寒气候。

（4）猪种　藏猪。

（二）我国猪种的优良遗传特性

1. 成熟早，产仔多，母性性能好，使用年限较长

产仔数高，如太湖猪平均产仔15.8头；排卵数多，太湖猪平均排卵数为28.16个，比其他地方猪种多6.58个，比国外猪种多7.06个；胚胎死亡率低，太湖猪早期胚胎死亡率平均为19.99%，国外猪种则为28.40%~30.07%；性成熟早，初情期平均98 d，一般64 d（二花脸）至142 d（民猪）；平均体重24 kg，一般12 kg（金华猪）至40 kg（内江猪）；而国外主要猪种在200 d。

2. 适应性强，耐粗，抗病力好

通过对粗纤维利用能力、抗寒性能、耐热性、体温调节机能、高温高湿下的适应性、高海拔下的适应性、耐饥饿及抗病力8项内容的测定表明：中国猪种具有高度的抗应激性和适应性，有些猪种对严寒（民猪等）、酷暑（华南型猪）

和高海拔（藏猪和内江猪）有很强的适应性。绝大多数中国猪种没有猪应激综合征（PSS）。

3. 肉质好，但瘦肉少，脂肪多，皮肤比例高，骨头比例低

10个地方猪种肌肉品质的研究表明：肌肉颜色鲜红（没有PSE肉，即没有肉色灰白、质地松软和渗水的劣质肉）；系水力强，肌肉大理石纹适中，肌内脂肪含量高；反映到口感上是“肉嫩多汁，肉香味美”，而这些是国外猪种无法与之相比的。

4. 矮小特性

贵州和广西的香猪、海南的五指山猪、云南的版纳微型猪以及台湾的小耳猪，是我国特有的遗传资源。成年体高在35~45 cm，体重只有40 kg左右；具有性成熟早、体型小、耐粗饲、易饲养和肉质好等特性；是理想的医学实验动物模型，也是烤乳猪的最佳原料，具有广阔的开发利用前景。

（三）国家级猪种资源保护品种

2000年8月22日，中华人民共和国农业部发布第130号公告，确定以下19（21）个地方猪种为国家级猪种资源保护品种，它们是：八眉猪、大花白猪（广东大花白猪）、黄淮海黑猪（马身猪、淮猪）、内江猪、乌金猪（大河猪）、五指山猪、太湖猪（二花脸猪、梅山猪）、民猪、两广小花猪（陆川猪）、里岔黑猪、金华猪、荣昌猪、香猪（含白香猪）、华中两头乌猪（通城猪）、清平猪、滇南小耳猪、槐猪、蓝塘猪、藏猪。

三、引入的国外品种

19世纪末期以来，从国外引入的猪种有十多个，其中对我国猪种改良影响较大的有中约克夏猪、巴克夏猪、大白猪、苏白猪、克米洛夫猪、长白猪等；20世纪80年代，又引进了杜洛克猪、汉普夏猪和皮特兰猪。

目前，在我国影响大的瘦肉型猪种有大约克夏猪、长白猪、杜洛克猪、皮特兰猪及PIC配套系猪、斯格配套系猪。

（一）国外引入品种的种质特性

1. 生长速度快，饲料报酬高

体格大，体型均匀，背腰微弓，后躯丰满，呈长方形体型。成年猪体重300 kg 左右。生长育肥期平均日增重在700 g，料重比2.8以下。

2. 屠宰率和胴体瘦肉率高

100 kg 体重屠宰时，屠宰率70% 以上，胴体背膘薄18 mm 以下，眼肌面积33 cm^2以上，后腿比例30% 以上，胴体瘦肉率62% 以上。

3. 肉质较差

肉色、肌内脂肪含量和风味都不及我国地方猪种，尤其是肌内脂肪含量在2% 以下。出现 PSE 肉（肉色苍白、质地松软和渗水肉）和暗黑肉（DFD）的比例高，尤其皮特兰猪的 PSE 肉的发生率高。

4. 繁殖性能差

母猪通常发情不太明显，配种难，产仔数较少。长白和大白猪经产仔数为11.0~12.5头，杜洛克、皮特兰一般不超过10头。

5. 抗逆性较差

（二）主要引入品种

1. 长白猪（Landrace）

（1）产地与分布　长白猪原名为兰德瑞斯猪，产于丹麦，是世界上著名的瘦肉型猪品种之一，目前世界上养猪业较发达的国家均有饲养。我国从1964年开始，先后从瑞典、荷兰、丹麦、美国、日本、英国引入，现分布于全国各地。该猪因体形特别长，毛色全白，故称“长白猪”。

（2）育成经过　丹麦从1887年开始对兰德瑞斯猪进行培育工作，从英国引进大约克夏猪与当地土种白猪进行杂交改良，把脂肪型猪改为瘦肉型猪，选育成当时世界上最优秀的瘦肉型种猪。

（3）特征和特点　全身被毛白色且浓密柔软而富于光泽，皮肤较薄，耳大、长，向前倾，覆盖面部。头狭长，嘴直而较长，面部无凹陷，头小肩轻，胸部窄，后躯宽，前部低，后部高，整体呈楔形（从体侧观察，头与前躯小，后躯大而发达），体躯较长，肋骨16~17对（比其他猪种多1~2块胸柱），背腰稍呈“弓”形，腹线平直而不松弛，腿臀部肌肉发达，乳头6~7对。

长白猪性成熟较晚，6月龄开始出现性行为，8~9月龄体重达100 kg以上时开始配种。初产母猪产仔数10~11头，经产母猪产仔数11~12头。仔猪初生重平均为1.4 kg，28 d断奶体重7 kg，35 d断奶体重8 kg。

（4）国内生产实践　它是国内养猪生产基本育种和杂交利用材料，用它与大白猪正反杂交，生产出二元长大（或大长）母猪。长白猪生产性能优良，如表1-2所示。

表 1-2　长白猪生产性能

性别	育肥期 日增重 /g	达 90 kg 日龄 /d	料肉比	背膘厚 /cm	瘦肉率 /%
公	849	151	2.65	2.87	64.5
母	691	168	3.22	2.51	63.0

图1-1　长白母猪

图1-2　长白公猪

（5）优缺点　长白猪具有生长快、饲料利用率高、瘦肉率高等特点，且母猪产仔较多，奶水较足，断奶窝重较高。但体质较弱，抗逆性差，易发生繁殖障碍及裂蹄。在饲养条件较好的地区以长白猪作为杂交改良第一父本，与地方猪种和培育猪种杂交，效果较好。

2. 大约克夏猪（Yorkskire）

（1）产地与分布　大约克夏猪又称大白猪，原产于英国北部的约克郡及邻近地区。由于大白猪繁殖能力强，饲料转化率和屠宰率较高，世界各地曾先后引入并用来杂交改良当地猪种，都取得了一定效果。现在许多品种或多或少都含有其血统。例如，苏联大白猪就是从英国引进，并经过几十年的本土驯化选育而成的，被列为苏联国家品种。又如长白猪就是丹麦从英国引进约克夏猪并与当地土种白猪进行杂交改良，选育成当代世界最优秀的瘦肉型猪种。

我国最早引进大约克夏猪是在20世纪30年代，限于当时社会条件，没有驯化成功。中华人民共和国成立后，1957年、1967—1973年，我国先后从澳大利亚和英国引进几百头大约克夏猪，主要分市在华中、华东、华南等地区，以后被引种到全国各地。

（2）育成过程　英国原有的猪种体型粗大，毛白色，皮肤具有黑色或浅蓝色的斑点。引入我国广东的猪和莱斯特（Leicester）猪杂交而育成为优良的白色猪。到1852年正式确定为新品种，称约克夏猪。约克夏猪有大、中、小三种类型，小型约克夏猪又叫英国小白猪，是典型的脂肪型品种，几乎绝迹；中型约克夏猪是兼用型品种，在我国华东、华中地区农户饲养较多；我国规模化猪场多饲养大约克夏猪；

（3）特征与特性　现在以大约克夏猪较为普遍，在英国及加拿大等国饲养较多，被欧洲誉为“全能品种”。大约克夏猪是瘦肉型猪的代表品种。体格大，毛色全白，额角皮肤上不得有暗斑；头长面宽呈中等凹陷，耳薄而大并向上直立；体躯长，胸部宽深，肋骨扩张，背平直稍呈弓形，腹充实而紧，后躯宽长，臀部丰满，体形匀称，呈长方砖形；四肢粗壮较高，但后腿欠结实。乳头7对。大约克夏猪引入我国后，经长期本土驯化，体型无明显变化，仅在饲养条件较差的地区，体重变小和腹围增大。

大约克夏猪性成熟晚，母猪初情期在6月龄左右。繁殖力强，据湖北、湖南、辽宁、四川、浙江、上海等省、市国有农场统计，初产母猪产仔数10头左右，经产母猪平均产仔数12.15头。产活仔数10头，湖北省统计最高产活仔数11.30头。

（4）国内生产实践　大约克夏猪与长白猪一样构成国内养猪生产的原始猪种材料，生产性能优良，如表1-3所示。

表 1–3 大约克夏猪生产性能

性别	育肥期日增重 /g	达 90 kg 日龄 /d	料肉比	背膘厚 /cm	瘦肉率 /%
公	758	156	2.41	2.87	63.65
母	514	166	3.50	2.51	62.7

（5）优缺点 大约克夏猪具有生长快，较耐粗饲，饲料利用率高，瘦肉率高，肉色好，杂种优势显著，产仔较多，适应性强等优点，但有蹄质欠结实，后备母猪发情不明显的缺点。

图1–3 大约克夏公猪

图1–4 大约克夏母猪

3. 杜洛克猪（Duroc）

（1）产地与分布 杜洛克猪产于美国东北部，分布最广，数量最多，在美国的猪品种中其日增重和料肉比排名第一。育成后被引进世界各地繁殖饲养，分布较广，我国在建国前已有引入（脂肪型）。中华人民共和国成立后第一次输入杜洛克猪是在1972年美国总统尼克松访华时，送给我国纯种杜洛克猪一对，饲养在河南省息县外贸饲养场。广东省在1978年从美国引入部分纯种杜洛克猪，以后相继从日本、匈牙利、美国和加拿大等国引入，在我国各地均有饲养。

（2）育成经过 杜洛克猪是19世纪60年代在美国东北部，由美国纽约红毛杜洛克猪、新泽西州的泽西红毛猪以及康涅狄格州的红毛巴克夏猪育成的。原来是脂肪型猪，后来为适应市场需求，改良为瘦肉型猪。这个猪种于1880年建立了品种标准，原称为杜洛克泽西（Duroc Jersey），现简称杜洛克猪。

（3）特征和特性　杜洛克猪全身被毛为棕红色，变异范围由金黄色到深红砖色，深浅不一，故有“金毛猪”之称。头小清秀，耳中等大小，耳根稍立，中部下垂，略向前倾，嘴略短，颜面稍凹，体型中等，体高而身腰较长，体躯深广，肌肉丰满平滑；胸宽而深，背呈“弓”形，腹线平直，后躯肌肉特别发达，四肢粗壮结实，蹄壳呈黑色，大腿丰满。乳头7对，从英国引进的杜洛克猪，有个别出现卷毛。

杜洛克猪成年体重：公猪350 kg左右，母猪300 kg左右。初产母猪产仔数9头，经产母猪产仔数10~12头。

（4）国内生产实践　杜洛克猪在国内应用广泛，是“杜、长、大配套系模式”的终端父本，生产性能优良，如表1-4所示。

表1-4　杜洛克猪生产性能

性别	育肥期日增重/g	达90kg日龄/d	料肉比	背膘厚/cm	瘦肉率/%
公	737	175	2. 84	2.37	64.3
母	702	178	3.20	2.37	62.2

杜洛克猪与我国地方猪杂交时，一代杂种猪毛色多为黑色或黑白花，群众不太喜欢，再加上杜洛克猪产仔不多，早期生长慢等问题，部分地区不用杜洛克猪作二元杂交父本，而往往将它作三元杂交的第二父本使用。

（5）优缺点　杜洛克猪具有生长快，瘦肉率高，饲料利用率高，耐寒，适应性强，性情温驯，母性好，体质结实，杂种优势显著等优点。缺点是繁殖力偏低，特别是繁殖机能和泌乳性能易受不良环境的影响，常发生繁殖性障碍；肥育猪的肉质也较差。

图1–5 杜洛克公猪

图1–6 杜洛克母猪

4. 汉普夏猪（HamPshire）

（1）产地与分布 汉普夏猪原产于美国肯塔基州布奥尼地区，目前在美国的饲养数量仅次于杜洛克猪，居第二位，广泛分布于世界各地。早在1936年已引入中国，并与江北猪（淮猪）进行杂交试验，但当时引入的数量过少，没有保存下来。1983年我国再次从美国和匈牙利引进少量汉普夏猪，故其利用和数量远不如长白猪、大约克夏猪和杜洛克猪。

（2）育成经过 早在1825—1830年，英国苏格兰地方的汉普夏饲养一种白肩种，后来由 Mokev 氏把它输入美国，并用这种白肩猪与薄皮猪杂交，选育而成，由于其皮薄，故曾被称为薄皮猪，到1904年才统一命名为汉普夏猪。汉普夏猪原属脂肪型，后来经过60多年改良，变成皮下脂肪薄、胴体伸长、瘦肉多的肉用型品种。

（3）特征和特性 汉普夏猪毛色特征突出，即在肩颈结合部有一条宽白带（包括肩和前肢），在白色与黑色边缘，由黑皮白毛形成一条灰色带，其余均为黑色，故有“银带猪”之称。尾蹄可允许有白色；但若体躯白色超过2/3，或头部有白色，或上半身有旋毛或红毛者，都属美国登记协会规定的不合格特征。该猪性情活泼，头中等大小，耳中等大小且直立，嘴较长而直，体躯较长，背腰宽大略呈拱形，后躯肌肉丰满，四肢较短而健壮，胴体品质较好。汉普夏猪正常乳头12个以上，排列良好，乳根没有过多脂肪。

（4）国内生产实践 汉普夏猪产仔数较低，初产母猪产仔数7~8头，经产母猪产仔数8~9头，母性好，体质强健，生长快，较早熟，是较好的父本材料，在迪卡配套繁育体系中，就较好地利用了这一特性。成年公猪体重350 kg左右，母猪300 kg左右。

（5）优缺点　汉普夏猪的主要优点是生长发育快，抗逆性强，饲料利用率较高，胴体瘦肉率高，肉质较好，杂交效果良好。其缺点是发情不够明显，繁殖力较低，适应性差。

5. 皮特兰猪

（1）产地与分布　皮特兰猪原产于比利时的布拉帮特（Brabant）地区的皮特兰村。我国从20世纪80年代开始引进，目前在我国的分布和利用仅次于杜洛克猪，经过广大育种工作者的努力，已经选育出无应急皮特兰猪。

（2）育成过程　皮特兰猪是利用原产于比利时布拉帮特附近的一种黑白斑土种猪与从法国引进的贝叶猪（Bayeux）杂交，再与泰姆沃斯猪（Tamworth）杂交选育而成。1950年作为品种登记，1995年才被公认，是近30年来在欧洲流行的一个瘦肉型猪新品种。

（3）特征与特性　皮特兰猪被毛呈大块黑白花、灰白花斑且夹有红毛，头部清秀，颜面平直，嘴大且直，耳中等大小且微向前倾，体躯宽深而较短，背幅宽直，腿臀部肌肉特别发达，皮下脂肪少，表现出肌肉外显。

（4）国内生产实践　猪在较好的饲养条件下，生长迅速，6月龄体重可达90~100 kg，日增重750 g左右，每千克增重消耗配合饲料2.5~2.6 kg，屠宰率76%，胴体瘦肉率可达65%~67%。

由于皮特兰猪瘦肉率高，多用作父本进行二元或三元杂交。用皮特兰公猪与上海白猪杂交，其二元杂交后代育肥期的日增重650 g，体重90 kg时屠宰，胴体瘦肉率高达65%；用皮特兰公猪与梅山母猪杂交，其二元杂交后代育肥猪的日增重685 g，饲料报酬2.88：1，体重90 kg时屠宰率74%左右。用皮特兰公猪与长白猪 × 上海白猪的杂种母猪交配，其三元杂交后代育肥期的日增重730 g左右，饲料报酬2.99：1。胴体瘦肉率65%左右，皮持兰猪繁殖力较低，经产母猪平均产仔数9.7头。

（5）优缺点　皮特兰猪的优点是背膘薄，胴体瘦肉率高，后躯和双肩肌肉丰满。缺点是繁殖力较低，商品肉猪生长缓慢。尤其是体重90 kg 以后显著减慢；含应激敏感基因，肉质欠佳，容易产生应激，如用纯种皮特兰猪作父本杂交后易出现灰白肉（PSE 肉）。所以，在杂交过程中，可用皮特兰猪与杜洛克猪或汉普夏猪杂交，杂种一代公猪再作杂交父本，这样既可提高瘦肉率又可减少灰白猪肉的出现。

四、杂交品种

杂交猪是指不同品种或品系间杂交所生产的杂种猪。杂交猪比亲本纯种猪具有繁殖力强、生长速度快、饲料利用率高、抗逆性强、容易饲养等特点。

1. 二元杂交猪

二元杂交猪是指两品种杂交所生产的一代杂种猪。

（1）利用杜洛克、长白、大白等优良瘦肉型猪进行二元杂交，生产杜长、杜大、长大、大长等二元杂交猪。其杂交模式如下：

杜洛克♂ × 长白（或大白）♀　　长白（或大白）♂ × 大白（或长白）♀

↓　　　　　　　　　　　　　　↓

杜长（或杜大）　　　　　　　　长大（或大长）

（2）利用杜洛克、长白、大白等优良瘦肉型公猪与辽宁黑猪、东北民猪等本地母猪进行二元杂交，生产杜本、长本、大本等二元杂交猪。其杂交模式如下：

杜洛克（或长白、大白）♂ × 本地♀

↓

杜本（长本、大本）

2. 三元杂交猪

三元杂交猪是指两品种杂交所生产的一代杂种母猪，选留其中优秀个体，再与第三品种公猪杂交所生产的二代杂种猪。

（1）利用杜洛克、长白、大白等优良瘦肉型猪进行三元杂交，生产杜长大、杜大长等三元杂交猪。其杂交模式如下：

长白（或大白）♂　×　大白（或长白）♀

↓

杜洛克♂　×　长大（或大长）♀

↓

杜长大（或杜大长）

（2）利用杜洛克、长白、大白等优良瘦肉型公猪与辽宁黑猪、东北民猪等本地猪进行三元杂交，生产杜长本、杜大本等三元杂交猪。其杂交模式如下：

长白（或大白）♂　×　本地♀

↓

杜洛克♂　×　长本（或大本）♀

↓

杜长本（或杜大本）

3. 配套系

配套系是指两个以上专门化品系杂交所生产的杂种猪。

（1）迪卡猪　迪卡配套系原产于美国，我国已引入多年。该配套系采用五个专门化品系生产杂交猪。其商品代猪具有生长速度快、饲料利用率高、胴体瘦肉率高、肉质好、抗应激等特点。商品代猪达90 kg体重日龄小于150 d，饲料转化率2.8，胴体瘦肉率大于60%。

（2）PIC猪　PIC配套系原产于英国，我国已引入多年。该配套系采用五个专门化品系生产杂交猪。其商品代猪具有生长速度快、饲料利用率高、胴体瘦肉率高、肉质好、抗应激等特点。商品代猪生后154日龄体重达100 kg，饲料转化率2.4~2.8，胴体瘦肉率65%~67%。

（3）斯格猪　斯格配套系原产于比利时，我国近几年才引入。该配套系采用五个专门化品系生产杂交猪。其商品代猪具有生长速度快、饲料利用率高、胴体瘦肉率高、肉质好、抗应激等特点。商品代猪日增重750~800 g，饲料转化率2.6~2.8，胴体瘦肉率64%~65%。

五、我国培育品种

从1949年到1990年的41年间，我国广大养猪工作者和育种专家通力协作，在23个省、自治区、直辖市共育成新品种、新品系38个。近年来又有一些新品种或配套系育成，并通过国家畜禽品种审定委员会猪品种审定专门委员会的审定。这些猪的新品种和新品系既保留了我国地方品种的优良特性，又兼备了引入品种的特点，大大丰富了我国猪种资源基因库，推动了猪育种科学的进步，并且普遍应用于商品瘦肉猪生产。

培育新品种和新品系的目的，是保留我国地方品种猪母性强、发情明显、繁殖力高、肉质好、适应本地条件、抗逆性强、耐粗饲等优点，改进其增重慢、体型结构不良、屠宰率低、胴体瘦肉率低等缺点。

培育品种与引入品种比较：外形整齐度差，体躯结构还不够理想，腹围较引入品种大；生长发育、增重速度（日增重500~700 g）、饲料报酬（3.0~3.7）和胴体瘦肉率（52%~62%）还不及引入品种。在猪的杂交繁育体系中，一般作为母系品种。

下面简要介绍几个主要培育品种。

1. 哈尔滨白猪

哈尔滨白猪简称哈白猪，产于黑龙江省南部和中部，以哈尔滨市及周围各县较为集中。哈尔滨白猪是当地猪种同约克夏、巴克夏和我国不同地区的杂种猪进行无计划的杂交，形成了适应当地条件的白色类群。自1953年以来，通过系统选育，扩大核心群，加速繁殖与推广，1975年被认定为新品种。

哈白猪具有较强的抗寒和耐粗饲能力，肥育期生长快耗料少，母猪产仔多和哺乳性能好等特点。

2. 上海白猪

上海白猪的中心产区位于上海市近郊的闵行区和宝山县。1963年前很长一个时期，上海市及近郊已形成相当数量的白色杂种猪群，这些杂种猪具有本地猪和中约克夏猪、苏白猪、德国白猪等血统。1965年以后，广泛开展育种工作。1979年被认定为一个新品种。

上海白猪体形中等，全身被毛白色，属肉脂兼用型猪，具有产仔较多，生长快，屠宰率和瘦肉率较高，特别是猪皮优质，适应性强，既能耐寒又能耐热等特性。

3. 湖北白猪

湖北白猪主产于湖北武昌地区。1973—1978年展开大规模杂交组合试验，确定以通城猪、荣昌猪、长白猪和大白猪作为杂交亲本，并以“大白猪×（长白猪×本地猪）”组合组建基础群，1986年育成的瘦肉型猪新品种。

湖北白猪体格较大，被毛白色，能很好适应长江中下游地区夏季高温和冬季湿冷的气候条件，并能较好地利用青粗饲料，兼有地方品种猪耐粗饲特性，并且在繁殖性状、肉质性状等方面均超过国外著名的母本品种。

4. 三江白猪

三江白猪主产于黑龙江省东部合江地区。以长白猪和东北民猪为亲本，进行正反杂交，再用长白猪回交，经六个世代定向选育十余年培育成的瘦肉型猪新品种，于1983年通过鉴定，正式命名为三江白猪。三江白猪全身被毛白色，具有很强的适应性，不仅抗寒，而且对高温、高湿的亚热带气候也有较强的适应能力。在农场生产条件下，表现出生产快、耗料少、瘦肉率高，肉质良好，繁殖力较高等优点。

5. 北京黑猪

北京黑猪中心产区为北京市国营北部农场和双桥农场。基础群来源于由华北型本地黑猪与巴克夏猪、中约克夏猪、苏白猪等国外优良猪种进行杂交，产生的毛色、外貌和生产性能颇不一致的杂种猪群。1960年以来，选择优秀的黑猪组成基础猪群，通过长期选育，于1982年通过鉴定，确定为肉脂兼用型新品种。

北京黑猪被毛全黑，具有肉质优良、适应性强等特性，是北京地区的当家品种，与国外瘦肉型良种长白猪、大约克夏猪杂交，均有较好的配合力。

6. 南昌白猪

南昌白猪中心产区是江西省南昌市及其近郊。1987—1997年通过滨湖黑猪、大约克夏猪等品种杂交培育而成的，并经国家猪品种审定专业委员会审定通过。

南昌白猪毛色全白，背长而平直，后躯丰满，四肢结实，具有适应性强、肌内脂肪丰富、肉质优良等特性。

六、我国猪种资源的保护与利用

（一）我国猪种资源的保护

现代猪种的遗传改良集中在少数瘦肉型良种猪，世界各国都以很大的比例逐渐取代了地方猪种，占据了世界养猪生产的主导地位。对于发展中国家，虽有较丰富的猪种资源，由于盲目引进外来品种杂交和保种措施不当，造成地方猪种的退化和数量的锐减。世界性的猪种资源危机已成为严峻的现实。

我国重视地方猪种的保护工作，几乎每个地方猪种都设有保种场，因此除少数猪种濒临灭绝外，绝大多数还是基本上保存下来了。

1. 保种的重要性

（1）人类社会生存发展的需要　畜禽遗传资源是创造人类所需要的畜禽品种的基本素材，是满足人类社会现在以及未来生存和发展的基本素材，是国家的战略性资源。

（2）畜牧业可持续发展的需要　我国许多畜禽品种具有独特的遗传性状，如繁殖力高、成熟早，肉质风味独特及药用价值高、特异抗病能力强和抗逆性强，是培育高产、优质动物新品种的良好素材，有利于培植产业优势，提高我国畜产品在国际市场中的竞争能力。

2. 保种的基本方法

（1）活体原位保存　可以在利用中动态地保存资源，弊端是需要设立专门的保种群体，维持成本很高，同时管理问题以及畜群会受到各种有害因素的侵袭，例如疾病、近交等。

（2）配子或胚胎的超低温保存　目前还不能完全替代活畜保种，作为补充方式具有很大的实用价值。可以较长时期地保存大量基因，免除畜群对外界环境条件变化的适应性改变；样本收集和处理费用较低，冷冻保存的样本也便于长途运输。

（3）DNA 保存　DNA 基因组文库作为一种新方法，目前处于研究阶段，随着分子生物学和基因工程技术的完善，可以直接在 DNA 水平上保存一些特定的性状。通过对独特性能的基因或基因组定位，进行 DNA 序列分析，利用基因克隆，长期保存 DNA 文库，是一种安全、可靠、维持费用最低的保存方法。此外，体细胞保存也是很有希望的一种方式。这些方法各有利弊，需要共同使用，互相作为补充。

（二）我国猪种资源的开发利用

1. 利用杂种优势

利用中国猪与西方现代猪种的显著差异，通过杂交，获得明显的互补效应和杂种优势。我国地方猪种普遍具有繁殖力高、肉质好、耐粗放的优点，西方现代猪种则具有生长快、饲料转化能力强、瘦肉率高的优点，双方的优点又正好是对方的弱点，杂种大多兼具双方的优点，既有较高的繁殖力和良好的肉质，又生长较快、瘦肉率较高、适应性强，对饲养环境和繁殖技术要求较低，适合农村饲养。

2. 培育新品种（系）

以我国地方猪种的突出优点作为育种素材，培育新的品种和品系。

太湖猪具有繁殖力高（高于西方猪80%）、肉质优良、耐粗放等优点，但它具有明显的弱点，即生长慢、瘦肉率低、精饲料转化能力差，缺乏市场竞争力。用它作为三元杂交的母本，效果是很好的，但经济上不合算。纯繁的公猪需要量不多，经济利用价值小，而且三元杂交不易组织。苏州市苏太猪育种中心，引入50%的杜洛克猪血统，经过10年的选育，育成了生长较快、瘦肉率较高、繁殖力高、肉质鲜美的新品种，命名为苏太猪。

欧美各国也都引进太湖猪以提高现代猪种的繁殖力，效果也是明显的，一般都能提高产仔数1~3头，这是西方猪种上百年选种得不到的成绩。

3. 特殊基因资源的利用

利用我国地方猪种的矮小、肉质优良等特性，一是作为实验动物，二是开发名优特产品。

香猪、五指山猪等小型猪种，不仅是人类心血管疾病、消化代谢疾病、口腔疾病及胚胎遗传工程等方面理想的实验动物，还是烤乳猪的最佳原料；金华猪、大河猪分别是金华火腿与宣威火腿的原料猪。

任务二 种猪的选择

种（良种猪）、料（营养饲料）、舍（猪舍环境控制）、病（猪病防治）、管（经营管理）等是构成现代养猪生产的五大基本要素。在促进畜牧业发展的各种因素中，家畜品种改良对畜牧业发展的贡献率约为40%，饲料营养贡献率20%，饲养管理贡献率20%，疫病防治所带来的贡献率为15%，其他方面的改善和提高贡献率为5%。由此可见，猪种质量的好坏对养猪业的发展起着决定性作用。

要做好猪的选择工作，前提是必须了解猪的主要经济性状及其遗传规律、度量方法，从而采取相应的选择措施。

一、猪的主要经济性状

（一）繁殖性状

1. 繁殖性状的度量

猪的繁殖性状包括窝产仔数，初生重、断奶仔猪数、21日龄窝重（泌乳力）、产仔间隔和初产日龄等。

（1）窝产仔数（litter size）包括总产仔数和产活仔数两个性状。

总产仔数：出生时同窝的仔猪总数，包括死胎、木乃伊和畸形猪在内。

产活仔数：出生24 h 内同窝存活的仔猪数，包括衰弱即将死亡的仔猪在内。

（2）初生个体重与初生窝重　指仔猪出生后吃初乳之前称的个体重和全窝重。

（3）21日龄窝重　同窝存活仔猪到21日龄时的全窝重量，包括寄养进来的仔猪在内，但寄养仔猪的体重不计在内。寄养必须在3 d 内完成，必须注明寄养情况。

（4）产仔间隔　母猪前、后两胎产仔日期间隔的天数。

（5）初产日龄　母猪头胎产仔时的日龄数。

2. 繁殖性状的遗传与选择

繁殖性状属于低遗传力性状，一般为0.1左右，其估计值的变动范围为0.05~0.15。由于繁殖性状遗传力低，一般认为难以通过个体选择得到遗传改良。

表 1-5　繁殖性状的遗传力估计值

性状	遗传力
产活仔数	0.11
总产仔数	0.11
3 周龄仔猪数	0.08
断奶仔猪数	0.06
仔猪断奶前成活率	0.05
初生重	0.15
3 周龄重	0.13
断奶重	0.12
初生窝重	0.15
3 周龄窝重	0.14
断奶窝重	0.12
初产日龄	0.15
产仔间隔	0.11

近年来，对猪产仔数的选择正日益受到重视，其原因在于：①对猪产仔数的遗传特征的了解更加深入；② BLUP 技术和分子标记技术的应用；③在养猪发达国家猪的瘦肉率等经济性状正接近于最适值，继续选择改良难度也较大，结合产仔数进行选择，其总体经济效益可能会提高；④我国猪种的高繁殖性能已引起世界各国的瞩目。太湖猪引入欧美一些国家后，产生了积极的作用，这重新使人们认识到，产仔数尚有较大的改良潜力。

（二）生长性状

1. 生长性状的度量

生长性状主要是生长速度、活体背膘厚和饲料转化率，近年来对猪的采食量日益重视起来。

（1）生长速度　通常用测定期间（30~100 kg）的平均日增重或达到一定目标体重（100 kg）的日龄来表示。

（2）活体背膘厚在测定100 kg 体重日龄时，同时测定100 kg 体重活体背膘厚。采用 B 超扫描测定倒数第3～第4肋间处离背中线5 cm 处的背膘厚，以毫米为单位。采用 A 超测定胸腰结合部、腰荐结合部沿背中线左侧5 cm 处的二点膘厚平均值。

（3）饲料转化率　从30~100 kg 阶段每单位增重所消耗的饲料量。

（4）采食量　是度量食欲的性状。在不限食条件下，猪的平均日采食量称为采食能力或随意采食量，是近年来猪育种方案中日益受到重视的性状。

2. 生长性状的遗传与选择

长速度、饲料转化率和日采食量均属中等遗传力性状，活体背膘厚属高遗传力性状。

表 1–6　生长和胴体性状的遗传力估计值

性状	均值	遗传力范围
日增重	0.34	0.10~0.76
达 100 kg 日龄	0.30	0.27~0.89
日采食量	0.38	0.24~0.62
饲料转化率	0.31	0.15~0.43
活体背膘厚	0.52	0.40~0.60
屠宰率	0.31	0.20~0.40
平均背膘厚	0.50	0.30~0.74
眼肌面积	0.48	0.16~0.79
胴体瘦肉率	0.46	0.40~0.85

由于生长性状的遗传力中等，通过选择可以获得较大的选择反应。在选择实践中，通常采用多性状综合选择。加拿大从1985年开始，应用 BLUP 育种值估计法对活体背膘厚和生长速度的综合选择，背膘厚的改良速度提高了50%，

达100 kg 体重日龄的改良速度提高100%~200%。

（三）胴体与肉质性状

1. 胴体性状的度量

（1）胴体重　国际上不包含内脏器官，但包含头、蹄、肾和板油的屠宰重量。在我国胴体重则指去内脏、去头、蹄的胴体重量。

（2）胴体背膘厚　胴体测量时，将左侧胴体（以下需屠宰测定的都是指左侧胴体）取肩部最厚处、胸腰椎接合处和腰荐椎接合处3点膘厚的平均值作为平均背膘厚。

（3）眼肌面积　猪背最长肌的横断面积形似眼故名为眼肌。在测定活体背膘厚的同时，利用B超扫描测定同一部位的眼肌面积，用平方厘米表示。在屠宰测定时，将左侧胴体倒数第3~第4肋间处的眼肌垂直切断，用硫酸纸描绘出横断面的轮廓，用求积仪计算面积。如无求积仪可用下式计算：

眼肌面积（cm^2）= 眼肌宽度（cm）× 眼肌厚度（cm）×0.7

（4）腿臀比例　沿腰椎与荐椎结合处的垂直线切下的腿臀重占胴体重的比例。计算公式为：

腿臀比例 =（腿臀重 ÷ 胴体重）×100%

（5）胴体瘦肉率和脂肪率　将左半胴体进行组织剥离，分为骨骼、皮肤、肌肉和脂肪四种组织。瘦肉量和脂肪量占四种组织总量的百分率即是胴体瘦肉率和脂肪率。公式如下：

胴体瘦肉率 = 瘦肉量 ÷（瘦肉量 + 脂肪量 + 皮重 + 骨重）×100%

胴体脂肪率 = 脂肪量 ÷（瘦肉量 + 脂肪量 + 皮重 + 骨重）×100%

由于我国胴体计算方法与国外的不同（见胴体重），所以，胴体瘦肉率的数值往往比别的国家要高（3%~5%）。因此，在比较各国猪胴体瘦肉率时应当予以注意。

2. 胴体组成性状的遗传与选择

胴体组成性状属于高遗传力性状，其估计值为0.4~0.6。这些性状通过选择可以获得较大的遗传进展。背膘厚反映猪的脂肪沉积能力，它与肌肉生长存在强遗传相关（Ra=−0.5）。通过选择背膘厚，可望使胴体瘦肉率获得较大的相关反应，眼肌面积的遗传力较高，一般都重视对它的选择，特别是一些活体直接测量眼肌厚度等设备的应用，为个体表型选择以增大眼肌面积提供了现代化手段。

臀和腿是胴体中产瘦肉最多的部位，长期以来在提高胴体瘦肉率的选择中都十分重视对它的选择，所以现代瘦肉型猪的腿臀部发育良好。近年来发现，腿臀部肌肉过度发育与肌肉品质呈负相关。如比利时的皮特兰猪和长白猪以及德国长白猪的腿臀部极端发达，PSE 肉的发生率也最高。这就提示我们在瘦肉型猪的选择中，不要过度追求腿臀部的发达程度，要注意猪的整体结构的协调性。

3．肉质性状

肉质的优劣是通过许多肉质指标来判定的，常见的有 pH、肉色、系水力或滴水损失、大理石纹、肌内脂肪含量、嫩度、风味等指标。我国种猪遗传评估方案中的肉质性状有：肌肉 pH、肉色、滴水损失和大理石纹。

肌肉 pH：在屠宰后45~60 min 内测定。采用 pH 计，将探头插入倒数第3~第4肋间处的眼肌内，待读数稳定5 s 以上，记录 pH。

肉色：肉色是肌肉颜色的简称。在屠宰后45~60 min 内测定，以倒数第3~第4肋间处眼肌横切面用五分制目测对比法评定。

滴水损失：在屠宰后45~60 min 内取样，切取倒数第3~第4肋间处眼肌，将肉样切成2 cm 厚的肉片，修成长5 cm、宽3 cm 的长条，称重，用细铁丝钩住肉条的一端，使肌纤维垂直向下，悬挂于塑料袋中（肉样不得与塑料袋壁接触），扎紧袋口后吊挂于冰箱内，在4 ℃条件下保持24 h，取出肉条称重，按下式计算结果：

$$滴水损失 = \frac{吊挂前肉条重 - 吊挂后肉条重}{吊挂前肉条重} \times 100\%$$

大理石纹：大理石纹是指一块肌肉范围内，肌肉脂肪即可见脂肪的分布情况，以倒数第3~第4肋间处眼肌为代表，用五分制目测对比法评定。

肉质性状的遗传力一般为低到中等水平，而肌内脂肪含量、脂肪酸组成等性状的遗传力较高。

表 1-7　肉质性状的遗传力估计值

性状	遗传力	猪群	文献
屠宰后 45min 背最长肌的 pH	0.27	LD	Schworer，D.1980
	0.25 0.29	LD LW	Johansson，K.1985
屠宰后 24h 背最长肌的 pH	0.20	LW，D	Cameron，N.D.1990
肉色评分	0.29	LW，D	Hovenier，R.1992
滴水损失	0.30	LW，D	
系水力	0.16 0.43	LD LW	Schworer，D.1980
嫩度	0.23	LW，D	
多汁性	0.18	LW，D	Cameron，N.D.1990
肌内脂肪含量	0.53	LW，D	

注：LD为兰德瑞斯，LW为大白猪，D为杜洛克。

必须指出的是，肉质与瘦肉率间存在着遗传负相关。当在高瘦肉率的选择工作强度过大时，将引起肉质下降。近年来，养猪发达国家已开始重视肉质性状的改良，并将肉质性状纳入育种目标性状。

二、种猪性能测定方法

（一）性能测定的方式

种猪测定依据其测定方式大致分为测定站测定和现场测定或农场测定两种方式。

1. 测定站测定

许多国家为了测定猪的生长性状和胴体品质而建立了测定站。测定站集中测定是把各核心群的被测种猪集中到中心测定站，在相对一致的环境条件下，按统一的测定规程进行测定。测定后，对其遗传品质优良的种猪，可送人工授精站，以充分发挥其作用；或返回原核心群，以加快遗传改良速度；或举行现场拍卖会，将种猪推向市场，实施优质优价，促进养猪业的发展。集中测定一般实行公猪个体性能测定或个体性能与同胞测定相结合的方案。

（1）公猪个体性能测定　在相对一致的环境条件下测定公猪的生长性状，根据估计育种值（Estimated Breeding Value，EBV）或综合选择指数的高低，结合体型外貌评分，进行评定。单纯采用公猪性能测定方案时，要求对育种场每个血统的种公猪都进行测定，每头公猪配3头核心群母猪，每窝选一头公猪送测定中心进行测定。

（2）个体性能加同胞测定（或综合测定）　是对公猪进行性能测定的同时进行全、半同胞测定，根据测定成绩，综合评定公猪的性能水平。其方案是在公猪个体性能测定的基础上，每窝加选一头去势公猪和一头母猪即每窝3头为一个测定组。公猪单栏饲养，其余的同胞关在一个栏内，自由采食，按栏计料。当同胞测定猪体重达目标体重（如100 kg）时，结束育肥测定后，进行屠宰测定，测定胴体性状和肉质性状。

（3）电子识别自动计料饲喂系统　由法国ACEMO公司推出的ACEMA64新一代猪自动化测试系统，可以准确记录自由采食情况下群养猪的个体采食量，改变了个体测定方式。ACEMA64系统拥有1~64个主机与中心电脑相连接，中心电脑通过其软件实行各主机对话并储存和处理信息。

每台ACEMA64主机可以饲喂自由群居在同一圈里的12~15头处于25~120 kg体重的测定猪，这些猪都配有ALLFEX－TIRIS电子识别环，其进食量就会自动得到测量，料槽内的电子测量系统可使猪的进食量精确到2 g。主机能记忆所有数据，如猪号、进食开始时间、进食结束时间、进食次数、日进食量和总进食量。记忆盘能储存1 200次猪只进机的细节，即15头猪中的每头150 d的日进食量和进食总量。主机能与中心电脑对话，中心电脑可发令给主机开机或停机；猪只识别图表可识别猪进或出主机；监视各主机的运行情况及索取储存在电子箱里的所有数据以便存入中心电脑的硬盘。

2. 现场测定

现场测定一般进行公猪性能测定和后备母猪生长发育测定及母猪繁殖性能测定。公猪性能测定应单栏饲养，后备母猪生长发育测定应尽量在一致的环境条件下进行测定，母猪繁殖性能测定要记录同窝仔猪的遗传缺陷性状。被测定种猪必须有个体系谱及其他记录档案，所有仔猪都必须编耳号。在现场测定中，所有性状记录在本猪场进行。这种方式适用于猪繁殖性能和生长性状的测定。

（二）性能测定的技术规程

种猪测定技术规程是规范种猪测定过程中各项技术操作的具体规定，拟定规程应把握的基本原则是：①测定方案的效率，②测定结果的准确性与可靠性，③测定方案的可行性。也就是说，拟定种猪技术测定规程应结合我国种猪生产实际，既要获得准确可靠的测定结果，也要便于操作，可行性强，最终应起到遗传改良效果。

1. 受测猪的选择

（1）受测猪编号清楚，有三代以上系谱记录，符合品种要求，生长发育正常，健康状况良好，同窝无遗传缺陷。

（2）送测猪场必须是近3个月内无传染病疫情，并出具县级以上动物防疫监督机构签发的检疫证明。送测猪送测前10 d 应完成必要的免疫注射，并佩有法定的免疫标识。

（3）送测前15 d 将送测猪在场内隔离饲养，“中心”派工作人员协同场内测定员采集2 ml 血清 / 头，送省或省级以上动物防疫监督机构进行“中心”要求的血清学检查，根据检验结果确定送测猪只。

（4）送测猪在70日龄以内，体重25 kg 以内，并经2周隔离预试后进入测定期。

2. 测定性状

个体性能测定方案应测定的性状：达100 kg 体重日龄及活体背膘厚、测试期间饲料转化率。如有可能再进行同胞屠宰测定，测定的主要性状：胴体重、平均背膘厚、眼肌面积、腿臀比例、胴体瘦肉率、肌肉颜色、肌肉 pH、系水力（或滴水损失）、大理石纹、肌内脂肪含量等。

3. 测定方法

（1）种猪收测在2 d内完成，送猪车辆必须彻底清洗，严格消毒。“中心”接到送测猪后，重新打上耳牌，由测定人员按规定进行以下各项检查：系谱资料，健康检查合格证和血清学抗体检验结果，场地检疫证书。

（2）送测猪到“中心”后，以场为单位进入隔离舍观察2周，经兽医检查合格后进入测定。

（3）送测猪隔离观察结束后随机进入测定栏，转入测定期。

（4）在隔离期和测定期间均自由采食，可单栏饲养，也可群饲。

（5）个体重达27~33 kg开始测定，85~105 kg时结束。同时进行称重及活体背膘厚测定。记录饲料耗量。

（6）送测猪患病应及时治疗，1周内未治愈应退出测定，并称重和结料；若出现死亡，应有尸体解剖记录。

（7）测定结束后，若屠宰应进行胴体测定和肉质评定。

4. 测定猪的饲养管理

测定猪栏舍条件应尽量一致，根据不同品种、不同生长阶段的营养需要确定相应的营养水平和相应的饲料配方。性能测定公猪单栏喂养，2头全同胞或6头半同胞一栏，均采用自由采食，自由饮水。或采用ACEMA电子识别自动记料系统，一般12~15头一个单元群养。

5. 测定成绩评定

种猪测定结束后，根据测定结果，按估计育种值或综合选择指数进行性能评定。

6. 测定成绩的公布及合格种猪的利用

测定结束后由中心测定站填写测定成绩报告书，报国家有关主管部门，在全国范围内公布。场内测定成绩由各育种场填写报中心测定站审查后，由中心测定站统一申报，并予以公布。同时，由中心测定站填写测定成绩证明书送各送测单位。经测定判定不合格的种猪，应予以淘汰，不能留作种用；经测定判定合格的种猪，除进行良种登记外，可进行现场拍卖，对优良种猪应送人工授精站，以充分发挥优良种猪的作用。

（三）估计育种值的一般方法

1. 育种值的概念

数量性状的表型值受遗传和环境共同影响。数量性状在遗传上受多个微效基因的控制，各个基因的效应是可加的，所有基因效应的累加值称为加性效应值，即育种值。除了育种值外，还有基因座位内不同等位基因之间以及不同座位之间的互作效应，即显性效应和上位效应。但这种互作效应与特定的基因型相联系，不能稳定地遗传给后代，只有育种值才能稳定遗传，所以育种值才是决定种畜遗传素质优劣的唯一指标。但是育种值是无法直接度量的，只能根据本身或它的亲属、后裔的性状表型值，借助于统计方法来估计。因此，畜禽的遗传评估的根本任务就是要尽可能地将影响性状表型值的各种环境因子及显性效应和上位效应剔除出来，以得到育种值的可靠估计。

一头种猪的性状表型值（P）可以表达为：

$$P=G+E \qquad \text{而基因型值 } G=A+D+I。$$

$$\text{故 } P=A+D+I+E$$

其中：A 为育种值，D 为显性效应，I 为上位效应，E 为环境效应。

育种值的估计方法最初是分别采用个体本身成绩、祖先成绩、同胞成绩和后裔成绩进行。后来人们又采用了充分利用一切现有资料来估计育种值，计算出一个合并选择指数，即复合育种值。当进行多个性状选择时：采用综合选择指数法，计算出一个以货币为单位的综合育种值（Total Breeding Value）。

2.BLUP 育种值估计法

BLUP 是 Best Linear Unbiased Prediction 的缩写，中文译名是“最佳线性无偏预测”，是当今世界上动物育种值估计中应用相当广泛的先进的统计方法。它是由美国著名数量遗传学家 C. R. HENDERSON 于20世纪70年代初系统提出的，BLUP 是一个非常灵活的线性模型分析方法，它具有广泛的适应性，适于解决动物育种中各种情况的育种值估计。特别是在群体规模很大、群体结构复杂、获得的数据十分不平衡的情况下，可以获得比传统的育种值估计方法更为准确的估计育种值，因此可望获得较快的遗传进展。

（1）BLUP 法的主要优点

①充分利用个体及其父母、同胞、后代等所有信息，提高了育种值估计的准确性。

②可消除环境因素造成的偏差，获得个体真实的育种值。

③能校正由于选配所造成的偏差，例如优良公猪配质量不同的母猪。

④能考虑不同群体、不同世代的遗传差异。

⑤当利用个体的多次记录时，可将由于淘汰所造成的偏差降到最低。例如繁殖母猪淘汰的胎次不同。

上述优点，决定了 BLUP 法对家畜育种值估计的优越性。研究表明，利用 BLUP 法对低遗传力性状和限性性状进行选择，可以获得较大的选择反应，远远优于其他方法。例如猪的繁殖性状，用 BLUP 法选择产仔数这一种遗传力的性状，与个体表型选择相比，遗传进展可提高33%，而对于高遗传力的性状如背膘厚度则可提高12%。

同时还需要指出，BLUP 法仅是一种特殊的统计分析方法，此方法是否能完全体现它的优越性，关键要以一定的育种措施，如合理的选种选配、科学的性能测定、完整的记录系统、人工授精系统、数据处理系统等多项育种工作为基础，以先进的计算设备为手段，以优秀的计算软件为工具，以严密的育种组织为保证。

（2）BLUP 法的实际应用

①加拿大种猪遗传评估的方案

A. 达100 kg 体重的日龄　控制测定的后备种公、母猪的体重在75~110 kg 的范围，采用电子秤称重，记录日龄，并按如下校正公式转换成达100 kg 体重的日龄：

$$校正日龄=测定日龄-[(实测体重-100)/CF]，其中：$$

$$CF=(实测体重/测定日龄)\times 1.826\,040(公猪)$$

$$=(实测体重/测定日龄)\times 1.714\,615(母猪)$$

B. 100 kg 体重活体背膘厚　在测定100 kg 体重日龄时，同时测定100 kg 体重活体背膘厚。采用 B 超扫描测定倒数第3~第4肋间处的背膘厚，以毫米为单位。采用A超测定胸腰结合部、腰荐结合部沿背中线5 cm处的四点膘厚平均值。最后按如下校正公式转换成达100 kg体重的活体背膘厚：

校正背膘厚 = 实测背膘厚 ×CF

其中：$CF = A \div \{A + [B \times (实测体重 - 100)]\}$，$A$ 和 B 由表1–7给出。

表 1–8　同品种公母猪背膘厚的校正系数

	公猪		母猪	
	A	B	A	B
约克夏	12.402	0.106 530	13.706	0.119 624
长白猪	12.826	0.114 379	13.983	0.126 014
汉普夏	13.113	0.117 620	14.288	0.124 425
杜洛克	13.468	0.111 528	15.654	0.156 646

C. 综合育种值指数　表1–9给出不同品种综合育种值指数，按品系分为父系指数和母系指数。

表 1–9　不同品种父系指数和母系指数公式

品种	父系指数	母系指数
约克夏	$100-14.2\times FAT-3.49\times AGE$	$100+34.9\times NB-10.3\times FAT-2.64\times AGE$
长白猪	$100-13.3\times FAT-3.28\times AGE$	$100+34.3\times NB-10.2\times FAT-2.50\times AGE$
杜洛克	$100-15.2\times FAT-3.75\times AGE$	$100+43.3\times NB-12.8\times FAT-3.16\times AGE$

式中，FAT、AGE 和 NB 分别表示达100 kg体重背膘厚、日龄和总产仔数的育种值。

三、种猪的选择

（一）自繁后备猪的选择

后备猪的选择过程，一般经过四个阶段。

1. 断奶阶段选择

第一次挑选（初选），可在仔猪断奶时进行。挑选的标准为：仔猪必须来自母猪产仔数较高的窝中，符合本品种的外形标准，生长发育好，体重较重，皮毛光亮，背部宽长，四肢结实有力，乳头数在7对以上（瘦肉型猪种6对以上），没有明显遗传缺陷。

从大窝中选留后备小母猪，主要是根据母亲的产仔数，断奶时应尽量多留。一般来说，初选数量为最终预定留种数量公猪的10倍以上，母猪5倍以上，以便后面能有较高的选留机会，使选择强度加大，有利于取得较理想的选择进展。

2. 保育结束阶段选择

保育猪要经过断奶、换环境、换料等几关的考验，保育结束一般仔猪达70日龄，断奶初选的仔猪经过保育阶段后，有的适用力不强，生长发育受阻，有的遗传缺陷逐步表现，因此，在保育结束拟进行第二次选择，将体格健壮，体重较大，没有瞎乳头，公猪睾丸良好的初选仔猪转入下阶段测定。

3. 测定结束阶段选择

性能测定一般在5~6月龄结束，这时个体的重要生产性状（除繁殖性能外）都已基本表现出来。因此，这一阶段是选种的关键时期，应作为主选阶段。应该做到：①凡体质衰弱、肢蹄存在明显疾患、有内翻乳头、体型有严重损征、外阴部特别小、同窝出现遗传缺陷者，可先行淘汰。要对公母猪的乳头缺陷和肢蹄结实度进行普查。②其余个体均应按照生长速度和活体背膘厚等生产性状构成的综合育种值指数进行选留或淘汰。必须严格按综合育种值指数的高低进行个体选择，该阶段的选留数量可比最终留种数量多15%~20%。

4. 母猪配种和繁殖阶段选择

这时后备种猪已经过了三次选择，对其祖先、生长发育和外形等方面已有了较全面的评定。所以，该时期的主要依据是个体本身的繁殖性能。对下列情况的母猪可考虑淘汰：①至7月龄后毫无发情征兆者，②在一个发情期内连续配种3次未受胎者，③断奶后2~3月龄无发情征兆者，④母性太差者，⑤产仔数过少者。公猪性欲低、精液品质差，所配母猪产仔均较少者淘汰。

（二）引种选择

1. 品种的确定

根据办场定位或场内猪群血缘更新的需求进行确定。

一般现代瘦肉型猪场：原种猪场——必须引进同品种多血缘纯种公、母猪；扩繁场——可引进不同品种纯种公、母猪；商品场——可引进纯种公猪及二元母猪。

长大二元母猪，综合了长白与大约克的优点，具有繁殖力高、抗病力强、母性好、哺育率高的特点，是瘦肉型商品猪生产的优良母本。

2. 引种场家的确定

（1）猪群的健康状况是确定能否引种的前提。

（2）种猪的性价比是否合适。

（3）该场的生产规模，规模过小势必选择范围窄、血统数少，近亲程度高。

（4）是否开展种猪选育（性能测定），技术资料（含3代系谱）是否齐全。

（5）服务是否完善。

（6）信誉度好坏。

3. 种公猪的选择

（1）体型外貌　要求头和颈较轻细，占身体的比例小，胸宽深，背宽平，体躯要长，腹部平直，肩部和臀部发达，肌肉丰满，骨骼粗壮，四肢有力，体质强健，符合本品种的特征。

（2）繁殖性能　要求生殖器官发育正常，有缺陷的公猪要淘汰；对公猪精液的品质进行检查，精液质量优良，性欲良好，配种能力强。

（3）生长肥育性能　要求生长快，一般瘦肉型公猪体重达100 kg的日龄在170 d以下；耗料省，生长育肥期每千克增重的耗料量在2.8 kg以下；背膘薄，100 kg体重测量时，倒数第3~第4肋骨离背中线6 cm处的超声波背膘厚在15 mm

以下。

4. 种母猪的选择

（1）体型外貌　外貌与毛色符合本品种要求。乳房和乳头是母猪的重要特征表现，除要求具有该品种所应有的奶头数外，还要求乳头排列整齐，有一定间距，分布均匀，无瞎、内翻乳头。外生殖器正常，四肢强健，体躯有一定深度。

（2）繁殖性能　后备种猪在6~8月龄时配种，要求发情明显，易受孕。淘汰那些发情迟缓、久配不孕或有繁殖障碍的母猪。当母猪有繁殖成绩后，要重点选留那些产仔数高、泌乳力强、母性好、仔猪育成多的种母猪。根据实际情况，淘汰繁殖性能表现不良的母猪。

（3）生长肥育性能　可参照公猪的方法，但指标要求可适当降低，可以不测定饲料转化率，只测定生长速度和背膘厚。

5. 种猪运输

（1）运输车辆忌社会上贩运肉猪的运输车。任何车辆承运前均须进行检查，并彻底清洗消毒。

（2）做好车辆隔栏准备，以每栏8~10头为宜，种猪应能自如站立、活动，不可拥挤或过于宽松。

（3）车厢底应垫上木屑或稻草，以免蹄脚受损。

（4）起运前不宜饱食。

（5）装车时尽可能同类别猪只混于一栏，且体重不宜相差太大，最好上车时对猪群喷洒有较浓气味消毒药水。

（6）运输途中不能骤停急刹，应保持车辆平稳行驶。

（7）长途运输应随车备有注射器及镇静、抗生素类药物，停车时注意观察猪群状况，遇有异常猪只需及时处理。

项目二　饲养管理技术

知识目标：掌握哺乳仔猪、断奶仔猪、后备猪的饲养管理技术；掌握肉猪的肥育技术；掌握种公猪、空怀母猪、妊娠母猪、泌乳母猪的饲养管理技术；掌握猪的配种技术。

技能目标：设计哺乳仔猪、断奶仔猪、后备猪的培育方案；正确进行肉猪的肥育；正确饲养种公猪、空怀母猪、妊娠母猪、泌乳母猪；正确鉴定猪的发情；掌握猪的配种技术；正确进行母猪的妊娠诊断，会推算预产期和接产。

职业岗位：饲养员、配种员、接产员。

在集约化猪场，猪群是主要的生产条件，猪群管理的好坏直接关系到生产效益的高低。因此，猪群管理是猪场管理的重要环节之一。

养猪场里一般分为繁殖猪群和生长猪群，繁殖猪群是由母猪、公猪、后备公母猪组成。这些猪在猪群中所占比例多少叫作猪群结构。规模化猪场以生产为主，按生产分工把猪群中母猪分为空怀母猪群、妊娠母猪群、分娩母猪群和哺乳母猪群，这是保证有计划迅速增殖猪群、提高生产水平的重要措施。集约化猪场生产流程如图2-1所示。

根据各类猪群特点进行饲养管理，将不同年龄、体重、性别和用途的猪只划分为不同的群。

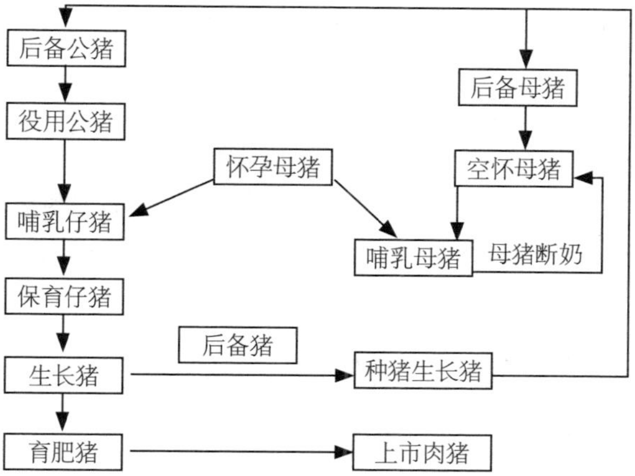

图2–1 集约化猪场生产流程图

哺乳仔猪：初生到断奶（21~28日龄）的仔猪。

保育仔猪：断奶到7~8周龄的仔猪。

生长猪：保育结束后到70 kg 的猪只，一般又分为小猪（保育结束后至45 kg）、中猪（45~70 kg）。

肥育猪：70 kg 至上市的猪只。

繁殖母猪：指已配种的后备母猪和经产母猪。

役用公猪：正在采精使用或自然交配使用的公猪。

任务一 仔猪的饲养管理

分娩后的仔猪在生理上与在母猪妊娠期内环境下有何区别？与学生共同探讨。

仔猪出生后，生活条件发生了巨大变化。由原来通过胎盘进行气体交换、摄取营养和排出废物，而转化为自行呼吸、采食和排泄，并且在母体子宫内生活条件相当稳定，到出生后直接受自然条件和人为环境的影响。同时，由于哺乳仔猪生长发育快和生理上不成熟，如果饲养管理不当，就会影响哺乳母猪的生长发育，甚至造成死亡。

总结如下：

1. 体温调节机能不健全，对寒冷的抵抗力差

初生仔猪大脑皮层发育不健全，调节体温能力差。如果将其置于寒冷环境中，则容易被冻僵或冻死。另外，初生仔猪体内的能源贮备很有限，每100 ml血液中，血糖含量仅100 mg，如吃不到初乳则会发生低血糖症，出现昏迷现象。因此，加强对初生仔猪的保温，是提高仔猪成活率的重要措施。

2. 消化器官不发达，消化机能不完善

初生仔猪的胃很小，仅重5~8 g，容积为30~40 ml，但其容积随年龄的增长而迅速扩大，到断奶时，容积增加40~50倍。

初生仔猪胃内仅含有凝乳酶，胃蛋白酶很少。胃底腺不发达，不能制造盐酸，因此蛋白质不能很好地在胃内消化，对于植物性蛋白质尤甚。好在肠腺和胰腺的发育比较完善，食物主要在小肠内消化，因此初生仔猪只能吃奶而不能利用植物性饲料。所以在对仔猪补料时，其饲料的质量要尽量接近乳成分，特别是饲料中乳清粉的含量要高，如果用那些价格低廉无乳清粉的饲料来补料，势必会引起仔猪消化方面的问题。

3. 缺乏先天性免疫力，易患病

初生仔猪只能通过母乳获得抗体，但母乳中免疫球蛋白含量下降很快。仔猪从10日龄开始产生自身抗体，但到30日龄前水平都不高。因此仔猪三周龄内是抗体水平青黄不接的阶段，特别易患下痢。如果此时仔猪已开始采食饲料，则饲料一定要质量优良，抗菌能力要强，否则仔猪会多病和易于死亡。

4. 代谢旺盛，生长发育快

仔猪10日龄体重为初生时的2倍以上，30日龄时为6~7倍，60日龄时为15~26倍，高者可达30倍。另外仔猪的物质代谢要比成年猪高得多，例如20日龄的仔猪，每千克体重可沉积蛋白质9~14 g，而成年猪只能沉积0.3~0.4 g。因此仔猪对营养的平衡与否特别敏感。

因此，养好哺乳仔猪的目的是使仔猪成活率高、生长发育快、均匀整齐、健康活泼、断奶体重大，为下一任务——养好保育仔猪打下良好基础。

引入任务：那么如何来饲养管理这一阶段的仔猪呢?

根据仔猪的生长发育特点我们制定帮助仔猪过好“四关、一免疫”。

子任务一　仔猪初生关

知识链接：哺乳仔猪指从出生到断奶阶段（4~5周）的仔猪。有资料表明，仔猪生后1周内的死亡率可占总死亡率的60%，其死亡的主要原因是冻死、饿死和下痢死亡。要防止上述因素所引起的死亡，必须要搞好保温防压，让仔猪吃足初乳，固定奶头，补铁以及寄养等工作。

1. 保温防压

初生仔猪皮下脂肪层薄、被毛稀疏、体温调节能力差，所以保温是提高仔猪育成率的关键性措施。仔猪最适宜的环境温度是：1~7日龄32~28 ℃，8~30日龄28~25 ℃，31~60日龄25~23 ℃。

由于“小猪畏寒”和“大猪怕热”，保温的措施是单独为仔猪创造温暖适宜的小气候环境。可在产栏内设置仔猪保温箱，内吊1只250W 的红外线灯泡或铺仔猪电热板。这些方法对整个产房也有升温作用。加拿大有的猪场采用通风管直接对母猪吹凉风，使母猪不因产房升温而影响采食和泌乳，其方法值得借鉴。

2. 吃足初乳

由于猪胎盘的构造特殊，初生仔猪不具备先天免疫能力，必须经过吃初乳来获得免疫能力。初乳具有刺激消化器官活动，促进胎便排出，增加营养产热，提高对寒冷的抵抗能力等作用。另外初乳中富含免疫球蛋白，所以具有抗病的能力。初生仔猪若吃不到初乳，则成活率很低。

母猪产后3 d 内分泌的乳汁称为初乳。初乳中含有丰富的蛋白质、维生素和免疫抗体、镁盐等。初乳酸度高，有利于消化，能增强仔猪的抗病能力，增进健康，提高抗寒能力，促进胎粪排泄。仔猪出生后1 h 要人工辅助吃足初乳，如果初生仔猪吃不到初乳，则很难育活。

3. 剪犬齿、断尾

仔猪初生就有8枚小的状似犬齿的牙齿，位于上下颌左右各两枚。犬齿对仔猪本身没有影响，但由于犬齿十分尖锐，吃乳时或发生争斗时易咬伤母猪乳头或同伴的面颊。解决办法是用消毒过的剪齿钳子剪去牙齿。

为预防断奶仔猪、生长猪或肥育猪阶段咬尾现象的发生，仔猪出生后2~3日龄将尾断掉。方法是用消毒过的断尾钳子，在距仔猪尾根1.5~2.0 cm 处剪断，并用碘酒消毒断处。

4. 固定奶头

母猪放乳时间较短（10~20 s），而且母猪不同部位的乳头所分泌的乳汁数量也不尽相同，一般前排较多，后排较少。另外，初生仔猪有抢占多乳头占为己有的习性。如果仔猪吃奶的乳头不固定，则势必因相互争抢乳头而错过放乳时间，有时还会因争抢乳头时咬伤乳头而引起母猪拒哺。为避免这种现象，仔猪初生2~3 d 必须固定乳头。固定乳头的原则：固定乳头以自选为主，个别调整为辅，让体大强壮仔猪固定在后边奶少的乳头；将体小较弱的仔猪固定在前边奶多的乳头，这样有利于母猪泌乳，仔猪发育均匀，全窝仔猪发育整齐。

5. 寄养和并窝

母猪的产活仔数往往超过有效乳头数，或母猪产后初期死亡，这时就要采取过仔或并窝，这样可提高母猪利用率。在过仔和并窝时应注意：一是母猪产仔日期尽量接近，最好不要超过3~4 d；二是过出的仔猪一定要吃到初乳；三是后产的仔猪往先产的窝里过仔要拿体大的，先产的仔猪往后产的窝里过仔要拿体小的。在过仔或并窝时往往发生寄养仔猪不认“妈妈”，拒绝吃奶。解决办法是把寄养仔猪暂时隔奶2~3 h，等到仔猪感到饥饿难忍时，就容易吃“妈妈”的奶了。如个别再不吃奶，可人工辅助把乳头放入仔猪口中，强制哺乳，当重复数次，仔猪尝到了甜头，就不会拒哺了。过仔或并窝也可能发生“妈妈”不认寄养仔猪的情况。解决办法是干扰母猪嗅觉，可用母猪产仔时的胎衣、尿液或垫草涂擦寄养仔猪身体，或者事先把寄养仔猪和母猪亲生的仔猪放在一起2~3 h，也可用少量的白酒或来苏儿溶液喷到母猪鼻端和仔猪身上，即可解决。

6. 补铁

铁是造血原料。初生仔猪体内的铁的储备很少，只有30~50 mg。仔猪正常生长每头每日需铁7~8 mg，母乳中含铁量很低，每头仔猪每日从母乳中得到铁不足1 mg。如果不给仔猪补铁，其体内铁将在1周内耗完，仔猪就会患贫血症。

缺铁性贫血的主要症状是精神萎靡，皮肤可视黏膜苍白、被毛蓬乱无光泽、下痢、生长停滞。病猪逐渐消瘦衰弱，严重者可导致死亡。

补铁常用方法是在仔猪出生后2~3 d内，肌肉注射铁制剂（右旋糖酐铁等）。颈部肌注100~150 mg/头铁可保证仔猪在哺乳期不发生缺铁性贫血症。

子任务二　仔猪开食补料关

知识链接：母猪泌乳高峰为产后20~30 d，40 d后显著减少。母乳满足仔猪营养需要的程度是：3周龄为97%，4周龄为73%，8周龄为28%。母乳量逐渐减少，仔猪越长越快，这就产生了营养供求矛盾。需要人为干预提早训练仔猪开食，否则待母乳减少时仔猪还不习惯吃料，必然影响仔猪生长发育。

另外，仔猪消化系统不发达，机能不完善，提早开食，能刺激仔猪消化器官发育和分泌机能完善。

猪场一般设有补料区，但大多数情况下是把饲料撒在水泥地面上，让仔猪自由舔食。如果补料区污染严重，也会引起仔猪下痢的发生。同时也会造成饲料的浪费，英国一些猪场在补料区放一个铁制的小食槽，中间分有数格，每次将其放入料区时都经过消毒处理，此法使用效果甚好，值得借鉴。

1. 诱食

诱导仔猪采食一定要有耐心。仔猪在生后3~5 d由于好奇心而舔食滴水，国外泌乳母猪一般被关在铁栏架内，在铁栏杆的下部装有供仔猪饮水的饮水器。仔猪开始舔食饲料的时间不应晚于7日龄。诱食的时间要选在仔猪最活跃的时候，一般以8：00~11：00和14：00~18：00为好。可将饲料调成粥状，在仔猪拱奶时涂于乳头上，让仔猪舔。在断奶前的10 d左右，要一日数次将仔猪关进补栏，强迫仔猪吃料，当大部分仔猪有烦躁表现时再将其放出。这一点对于3周龄（20日龄）断奶的仔猪尤为重要，否则断奶时，如果仔猪还不吃料，则将对断奶后仔猪的增重造成严重的影响。

用于仔猪的诱食料一定要营养全面、易消化、适口性好，并且有一定的抗菌能力，仔猪采食后不易腹泻等特点。开始时可用炒玉米粒掺黄豆粕磨成香料，再掺入仔猪调味剂或糖精调成。在仔猪能较好地采食饲料时，则要换成全价配合饲料。另外也可在一开始在补料时，直接采用高档乳猪料。

影响仔猪生长的饲料营养因素及对象如下。

（1）仔猪神经系统不完善、消化系统不健全等，因此，对母猪及教槽料的要求比较高，一般能量12 560~13 397 kJ/kg，蛋白质20%~21%。

（2）仔猪在吃母乳的同时，要及早补料。补料应循序渐进，由少到多，逐步过渡。仔猪出生后3~4 d，可在保温板上撒一小部分教槽料，开始引导仔猪学嗅、闻，几天后逐步吃一料时，再增加补料量，10日龄左右将料放入补料槽中进行补料。

（3）仔猪补料每次不宜太多。太多时容易被仔猪拱出来，造成浪费，也易使其香味散失，从而引不起仔猪的兴趣。一般每隔2 h 加1次，吃完马上加，若空料时间太长，仔猪饥一餐饱一餐，容易造成消化不良或消瘦。

（4）补料要选择适口性好的教槽料。目前生产销售教槽料的厂家很多，特点各有不同，但针对自己场的仔猪而言一定要选择稳定强、信誉好的固定下来。

（5）每次加料时要将混有仔猪粪尿的旧料清除，以免影响饲料的适口性。

2. 去势

去势的猪性情温顺、食欲好、增重快、肉质无异味。仔猪去势可在出生后15~20日龄完成，早去势应激小，伤口愈合快。瘦肉型猪性成熟晚，在高营养水平饲养条件下5~6月龄（体重可达90~100 kg），在性成熟之前即可上市。所以养商品肉猪可劁公猪（无异味），不劁母猪（瘦肉率高）。

子任务三　仔猪断奶关

知识链接：仔猪由吃母乳而改为吃料，这无疑从心理上和生理上对仔猪都是一个很大的应激。在仔猪断奶后的1周内，仔猪往往不但不能增重，反而还失重。如果断奶之前补料做得好，且断奶时间在4周龄后，则仔猪的这一过渡会比较顺利。

仔猪断奶时间关系到母猪年产仔窝数和育活仔猪头数，目前我国大多数工厂化、集约化养猪场实行4~5周龄断奶，农村农户养猪可在7周龄左右断奶。前者母猪可年产2.2窝以上，育活仔猪20头左右，后者只能年产1.8窝，育活仔猪约16头。早期断奶的猪一定要在断奶前补料，且饲料要求具有很高的全价性和适口性。

1. 仔猪断奶方法有逐渐断奶法、分批断奶法和一次断奶法

（1）逐渐断奶法　断奶前3~4 d 减少母猪和仔猪的接触与哺乳次数，并减少母猪饲料的日喂量，使仔猪由少哺乳到不哺乳有一个适应过程，以减轻断奶应激对仔猪的影响。但此种方法断奶比较麻烦，而且费工费力。

（2）分批断奶法　将一窝中体重较大的仔猪先断奶，使弱小仔猪继续哺乳一段时间再断奶，以提高其断奶体重。但此种方法会延长哺乳期，影响母猪的繁殖成绩。

（3）一次断奶法　断奶前3 d 减少哺乳母猪饲料的日喂量，到断奶日龄一次将仔猪与母猪全部分开，此种断奶方法来得突然，会引起仔猪应激和母猪烦躁不安，且仔猪会因食物和环境的突变引起消化不良，下痢，母猪奶水多时易患乳房炎。当母猪泌乳量已明显减少，且断奶后无乳房炎危险，但此种断奶方法省工省时，便于操作。

2. 不管采用哪种方法断奶，都要注意以下几方面的问题

（1）断奶仔猪不换圈不混群。仔猪留在原圈内至少饲养一周，不要在断奶同时把几窝仔猪并栏饲养，以免造成仔猪受断奶、咬架的双重应激。

（2）断奶时继续使用补料时的饲料，不换料。根据猪的生长情况再逐步过渡到小猪料。

（3）刚断奶的1周要控制喂料量。断奶初期，由于仔猪的消化道还不能完全适应饲料，很容易发生消化不良，下痢。断奶的第1天，仔猪往往采食很少，但第2天会因饿而猛吃，这样会消化不良而下痢。因此在断奶后的1周左右时间内适当控制喂量是非常必要的。且喂食的次数至少一昼夜要保证有6~8次，以后逐渐减少，到3月龄时可改为4次。

（4）在断奶期间要始终保证饮水充足和清洁，栏内要经常打扫、消毒、保持干燥、卫生。

子任务四　仔猪保育关

知识链接：保育仔猪是指仔猪断奶后至70日龄左右的仔猪。仔猪断奶是继出生后的第二次大转变，由依靠母猪生活过渡到完全独立生活。这时仔猪仍处于生长发育时期，机能尚需进一步完善。如果饲养管理不当，就会引起仔猪发育停滞，形成僵猪，甚至患病死亡。因此，养好保育仔猪的目的，是保证仔猪正常生长，减少和消除疾病的侵袭，获得最大的日增重，育成健壮结实的保育仔猪，为以后养好后备种猪和商品肉猪打下良好的基础。

1. 保育仔猪的管理

保育栏清空后，应与产房的清洁消毒要求一样，进行彻底的清洁消毒。原则上仔猪转入保育舍前1周应将圈舍彻底打扫干净，并用2% 火碱等消毒液消毒，之后才能进断奶小猪。

（1）仔猪断奶的最初几天，常表现出精神不安、鸣叫、寻找母猪。为了减轻仔猪的不安，最好采取赶母留仔的方法，将仔猪留在原圈内1周，1周后原窝转入保育舍。

（2）小猪与保育舍内要尽可能保持原窝同栏饲养或按拆多不拆少、拆强不拆弱的原则进行分群。除了病猪可混养于病猪栏外，其他小猪原则上不能混群。

（3）室温和通风要调节好。刚断奶小猪，其栏内的温度应为28 ℃。温度不够时可用保温调节，以后每周降2 ℃到室温。要注意关好保育舍的门窗，不能有穿堂风。夏季要防暑降温，可采取通风、洒水、遮阳等方法降低舍内温度。同时夏季天气高温炎热，若非刮风，可打开门窗换气通风，但晚上要关好门窗，可用排气扇调节通风。冬季要防寒保温，保持猪舍干燥、温暖，防止仔猪感冒、腹泻。

（4）要保持良好的卫生状况。每天清走漏缝地板下的粪便。并用水冲洗粪沟1~2次 /d，以免产生氨气。出入保育舍时均要踩过消毒盆。

（5）断奶小猪刚入保育舍要及时进行调教，逐渐养成在固定位置排便、睡觉、进食和饮水的习惯。2周内尽量不冲洗、不消毒猪栏和猪身，保持干燥，2周后消毒前才可以彻底冲洗，平时尽量不冲洗猪身。

（6）断奶小猪刚入保育的头两天，饲料应按“少喂多餐”的方式投喂，不可一次投喂过多，以防小猪过食而腹泻，两天后无异常情况时，按正常的投喂方式投料，同时要保证饲料箱经常有料，要经常检查饲料箱的出料箱口有无堵塞，或被粪尿污染的饲料，需定期清槽。

2. 保育仔猪的饲养

（1）饲料过渡　仔猪断奶后，要保持原来的饲料2周内不变，并添加适当的抗生素、维生素和氨基酸，以减轻应激。2周之后逐渐过渡到保育仔猪料，保育仔猪配合料要求含有优质蛋白、高能量和含有丰富的维生素、矿物质，且易于消化。

断奶小猪的饲料转换至少要有5~7 d的过渡期。可按此法实行：第1天用原先的饲料80%，要转换的饲料20%，以后每天减少原先的饲料20% 而增加要转换的饲料20%，至第6天起完全按照转换的饲料投喂。饲料转换过程中要密切注意猪群的排粪情况，若发现很多小猪腹泻，则要延长转换的时间。

刚转入保育舍的小猪要控制喂料量，然后逐步增加到采食的水平。小猪从产房转到保育舍的前两周，应继续饲喂乳猪料，然后逐步过渡到小猪料，以增强小猪消化功能的适应性。

（2）饲养制度过渡　仔猪断奶后2周内，饲喂次数不变（5~6次），2周后逐渐减少饲喂次数（4~5次）。1周之内控制采食，每次饲喂量不宜过多，以七八分饱为宜，喂小猪料要少食多餐，每次吃完马上加料，不能空料太长时间。1周以后逐渐增加饲喂量。

把握好饲料密度，协助仔猪度过生长危险期。保育舍密度适中，占0.35 m^2/ 头。体重达到20~25 kg 时出栏到育成舍。转群时采取“全进全出”方式。

任务二　生长育成猪的饲养管理

前导知识链接：

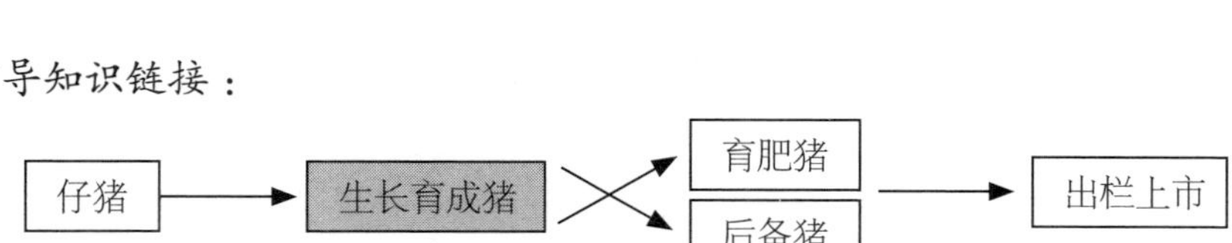

从保育舍出来的定为商品猪苗的小猪以及经选育不作种用的小猪，体重一般在22.5~25.0 kg之后可移至生长、育成舍，作商品肉猪饲养。选作种用的小猪，移至专用的种猪舍饲养，并随时淘汰不合格的种猪，公猪经去势后调往商品猪舍。

1. 生长育成猪管理

（1）进猪前的准备。

（2）检查猪舍及其一切设备，栏舍地面坏的要及时修补。食槽及饮水器有无损坏。

（3）清洗消毒栏舍及食槽后空置3~7 d。

（4）准备必要的抗生素、维生素药物。

饲料准备1周，平均1.2 kg/（头·d）。

2. 生长育成猪的饲养

（1）小猪进场，以强弱、大小合理分栏，先喂以清水休息数小时再喂料，头天料量为正常的一半，以后再按正常的供给。

（2）进场后给予抗生素及维生素（饮水、混料或注射均可）。生长育成料中钙的含量足够，以促进育成猪骨骼的正常发育。坚持自由采食的饲喂方式，促进育成猪的生长发育。

总之，能量水平，蛋白质水平、矿物质，维生素、原料质量等都对猪的生长和发育起着重要的作用，无论哪一环节出现问题，都能或大或小地影响猪的正常生长发育，从而造成一定经济损失。因此，在配制猪的日料及饲料时，一要尽量避免或减少上述因素引起的不良影响，从而提高养猪场户的经济效益。

任务三　肥育猪的饲养管理

饲养肥育猪的目的是在尽可能短的时间内，获得成本低、数量多、质量好的猪肉。

一、肥育猪的管理

1. 满足育肥猪各阶段的营养需要。

2. 猪舍中空气对流务必保持畅通，如果通风不良，再加上潮湿极有可能引起浆膜性肺炎等呼吸道疾病，影响猪的生长及饲料转化效率，尤其是猪舍内氨气与硫化氢浓度，要时时注意观察并予以控制。

3. 把握好饲养密度，肥育猪入舍后，按猪的品种、体重大小、体质强弱等相近的原则组群，每只猪至少0.8 m^2，每群10~20头为宜。

4. 搞好消毒、卫生工作。

5. 每天猪栏要先铲猪粪后再用水冲洗，以保持猪栏干净，在寒冷天，减少用水冲猪栏的次数，对空栏要及时冲洗、消毒，以备再用。

6. 每天冲粪沟1次，每周消毒2次，消毒后当天不要用水冲洗。

7. 注意观察猪群状况，发现病猪及时报告兽医，对病猪要加强护理。

8. 猪并栏时，想方设法防止猪只打架。

9. 细心调教，做好“三定”（定点喂食、定点排尿粪、定点休息）调教，保持猪舍干净，干燥。

10. 日常管理工作

①经常检查饮水器，有坏的要及时报告电工进行修理。

②防寒防暑　肥育猪生长的适宜温度为15~23 ℃，气温过高采食量显著下降，降低增重速度或导致减重；气温过低，虽然采食量增加，但用于维持消耗能量增多，同样降低增重速度或导致减重。因此冬季要防寒保暖，采用节能保温猪舍，配合高密度、厚垫草、卧满圈等技术；夏季要防暑降温，可采取喷雾凉水、通风、遮阳等方法，并供给充足清凉饮水。

③填写销售、转群、淘汰、死亡等记录。

④按照免疫程序和驱虫方案，做好免疫接种和驱虫工作，并做好记录。

⑤遵守防疫制度，做好消毒工作，每周全场大消毒2次。

⑥注意小环境消毒和小气候疾病的控制。

11. 适时出栏。掌握好适时出栏时间。瘦肉型肥育猪适宜出栏时间确定，一要考虑猪的胴体品质，二要适应消费者要求，三要考虑经济效益。猪的体重越重，增重成分的脂肪比例越高，胴体瘦肉率随之下降，每单位增重所消耗的饲料随之增加，从而增加养猪成本，降低养猪效益；但体重过小，则屠宰率低，产肉量少，脂肪少，水分多，肉质欠佳，每单位体重负担母猪成本增大，从而降低养猪效益。综合上述因素，不同猪种适宜出栏体重有差异，早熟易肥小型猪，以70~80 kg出栏为宜，而大型瘦肉型猪以90~110 kg出栏为宜。

二、肥育猪的饲养

肥育猪按生长发育阶段可分为肥育前期（体重60 kg以前）、肥育后期（体重60 kg以后）。

（一）营养水平

从仔猪出生到育肥上市整个过程中，生长育肥阶段将消耗整个饲养期70%~75%的饲料，饲料应以快速增重、调整猪肉品质为主。目前国内自繁自养模式下的养猪基本已将吊架子式饲养变为直线育肥，在整个育肥期内实行丰富饲养，喂料不限量，促进生长发育，早出栏。日粮营养一般考虑为前高后低的育肥方式，即体重在60 kg以前，采用高能量高蛋白质饲料，粗蛋白质在16%~17%；体重在60 kg以后，日粮中粗蛋白质在13%~14%。而在喂量上则采用体重在60 kg以前，不限制喂量，让猪自由采食，每次饲喂量以稍有剩余为准，以促进肌肉快速生长。每日饲喂4次；体重在60 kg以后，限制采食量，每日饲喂量为自由采食的80%左右，以防止积累过多的脂肪。

肥育猪日粮中能量和蛋白质水平的高低对胴体品质影响极大。一般来说能量摄取越多，增重越快，饲料利用率越高，胴体脂肪越多。因此，在肥育后期采取限量饲喂，限制能量水平，就可控制脂肪的大量沉积，相应提高瘦肉率。应该注意的是，能量水平控制要适当。如能量水平限制过低，将会导致采食量增加，但由于进食量有限，到一定程度后进食量的增加不能完全补偿食入消化能的减少。猪的增重减慢，脂肪减少，胴体较瘦，屠宰率和饲料利用率均降低。用这种方法来改善胴体品质，提高瘦肉率是不经济的。与能量浓度密切相关的是粗纤维的含量问题，对胴体瘦肉率亦有相当大的影响。粗纤维水平越高，能量浓度相应越低，增重慢，饲料利用率低。对胴体品质来说，瘦肉比例虽有提高，但利用增加粗纤维的比例来提高瘦肉率，其经济效果也不佳。一般肥育猪日粮粗纤维含量以5%~8% 为宜。同样，提高日粮中蛋白质水平，除提高日增重外，还可以获得背膘薄、眼肌面积大、瘦肉率高的胴体。但用提高蛋白质水平来改善肉质不经济，一般肥育猪的蛋白质水平不超过18%。蛋白质对增重和胴体品质的影响，关键在于质量，即氨基酸的平衡。猪需要10种必需氨基酸，缺乏任何一种都会影响增重，尤其是赖氨酸、蛋氨酸和色氨酸等限制性氨基酸更为突出。日粮中应含有足够数量的矿物质和维生素，特别是矿物质中某些微量元素的不足或过量时，会导致肥育猪代谢紊乱，轻者增重速度缓慢，饲料消耗增多；重者引发疾病，甚至死亡。

1. 饲料的能量水平

生长肥育猪在60 kg 以前，一般采用自由采食。在此情况下，如果每千克饲料的消化能在12 348.11~13 813.14 kJ 范围内变动，则生长猪可根据日粮能量浓度的高低而调节摄食量。但当猪价不好时，有些猪场和农户则力图降低每千克饲料的成本，大量使用麦糠类原料，造成消化能达不到12 348.11 kJ/kg 的低限，从而严重地影响了猪的生长速度和饲料利用率，这势必影响出栏时间。对于出口猪场60 kg 以前的猪，其日粮的消化能最好达到13 394.56 kJ/kg，其后，则可降至12 975.98 kJ/kg。

生长猪长到60 kg 以后，一般要采取限制饲养。但如果生产者追求快长快出栏，也可以采用自由采食。如果追求高的瘦肉率，可实行高强度的限饲（自由采食的65%）。但一般最好是采用中等强度的限饲（自由采食的75%~80%），这样胴体瘦肉率较多，又不严重影响增重，可获得较好较全面的生产效益。

2. 饲料的蛋白质和必需氨基酸水平

瘦肉型品种和肉脂型兼用品种对日粮中蛋白质水平要求各不相同。前者在小、中猪阶段分别为18%和16%的粗蛋白水平，后者则可低约2个百分点。大猪阶段则保持14%的粗蛋白水平就可满足需要。一般来说，日粮中的粗蛋白每增加1个百分点，则胴体瘦肉率可提高0.5个百分点。但由于蛋白质原料价格高，一般情况下，用高蛋白水平的日粮换取高瘦肉率胴体在经济效益上是不划算的。

猪对蛋白质的需要实际上是对氨基酸的需要。自1978年英国营养学家 Cole

博士提出理想蛋白质的概念以来，大型的饲料厂家在饲料配方中都考虑必需氨基酸之间的平衡。一般是把赖氨酸的量定为100，再计算出其他必需氨基酸与其的比例值。

（二）饲养方式

（1）“直线肥育”饲养方式　根据肥育猪不同生长发育阶段的营养需要给予相应的营养，全期实行丰富饲养的肥育方式。这种饲养方式肥育期短，但饲料利用不经济，胴体较肥。

（2）“前敞后限”饲养方式　肥育前期采用高能量、高蛋白质日粮，敞开饲喂，以促进增重和肌肉充分生长。肥育后期适当限制其采食量或降低日粮能量及蛋白质水平，让猪自由采食，以减少脂肪的沉积。这种饲养方式胴体较瘦，饲料利用经济，但肥育期稍长。

（三）饲喂技术

肥育期日粮以精料型为主，采取“直线肥育”饲养方式，肥育前期，日喂3~4次，不限量饲喂，自由饮水。肥育后期，日喂2~3次，不限量饲喂，自由饮水。采取“前敞后限”饲养方式，肥育前期，日喂3~4次，不限量饲喂，自由饮水。肥育后期，日喂2~3次，限量饲养，按随意采食量80%~85%饲喂，自由饮水。或适当降低肥育后期日粮能量和蛋白质水平，不限量饲喂。注意：喂料前先清理食槽，严禁喂变质、发霉的饲料，严禁浪费饲料。

任务四　后备种猪的饲养管理

从保育舍出来以及经选育留作种用的小猪，移至专用的种猪舍饲养，并随时淘汰不合格的种猪（公猪经去势）调往商品猪舍。

饲养后备种猪的目的是获得体格健壮、发育良好及具有良好品种的典型特征和高度种用价值的种猪。

一、后备种猪的选择

1. 后备种猪的选择要点

（1）身体健康，无遗传隐患　后备种猪要选择生长发育正常、精神活泼、健康无病的个体，后备种猪一定要来自无任何遗传隐患的家系。

（2）体型外貌的选择　后备种猪的体型外貌应具有品种特征，如毛色、耳型、头型、背腰长短、体躯宽窄、四肢粗细、高矮等均要符合品种的要求。

（3）繁殖性状的选择　繁殖性状是种猪的重要性状。后备种猪应选择那些产仔数多、哺育能力强、断奶窝重大等繁殖力高的家系。后备种猪应有良好的外生殖器官，如后备种公猪应选择睾丸发育良好，左右对称且松紧适度，阴茎包皮正常、性欲高、精液品质良好的个体。后备母猪要有正常的发情周期，发情症状明显，阴户发育较大且下垂的个体。

（4）生长发育或肥育性状的选择　后备种猪生长发育性状或全同胞的肥育性状是选择后备种猪的依据，包括生长速度和饲料利用率两方面。后备种猪应选择本身和全同胞肉猪生长速度快，饲料利用率高的个体。

（5）胴体性状的选择　对于后备种猪本身只能在6月龄时用仪器测量背膘厚度和眼肌面积，以此来表示本身的背脂和瘦肉生长情况。胴体品质是通过屠宰其同胞来获得，多用屠宰率、背膘厚、眼肌面积、瘦肉率、脂肪率和肉的品质等多项来衡量。后备种猪应选择胴体品质良好的家系。

2. 后备种猪的选择时期

（1）2月龄选择　主要选留大窝中的优良个体。窝选是在父母亲都是优良个体的相同条件下，从产仔数多、哺育好、断奶和育成窝重大的窝中选留发育良好的公母仔猪。

（2）4月龄选择　主要淘汰那些生长发育不良或者有突出缺陷的个体。

（3）6月龄选择　后备种猪6月龄时，各个组织器官已有了相当发育，优缺点更加突出明显，可根据体型外貌、生长发育、性成熟表现、外生殖器官的好坏、背膘厚薄等性状进行严格的选择。

（4）配种前选择　后备种猪在初配前进行一次挑选。淘汰个别性器官发育不良、性欲低、精液品质差的后备种公猪和发情周期不规律、发情症状不明显的后备母猪。

二、后备种猪的管理

1. 分群饲养

后备种猪2月龄实行公母混群饲养，每栏10~12头，4月龄实行公母分群饲养，每栏5~6头。

2. 加强运动

运动对后备种猪来说非常重要，既可锻炼体质，促进骨骼和肌肉的发育，保证匀称结实的体型，又可防止过肥和肢蹄病，增强体质，促进性活动能力的加强。

3. 认真调教

后备种猪从小要加强调教。首先建立人猪和谐关系；其次是训练良好的生活规律，逐渐养成在固定位置排便、睡觉、进食和饮水习惯。

4. 定期测量

后备种猪应按月龄定期测量体尺、体重，通过体尺、体重变化，随时调整日粮的营养水平和饲料饲喂量。

5. 日常管理

要做好防寒防暑、保持圈舍干燥和清洁卫生等日常管理工作。

三、后备种猪的饲养

1. 营养水平

对于后备种猪的饲养要求是能正常生长发育，保持不肥不瘦的种用体况。适当的营养水平是后备种猪生长发育的基本保证，过高、过低都会造成不良影响。日粮中的营养水平和营养物质含量应根据后备种猪生长阶段不同而异。要注意能量和蛋白质的比例，特别要满足矿物质、维生素和必需氨基酸的供给，切忌用大量的能量饲料喂饲，防止后备种猪过肥影响种用价值。

2. 饲养方式

后备种猪宜采用“前高后低”的饲养方式，即后备种猪在培育前期（体重

60 kg 以前）采取高营养水平饲养，培育后期（体重60 kg 以后）采取低营养水平饲养。

3. 饲喂技术

后备种猪的日粮有精料型和青粗料型两种，后备种公猪以精料型为主，体积不宜过大，以免喂成草腹，影响以后配种。后备种猪日粮喂给量，育成期应占体重的2.5%~3.0%；体重80 kg 以后，占体重2.5% 以下。日粮的适当喂量，既可保证后备种猪的良好生长发育，又可控制体重的快速增长，保证各组织器官的充分发育。后备种猪一般生后5月龄体重控制在60~70 kg，6月龄控制在80~90 kg，7月龄控制在100~110 kg，8月龄控制在120~130 kg。

四、后备种猪的利用

后备种猪利用过早，会影响利用年限，而且产仔数低。后备种猪利用过晚会加大培育费用，造成经济损失。一般瘦肉型后备种公猪8~10月龄，体重110~130 kg 开始配种使用。后备母猪8~9月龄，体重100~120 kg 开始配种使用。

（一）后备母猪

1. 管理

成功培育后备母猪，更新繁殖猪群，提高繁殖母猪效率。

（1）选择　良好的健康状况，优良的品种性能，健壮的四肢，足够有效的乳头数，高产母猪后代。

（2）购买　在配种前45~60 d 购买，要有至少15 d 的隔离适应期。

（3）饲养　群体饲养占圈面积每头至少0.8 m，肥瘦母猪须分圈饲养，每头母猪限饲2~3 kg。

（4）妊娠母猪料：配种前10~14 d，给每天母猪增加饲喂量至3.0~3.5 kg，配种后恢复正常。

（5）初情期　150~200日龄。

（6）诱情　对不发情或准备配种的母猪用调圈，合圈、改变环境和成年公猪刺激等方法进行诱情。

（7）初配时间　初情后第2或第3发情周期，体重110 kg 以上，210日龄以上时配种。

（8）更新数量　年更新头数 = 基础母猪数 × 年更新率。

2. 后备母猪开配前后的管理

（1）后备母猪配种前1个月接种好所有疫苗。

（2）后备母猪配种前群养，猪栏旁边圈养公猪。

（3）后备母猪达180日龄后，每天把一头1~2岁性欲旺盛的公猪赶进后备母猪栏内，让公猪追逐10 min；同时检查后备母猪的发情情况。

（4）后备母猪初情起便有发情档案记录。在第2或第3情期配种，具体视体重大小和配种计划而定。准备配种前做好发情日期预测，以便安排喂催情料。一般在配种前15 d 开始增加平均喂量的30%。

（5）后备母猪在超过7月龄仍不发情时，将其集中于一栏中饲养，同时采取催情措施，如应激、公猪刺激等，超过10个月仍不发情的要及时淘汰。

3. 饲养

饲料营养水平和蛋白质水平对后备母猪的生长发育尤其重要。达到90~100 kg 的后备母猪，根据体况要注意加料或限料。后备母猪太肥时，发情不正常或不明显，第1胎产仔时乳汁差，影响仔猪的生长，断奶后虚弱或体况差，影响发情，严重时不能作种用甚至淘汰，从而缩短使用年限。

（1）后备母猪前期蛋白质和能量要求高，蛋白质18%，能量12 560 kJ/kg，后期要求低，蛋白质16%~17%，能量11 724~12 141 kJ/kg。

（2）体重在100 kg 以前的后备母猪，一般采用自由采食的方式喂料；测定结束后，根据体况进行适当限料，防止过肥或过瘦。

（3）饲料中钙、磷的含量应足够母猪，后备母猪正是身体发育的阶段，饲喂能满足最佳骨骼沉积所需钙磷水平的全价饲料，可延长其繁殖寿命。一般，饲料中钙为0.95%，磷为0.80%。

（4）从配种前3周开始，为了保证其性欲的正常和排卵数的增加，应适当增加饲料量至3 kg/d 左右。

（5）适当饲喂饲料，可提高后备母猪的消化能力，促进生理机能的正常发挥。

（二）后备公猪的调教

1. 后备公猪使用前1个月要接种好所有的疫苗。

2. 在生长肥育或测定舍同栏混养的后备公猪，进入配种舍需单栏饲养。

3. 后备公猪8月龄后即开始配种的调教工作，调教工作应在配种栏内进行。

4. 后备公猪在学会配种后，即可以配种。新开配的公猪每周只配1次，以后视体质、性欲等逐步增加次数。

5. 经调教仍不会配种以及性欲低下的公猪应淘汰。

任务五　种公猪的饲养管理

养好种公猪的目的，是为提高种公猪的配种能力，使种公猪体质结实，体况不肥不瘦，精力充沛，保持旺盛的性欲，获得数量充足、质量好的精液，提高与配母猪的受胎率和产仔数，并延长种公猪的使用寿命。重点应保持营养、运动、配种利用三方面的相对平衡。

一、种公猪的饲养管理

（一）种公猪的饲养

1. 营养水平

满足种公猪各种营养物质正常生理需求，是养好种公猪的物质基础。营养水平过高、过低可使种公猪变得肥胖和消瘦而影响配种。饲养种公猪的日粮不仅要注意蛋白质的数量，更要注意蛋白质的质量。如日粮中缺乏蛋白质，氨基酸不平衡，对精液品质有不良影响；如长期饲喂含蛋白质过多的日粮，同样会使精子活力降低、密度小、畸形精子多。种公猪日粮中钙、磷不足或比例失调，会使精液品质显著降低，出现死精、发育不全或活力不强的精子。维生素 A、D、E 对精液品质也有很大影响，缺乏时，种公猪的性反射降低，精液品质下降。如长期严重缺乏，会使睾丸发生肿胀或干枯萎缩丧失繁殖能力。

美国 NRC（1998）公猪营养标准要求：公猪每日采食饲料2 kg，日粮能量13.66 MJ/kg、粗蛋白13%、赖氨酸0.6%、钙0.95%、磷0.8%、蛋氨酸和半胱氨酸

0.42%。目前国内在调配种公猪饲料时，基本采用高蛋低能的原则。蛋白质是精液中的主要物质，种公猪1次射精量达200~400 ml，优秀个体能高达800~900 ml，为保持公猪良好的性欲、精液浓度、精液量和精液质量，通常日粮蛋白含量要求达到15%，甚至17%~18%，氨基酸中，色氨基酸对维持睾丸正常生理功能有重要意义。但应注意的是：初情期以前，饲料中的蛋白含量过高往往会使公猪过肥，导致性欲下降，而在交配旺季则应增加饲料中的蛋白质含量，特别是要适当增加动物性蛋白质，如鱼粉、鸡蛋等，提高1%~2% 的鱼粉用量，日粮蛋白可提高1%。

公猪对能量的要求不高，一般用以维持自身生产需要、生成精液及配种体能需要，一般日粮能量水平为11.3%~12.1%。能量过低会导致公猪过瘦、性欲低下、精液品质差，从而影响其使用寿命；能量过高则会使公猪过肥，造成配种或采精困难。由于公猪配种时主要依靠后腿支撑，其骨骼的生长力度取决于饲料中钙磷的供给，而硒、锌、碘、锰等微量矿物元素将直接影响种公猪的精液生成和精液质量，在日粮配制时不可或缺。此外维生素 E 对提高种公猪免疫能力、抗应激能力和品质上有较重要的意义；而0.5~1.0 kg/d 的青绿多汁饲料可保持种公猪旺盛的食欲和性欲，从而对提高精液质量有较大帮助。因此种公猪饲料应以精料为主，适当搭配青饲料。

2. 饲养方式

（1）“一贯加强”的饲养方式　在常年均衡产仔的猪场，种公猪常年担负配种任务。因此，全年都要均衡地保持种公猪配种所需的高营养水平。

（2）“季节加强”的饲养方式　实行季节性产仔的猪场，在配种季节开始前1个月，对种公猪逐渐增加营养，在配种季节保持较高的营养水平。配种季节过后，逐步降低营养水平，但需供给种公猪维持种用体况的营养需要。种公猪的日粮标准要稳定，每日供应量2.5~3.0 kg，冬季每日供应量3.0 kg，饲喂公猪料或哺乳料，当天使用的公猪加喂1个鸡蛋。

3. 饲喂技术

种公猪日粮应以精料型为主，体积不宜过大，以免把种公猪喂成草腹影响配种。饲喂种公猪应定时定量，每日2.5 kg，日喂2次，自由饮水，并根据品种、体重、配种（采精）次数增减料量。建议采用湿拌料，调制均匀，日喂2次，保证充足的饮水，剩料要及时清理更换。

种公猪的合理饲养是提高母猪群体生产力的关键所在。营养是维持公猪生命活动、产生精子和保持旺盛种能力的物质基础。因此，喂给营养价值平衡的日粮，可增强公猪的健康并提高配种能力。为使公猪经常保持种用体况，体质结实，精力充沛，性欲旺盛，精液品质好，就必须实行合理饲养。公猪的营养每千克日粮消化能不低于13.38 kJ，蛋白质14%。特别是蛋白质，对胎儿的黏液量的高低和数量的多少，以及精子寿命的长短都有很大的影响。因此，必须采取多种来源的饲料补充蛋白质，以提高蛋白质的生物学价值。另外，公猪日粮中钙、磷的缺乏，会使精液品质显著降低，因此必须注意钙和磷的补充，公猪的日粮中钙磷比例最好为1.5∶1。公猪的饲养方式根据年内的配种任务分为一贯加强和配种季节加强饲养的方式。

（二）种公猪的管理

1. 对公猪态度要和蔼，严禁恫吓，在配种射精和采精过程中，不得给予任何刺激。

2. 单栏饲养

（1）种公猪一般实行单栏饲养。单栏饲养种公猪安静，减少外界的干扰，食欲正常，杜绝了爬跨其他公猪和养成自淫的恶习。

（2）适当运动，合理运动可促进食欲、帮助消化、增强体质、提高生殖机能。种公猪每天运动不少于1 000 m，一般在早晚进行为宜，冬天在中午进行，运动不足会严重影响配种能力。

（3）每天清扫圈舍2次，猪体刷拭1次。刷拭猪体可保持皮肤清洁，促进血液循环，减少皮肤病和寄生虫病的发生，并且还可使种公猪温驯听从管教。保持圈舍和猪体的清洁卫生；要经常修整种公猪的蹄子，以免在交配时擦伤母猪。

（4）防寒防暑，冬季要防寒保温，可减少饲料的消耗和疾病的发生；夏季要防暑降温，高温影响尤为严重，轻者食欲下降，性欲降低，重者精液品质下降，甚至会中暑死亡。防暑的措施有很多，如通风、洒水、洗澡、遮阳等方法，可因地制宜进行。种公猪适宜温度是15~25 ℃。

（5）精液检查，实行人工授精的种公猪每次采精都要检查精液品质，对于本交的种公猪每月也要检查1~2次精液品质。认真填写检查记录。精液活力0.8以上的才能使用。对不经常使用的公猪，再次使用前也要进行精液检查。根据精液品质的好坏，调整营养、运动和配种次数，这是保证种公猪健壮和提高受胎率的重要措施之一。

建立正常的管理制度：妥善安排公猪的饲喂、饮水、运动、休息和配种，使公猪养成良好的生活习惯，增进健康，提高配种能力。

二、种公猪的利用

种猪场要制订出母猪的配种计划，配种亲缘计划由育种人员制订，配种员根据计划选择公猪进行配种。

种公猪配种能力及精液品质优劣和使用年限的长短，不仅与饲养管理有关，而且取决于初配年龄和利用强度。初配年龄与品种、气候及饲养条件的不同有关。最适宜的配种年龄一般根据品种和体重综合来确定。小型早熟品种就在8~10月龄，体重60~70 kg 开始配种，而大型品种应在10~12月龄，体重90~120 kg开始配种。利用强度要根据年龄和体质强弱合理安排，如果利用过度就会出现体质虚弱，降低配种能力和缩短利用年限。相反如果利用过少，会导致肥胖而影响配种。

适宜利用强度：本交时，青年种公猪每2 d 配种1次，成年公猪每天配种1次，连配2 d，休息1 d。人工授精时，青年种公猪每周采精1~2次，成年种公猪每周采精2~3次。

每天早晚对待配母猪进行试情1次，母猪接受爬跨进行第1次配种，间隔8~12 h 再配第2次。配种采用重复配种方式，在能够区分后代的情况下可以采用双重配种方式。

认真填写母猪试情、配种、妊检记录表和公猪考勤等报表，为母猪确定妊娠提供数据，每天要对母猪配种记录进行整理，填好母猪配种记录。

妊娠检查：对配种后18~24 d 的母猪进行试情观察，以初步确定其妊娠；对30 d 以上的要进行孕期检查，进一步确定其是否妊娠。

全群母猪情期受胎率要求85%以上，每头母猪年产仔两窝以上，每窝平均总产仔不低于10头，认真做好各种记录。

每季度统计1次每头公猪的使用情况：交配母猪数、生产性能（与配母猪产仔情况），并提出公猪的淘汰申请报告。

三、种猪群淘汰原因分析

1. 原因分析

（1）品种因素　由于品种本身的种质特性，不同的品种（品系）遗传繁殖力不同，如杜洛克母猪的繁殖性能和泌乳力相对较差。品种的其他特征也会影响其繁殖力，如老品系的长白猪，四肢胫骨较细，承受力低，造成母猪肢蹄发病率较高，配种困难。解决方法是，在引种、选种和选育的过程中，有针对性地进行选择，加大对母猪繁殖力以及相关指标的选择强度，可以在一定程度上提高母猪的繁殖力。

（2）营养因素　营养与母猪的繁殖有着密切关系，营养水平和结构的不合理会导致母猪繁殖性能下降。后备母猪在培育过程中，饲给过高的蛋白质日粮，则会较多地发生软骨病。当日粮中钙、磷缺乏或钙磷比例不平衡时，也会使四肢尤其是后肢承受力不够，致使配种困难。初生仔猪补硒漏缺或后期日粮中缺硒，在种猪的培育过程中也可能由于缺硒导致后肢瘫痪。软骨病多见于后备母猪和初产母猪；后肢瘫痪多见于经产母猪和产后母猪。预防办法：注意日粮结构和钙磷平衡；治疗可采用肌肉注射维丁胶钙，也可以饲料中适当提高钙、磷和维生素 D 的供给量。

（3）管理因素　饲养条件和管理方法的不当也是母猪繁殖问题产生的重要的因素。猪舍地面和运动场地面过于粗糙或光滑，舍内粪尿清理不净，密度大，母猪在运动、抢食或争斗中易于磨损、摔倒或劈跨，造成肢蹄损伤。配种场地面坡度不合理、地面过稳，导致肢蹄损伤。频繁的调群、并圈，猪只相互斗殴也是造成肢蹄病的因素。预防方法：改善舍饲条件、加强日常管理来避免意外损伤的发生。对于不能治愈的严重损伤个体，需要及早淘汰，以提高母猪群的繁殖性能和利用率。

2. 公猪淘汰原则

（1）自然淘汰　自然淘汰通常指对老龄公猪的淘汰，也包括由于生产计划变更、种群结构调整、选育种的需要，而对公猪群中的某些个体（群体）进行针对性的淘汰。自然淘汰包括以下两种。

① 衰老淘汰　生产中使用的公猪，由于已经达到了相应的年龄或使用年限较长（3~4年），年老体衰，配种机能衰弱，生产性能低下，则应进行淘汰。

② 计划淘汰　为了适应生产需要和种群结构的调整，对在群公猪进行数量调整、品种更新、品系更新、品系选留、净化疫病等，则应对原有公猪群进行有计划、有目的的选留和淘汰。

（2）异常淘汰　指由于生产中饲养管理不当、使用不合理、疾病发生或公猪本身未能预见的先天性生理缺陷等诸多因素造成的青壮年公猪在未被充分利用的情况下而被淘汰。公猪异常淘汰的原因一般包括以下几种。

① 体况过肥　由于日粮营养水平过高或后备公猪前期限饲不当，造成公猪过肥，体重过大、爬跨笨拙或母猪经不住公猪爬跨，强运动，降低膘情。若不能取得预期效果，应对公猪进行淘汰。

② 体况过瘦　由于前期日粮营养水平过低，限饲过度或疾病原因，造成公猪参加配种体况过瘦、体质较差，爬跨困难或不能完成整个配种过程，导致配种操作不利和配种效果较差，此时应对公猪加强营养、减少配种频率或进行针对性地治疗疾病，使其恢复配种理想体况。通过以上操作仍难以恢复的个体，则应进行淘汰。

③ 精子活力差　已入群的后备公猪或正在使用的种公猪在连续几次检查精液品质后，死精率、畸形率过高，且后裔同胞个体数较少，通过调整营养、加强管理和治疗后，仍不能得到改善的个体，应及时淘汰。

④ 性欲缺乏　由于公猪过度使用或饲料中缺乏维生素A、维生素E、矿物质等，引起性腺退化、性欲迟钝、厌配或拒配，这种公猪应加强饲养管理，防止过度使用，并加强饲料中维生素和矿物质营养，注意适当运动，一般可以调整过来。但对于不能恢复的个体，应该进行淘汰。

⑤ 繁殖疾病　某些疾病如睾丸炎、附睾炎、肾炎、膀胱炎、布氏杆菌病、

乙型脑炎等引起的公猪性机能衰退或丧失，以及由于其他疾病造成的公猪体质较差，繁殖机能下降或丧失。不能治愈的繁殖疾病和患有繁殖传染病的公猪应立即进行淘汰。

⑥ 肢蹄病　公猪由于运动、配种或其他原因（如裂蹄、关节炎等）可能造成肢蹄的损伤，尤其是后肢，损伤后没有得到及时治疗，造成公猪不能爬跨或爬跨时不能支持本身重量，站立不定，而失去配种能力，这种公猪应及时治疗，在不能治愈或确认无治疗价值时应予以淘汰。

⑦ 恶癖　个别公猪由于调教和训练不当，可能会在使用过程中形成恶癖，如自淫、咬斗母猪、攻击操作人员等，这种公猪在使用正确手段不能改正其恶癖时，应及早淘汰，以免引起危害。

四、人工授精

（一）人工授精实施过程

1. 实验室管理规范

人工授精实验是精液检查、处理、贮存的场所。为了生产出优质、符合输精要求的精液，一定要把好质量关，保证出站的每一瓶精液的活力不低于0.7，72 h 之内保存活率不受影响，对实验室日常工作做出如下规定。

（1）实验室要求整洁、干净、卫生　每周彻底打扫1次，非实验工作人员在正常情况下不准进入实验室，采精员也不准进入实验室；所有仪器设备应在仔细阅读说明后，由专人按操作规程使用和维护保养，特别是使用高压蒸气灭菌器、超声波洗净器、双蒸水器时应注意人身安全；各种电气设备应按其要求选择合适插座，除冰箱、精液保存箱、恒温培养箱等外，一般电器要求人走断电，干燥箱无人时设定温度不应高于100℃。

（2）物品、器皿的清洗及消毒方法　所有器皿应以洗洁精或洗衣粉清洗干净，再以蒸馏水漂洗，60℃干燥（玻璃用品干燥温度可高于100℃）后，以锡纸包扎器皿开口。玻璃器皿180℃ 1 h 进行干热灭菌，非耐热器皿、用具以高压灭菌器121℃、20 min 湿热灭菌；稀释液的配制，精液检查、稀释、分装，一定要按照人工授精操作规程进行。

（3）实验室仪器设备保持清洁卫生　实验室内使用的仪器设备，如显微镜、干燥箱、水浴锅、17℃恒温板、电子天平等，必须保持清洁卫生；显微镜镜头（目镜和物镜）应每两周用二甲苯浸泡1次，保持清洁。采精室与实验室之间传递口的两侧窗只有在传递物品时才能按先后顺序开启使用。实验室地板、实验台保持干净清洁。

2. 采精的操作规程

采精员一手戴双层手套，另一手持37℃保温杯（内装1次性食品袋）用于收集精液。饲养员将待采精的公猪赶至采精栏，用0.1% 高锰酸钾溶液清洗其腹部和包皮，再用温水（夏天用自来水）清洗干净，避免药物残留对精子的伤害。采精员挤出公猪包皮积尿，按摩公猪包皮部，刺激其爬跨假猪台。公猪爬跨假猪台并逐步伸出阴茎，脱去外层手套，将公猪阴茎龟头导入空拳。用手（大拇指与龟头相反方向）紧握伸出的公猪阴茎螺旋状龟头，顺其向前冲力将阴茎的"S"状弯曲拉直，握紧阴茎龟头防止其旋转，公猪即可射精。用四层纱布滤收精液于保温杯内的一次性食品袋内，最初射出的少量精液含精子很少，可以不必接取，有些公猪分2~3个阶段将精液射出，直到公猪射精完毕，射精过程历时5~7 min。采精员应注意安全，一旦公猪出现攻击行为，采精员应立刻逃至安全处。下班之前彻底清洗采精栏。采精期间不准殴打公猪，防止出现性抑制。

采精频率：成年公猪每周2次，青年公猪（1岁左右）每周1次，最好固定每头公猪的采精频率。

公猪采精调教：后备公猪7月龄开始进行采精调教，每次调教时间不超过15 min；一旦采精获得成功，分别在第2、第3天再各采精1次，巩固掌握该技术；采精调教可采用发情母猪诱导、观察有经验公猪采精、以发情母猪分泌物刺激等方法；调教公猪要有耐心，不准打骂公猪；注意公猪和调教人员的安全。

3. 稀释液配制操作规程

配制稀释液的药品要求选用分析纯试剂，对含有结晶水的试剂要按摩尔浓度进行换算（如含水葡萄糖或无水葡萄糖）。按稀释配方，用称量纸、电子天平准确称量药品。按1000 ml、2000 ml 剂量稀释粉，置于密封袋中。使用前将称量好的稀释粉溶于定量的双蒸水中，可用磁力搅拌器助其溶解。用滤纸过滤，尽可能除去杂质。用1 mol/L 氢氧化钠调整 BTS 稀释液的 pH 为7.2（6.8~7.4），渗透压为330 mosm（毫渗摩尔浓度）；稀释液配好后应及时贴上标签，标明品名、配制日期和时间、经手人等。要认真检查已配制好的稀释液成品，发现问题及时纠正。液态状稀释液于冰箱4 ℃保存，不超过24 h，超过有效贮存期的变质稀释应废弃。

4. 精液品质的检查操作规程

精液量：以电子天平称量精液，按每克1 ml 计，避免以量筒等转移精液盛放容器的方法测量精液体积。

颜色：正常的精液是乳白色或浅灰白色，精子密度越高，色泽愈浓，其透明度越低。如带有绿色或黄色，则混有脓液或尿液；若带有淡红色或红褐色，则含有血液，这样的精液应舍弃，并会同兽医寻找原因。

气味：猪精液略带腥味，如有异常气味应废弃。

pH（酸碱度）：以 pH 计测量（pH 计使用见说明书）。

精子活率检查：活率是指呈直线运动的精子百分率，在显微镜下观察精子活率，一般按0.1~1.0的十级评分法进行，鲜精活率要求不低于0.7。

精子密度：指每毫升精液中所含的精子液，是确定稀释倍数的重要指标。要求用血细胞计数板进行计数或精液密度仪测定。

血细胞计数析计数法：以微量加样仪取有代表性的原精液100 μl，与3% NaCl 900 μl，混匀，使之稀释10倍；在血细胞计数室上放一盖玻片，取1滴上述精液放入计数板的槽中，靠虹吸作用将精液吸入计数室内；在高倍显微镜下计数5个中方格内的精子总数，将该数乘以50万，即得原精液每毫升的精子数（即精液密度）。精液密度仪使用见其说明书。

精子畸形率：畸形率是指异常精子的百分率，一般要求畸形率不超过18%，其测定可用普通显微镜，但需伊红或姬姆萨染色，利用显微镜可直接观察活精子的畸形率。公猪使用过频或高温环境会出现尾部带有原生质滴的畸形精子。畸形精子种类很多，如巨型精子、短小精子、双头或双尾精子，顶体膨胀或脱落，精子头部残缺或与尾部分离、尾部变曲。要求每头公猪每两周检查1次精子畸形率。

【注意事项】

按要求做好精液品质检查登记表；实事求是地填写种公猪健康状况登记表，从而真实地反映种公猪健康状况。

5. 精液稀释操作规程

（1）精液采集后应快稀释，原精液贮存不超过30 min。

（2）未经品质检查或检查不合格（活力0.7以下）的精液不能稀释。

（3）稀释液与精液要求等温稀释，再者温差不超过1℃，即稀释液应加热至33~37℃，以精液温度为标准来调节稀释液的温度，绝不能反过来操作。

（4）稀释时，将稀释液沿盛精液的杯（瓶）壁缓慢加入到精液中，然后轻轻摇动或用消毒玻璃棒搅拌，使之混合均匀。

（5）如作高倍稀释时，应进行低倍稀释（1∶1~1∶2），稍等片刻后再将余下的稀释液沿壁缓慢加入，以防造成“稀释打击”。

（6）稀释倍数的确定：活率≥0.7的精液，一般按每个输精剂量含40亿个总精子，输精量为80~90 ml 确定稀释倍数，例如：某头公猪一次采精量是含40亿精子，输精量为80 ml，则总精子数为200 ml×2亿 /ml=400亿，输精头份为400亿 ÷40亿 =10头份，加入稀释液的量为10×80 ml−200 ml=600 ml。

（7）稀释后要求静置片刻，再作精子活力检查。如果稀释前后活力一样，即可进行分装与保存；如果活力下降，说明稀释液的配制或稀释操作有问题，不宜使用，并应查明原因加以改进。

（8）不准随便更改各种稀释配方的成分及其相互比例，也不准几种不同配方稀释液随意混合使用。

稀释液的配方见表2−1。

表 2-1 常用稀释液配方

保存天数	3	3	5
类型	KIEV	BTS	20rPVa
葡萄糖 /g	6.000	3.700	1.150
枸橼酸钠 /g	0.37	0.60	1.165
碳酸氢钠 /g	0.12	0.125	0.175
乙二胺四乙酰二钠 /EDTA	0.37	0.125	0.235
氯化钾 /g	—	0.075	1
青霉素 /IU/ml	500	500	0.69
链霉素 /MG/ml	0.5	0.5	1.09
蒸馏水加至 /ml	100	100	100

6. 精液常温保存的操作规程

（1）精液稀释后，检查精粹活率，若无明显下降，按每头份80~90 ml 分装。

（2）瓶上加盖密封，并在输精瓶上写清楚公猪的品种、耳号、采精日期（月 / 日 / 时）。

（3）置22~25 ℃的室温1 h 后（或用几层毛巾包被好后）直接放置17 ℃精液保存箱中。

（4）保存过程中要求每12 h 将精液混匀1次，防止精子沉淀而引起死亡。

（5）每天检查精液保存箱温度并进行记录，若出现停电应全面检查贮存的精液品质。

（6）尽量减少精液保存箱关开次数，以免造成对精子的打击而引起死亡。

7. 发情鉴定技术的操作规程

（1）母猪发情周期平均21 d（19~23 d），大多数经产母猪一般在仔猪断奶后1周内（3~7 d）可再次发情排卵，配种受胎。

（2）母猪发情周期可分为发情前期、发情期、发情后期或间情期。母猪只有在发情期才允许公猪爬跨或称之为站立反应，此性行为表现可作为母猪适时输精的指标。各期特征如下。

发情前期：母猪举动不安，外阴肿胀，并由淡黄色变为红色，这种变化在后备母猪较为明显；阴道有黏液分泌，其黏度渐渐增加。此时母猪不允许人骑在背上，平均2.7 d，不宜输精配种。

发情期：平均约2.5 d，特征为母猪阴部肿胀及红色开始减退，分泌物也变浓厚，黏度增加。此时母猪允许压背而不动，压背时母猪双耳竖起向后，后肢紧绷。

发情后期：1~2 d，发情母猪的阴部完全恢复正常，不允许公猪爬跨。

间情期：13~14 d，完全恢复正常状态。

发情鉴定：每日最少要做两次试情（每天6：30~8：30和16：00~17：30进行发情检查），即在安静的环境下，有公猪在旁时压背，以观察其站立反应。试情公猪一般选用善于交流、唾液分泌旺盛、行动缓慢的老公猪。

做好发情检查的完整记录，包括发情母猪耳号、胎次、发情时间、外阴部变化、压背反应等，尤其是后备母猪的检查记录。

8. 输精操作规程

（1）输精次数及方式　第1次自然交配，第2～第3次人工授精；2次人工授精；3次人工授精。

（2）输精时间　断奶后3~6 d发情的经产母猪，发情出现站立反应后6~12 h进行第1次输精配种；后备母猪和断奶后7 d以上发情的经产母猪，发情出现站立反应就进行配种（输精）；隔8~12 h进行第2次输精。

（3）精液检查　从17℃保存箱取出精液，轻轻摇匀，用已灭菌的滴管取1滴放于预热的载玻片上，置于37℃的恒温板上片刻，用显微镜检查活力，精子活力≥0.7才可用于输精。

（4）输精　输精人员消毒清洁双手。用0.1%高锰酸钾溶液清洁母猪外阴、尾根及臀部周围，再用温水浸湿毛巾，擦干外阴部。从密封袋中取出没受任何污染的一次性输精管（手不应接触输精管前2/3部分），在其前端涂上精液作为润滑液。

将输精管以4.5° 角向上插入母猪生殖道内，输精管进入3~4 cm 之后，顺时针旋转，当感觉有阻力时继续缓慢旋转同时前后移动，直到输精管前端被锁定（轻轻回拉不动），并且确定真正被子宫颈锁定。

（5）注意事项 从精液贮存箱取出品质合格的精液，确认公猪品种、耳号。缓慢颠倒摇匀精液，用剪刀剪去瓶嘴，接到输精管上，开始进行输精。

用针头在输精瓶底部扎1个小孔，抚摸母猪的乳房或外阴、压背刺激母猪，使其子宫收缩产生负压，将精液吸纳；输精时勿将精液挤入母猪生殖道内，防止精液倒流。

控制输精瓶的高低来调节输精时间，输精时间要求3~5 min。输完一头母猪后，应在防止空气进入母猪生殖道的情况下，把输精管后端一小段折起，放在输精瓶中，使其滞留在生殖道内3~5 min，让输精管慢慢自行滑落。

从17 ℃保存箱中取出的精液无需升温至37 ℃，摇匀后可直接输精，但检查精液活力需将玻片预热至37 ℃。

经产母猪用一次性海绵头输精管，输精前检查海绵头是否松动；后备母猪用一次性螺旋头输精管。为防止子宫炎，每头母猪每次输精都应使用1条新的输精管。

每头母猪在一个发情期内要求至少输精2次，最好3次，2次输精时间间隔8 h 左右。

认真登记母猪生产卡、配种记录。

（二）影响猪人工授精效果的原因及分析

猪人工授精技术，在我国大型养猪企业中已逐步被接受和推广应用，并且大部分效果明显，如情期受胎率高，产仔数多、母猪生殖道疾病少等，而有的猪场效果却差，母猪情期受胎率和产仔数均比自然交配低，患子宫炎的比例增多。为什么都是人工授精，但效果却相差甚远呢？通过多年的实践，我们总结出下列影响猪人工授精效果的主要原因。

1. 公猪精液原因

公猪精液品质的好坏，是影响母猪情期受胎率和产仔数的直接原因。

（1）精液本身品质 由于采出的精液没有经过认真观察，稀释处理后便直接进行输精，导致母猪情期受胎率和产仔数降低。当精液中死精率超过20% 或活力低于0.7时，母猪的受胎率和产仔数就会受到影响，或者由于稀释液放置时间太长、密封不好、被污染等，导致稀释后的精液品质下降。无论是什么精液，无论是否保存过，使用前均要检查其品质。

（2）保存过的精液品质　由于稀释剂或恒温冰箱的温度原因，有时保存的精液品质会明显下降，在无公猪可采精或无精液可用的情况下，将精液输精给母猪，导致受胎率和产仔数下降。在这种情况下，最好将母猪配种推后一个情期，以保证正常的繁殖性能。

（3）输精时精液的保管　在炎热的夏天或寒冷的冬天，精液瓶或袋外界裸露时间太长，由于热应激或冷应激的影响，精液品质均会发生变化，精子活力降低，导致母猪的情期受胎率和产仔数下降。夏天或冬天输精前，若数量较大，精液最好用泡沫箱盛放，夏天放冰，冬天注意保温。

2. 母猪原因

（1）母猪体况　由于母猪哺乳或其他原因导致太肥或太瘦，发情表现不明显，即使发情后输了精，也容易返情，或由于母猪日粮中部分营养物质缺乏，容易造成胚胎早期死亡，导致母猪返情或产仔数少。因此，配种前要注意母猪日粮和体况的调节。

（2）母猪疾病　如果母猪患有猪瘟，乙型脑炎、巴氏杆菌病等，输精后很容易返情，即使受胎，也容易造成胚胎早期死亡而导致母猪产仔数少；或母猪患有可见性或隐性子宫炎，无论怎样输精都不会受胎。即在母猪自身有某些疾病发生时，人工授精的效果就可能差。因此，有病的母猪应先治疗，痊愈后方可进行输精。

（3）母猪输卵管堵塞　由于先天性或疾病性的原因导致母猪输卵管堵塞，输精后也不会有什么效果。

3. 人为原因

配种员是母猪情期受胎率和产仔数的重要影响因素，相互之间个体差异明显。主要表现在以下几个方面。

（1）观察发情　有的配种员只是观察母猪阴户的变化，有的在母猪出现站立反应时即开始输精，有的差不多在发情结束时才观察到，这些做法都会影响母猪的受胎率和产仔数。在正常情况下，母猪出现发情症状后30~36 h 表现出站立反应，38~41 h 开始排卵，一般卵子在6 h 以内有受精能力，而精子在母猪阴道内存活24 h 左右。因此，第1次输精时间应选择在母猪出现站立反应后8~12 h。太早或太迟都会影响受精结果，然后间隔12 h 左右进行第2次输精。

（2）事先准备　输精前，如果不对母猪外阴进行清洗、消毒，很容易通过输精管将细菌或病毒带入母猪阴道或子宫，以致引起母猪子宫炎等疾病，从而影响人工授精效果。因此，每次输精管前均应先清洗母猪外阴，然后用经消毒液浸泡后晾干的毛巾擦拭干净。消毒液最好不用高锰酸钾溶液，因为浓度控制不好时对母猪有一定的腐蚀性。

（3）输精方法　插入输精管时，检查不要插入到尿道，要斜向上45° 左右旋转插入，不能硬插，以免损伤母猪阴道，并且在输精管外部事先涂上润滑剂，以利于插入。根据母猪体长，一般插入30 cm 左右就到了子宫颈口，往回拉有一定阻力时就可以进行输精。输精时要抚摸母猪外阴或下腹乳房，以增强母猪的兴奋性，提高人工授精效果。

（4）输精时间　输精时间与母猪情期受胎率和产仔数有很大关系。有时配种员为了赶时间，一头母猪2~3 min 便输完了精，也没注意是否有倒流现象，结果返情的多，产仔数少。有经验的配种员认为，输精宁可多花几分钟时间，可减少分娩时产仔少而带来的遗憾。经试验也观察到，输精时间在3 min 内的母猪与5 min 以上的母猪相比较，前者的受胎率和产仔数远远低于后者，且差异显著。因此，母猪配种时输精时间应控制在5 min 以上，但也不要太长，以免影响工作的正常进行。

（5）配种方式　在人工授精技术不太成熟时，配种方式以一次本交、一次人工授精为最好。除非纯繁时全部用人工授精，生产杂交猪也应以一次本交、一次人工授精为主，以充分利用杂交优势的影响。

（6）输精后母猪姿势　输完精液的母猪如果马上卧下，精液容易倒流，影响人工授精效果。因此，输完精后拍打一下母猪臀部，让它运动，不要卧下去。

（7）配种员差异　技术水平高的配种员，由于经验丰富，观察母猪发情、输精等工作比技术水平低的做得好，所以经手配的母猪受胎率和产仔数均高。因此，一个猪场母猪繁殖性能的好坏，除与品种、公猪等有很大关系外，还与配种员有一定的关系。要注意从众多的配种员选择责任心强、有耐心地进行重点培养，选优汰劣，以提高猪场的经济效益。

4. 其他原因

除了以上原因，天气、温度、饱腹情况、输精管、母猪品种等在一定程度上也会影响人工授精的效果。

（1）天气　根据观察发现，晴天输精的母猪比阴雨天输精的效果好。可能由于阴雨天周围环境湿度大（母猪适宜的相对湿度为70%~80%），及母猪缺乏运动，兴奋性不强，导致容易返情或产仔数减少。

（2）温度　母猪适宜的温度范围是13~27℃，最高一般不能超过32℃。温度太高，精子、卵子的受精时间缩短，早期胚胎容易死亡；温度太低，母猪会受冷应激的影响，均会影响人工授精的效果。因此，母猪配种时温度要适宜，注意防暑降温或冬天保温。一般在夏天炎热时，选择在7：00以前或18：00以后温度较低时输精，切忌在中午气温超过37 ℃时输精。

（3）饱腹情况　如果母猪吃料后输精，由于血液循环主要集中在胃肠部，母猪不愿运动，性欲低，容易导致热情。因此，最好在输完精后再喂料。

（4）输精管　重复性使用的输精管由于前端无膨大部，输精时容易倒流，并且不易彻底消毒，从而影响人工授精的效果。部分一次性输精管由于前端海绵头太薄或海绵头容易脱落，输精时容易损伤母猪阴道，从而造成母猪子宫炎等，影响母猪的受胎率和产仔数。因此，选择输精管时应选质量较好的一次性输精管。

（5）母猪品种　地方品种猪发情明显，输精效果好；引进品种特别是长白、大白发情不明显，输精效果略差，但情期受胎率都可达到85% 以上，相当于甚至好过自然交配。

综上所述，猪人工授精效果的好坏，既受到母猪自身因素、公猪精液的影响，也受人为因素及其他因素的影响。只要各个因素协调得当，技术水平达到一定程度，人工授精的能取得良好的效果，使母猪情期受胎率和产仔数达到理想水平，从而提高猪场的经济效益。

任务六 种母猪的饲养管理

一、空怀母猪的饲养管理

哺乳母猪从仔猪断奶到发情配种期间为空怀期，从广义上讲，还包括到初配年龄的后备母猪。

母猪空怀期的时间相对母猪整个生产循环来说是比较短暂的，母猪断奶后即进入空怀期，在4 d后大多数母猪发情配种，有些母猪在7~10 d内配种完毕，只有少数母猪由于个别原因发情延迟。在这样短暂的几天内，我们必须抓好短期优饲，使母猪产出较多的卵子，多受胎；对于初产母猪，还要在断奶后注射 PMSG 进行药物催情，以解决初产后发情延迟和二胎产仔少的问题。

在这一时期重要的任务是：母猪发情观察和发情鉴定，这是适时配种的关键所在。在适时配种基础上，公猪精液质量会直接影响配种结果，所以随时检查公猪精液的质量是非常必要的。饲养空怀母猪的目的，是保持正常的种用体况（不肥不瘦），能正常发情、排卵，并能及时配种受孕。

有资料表明，配种受胎率与母猪哺乳期的饲养有一定关系，因此空怀阶段的营养与哺乳期饲养问题是相联系的。这就为情期受胎率高低的分析增加了一定的难度。母猪在配种完成后进入妊娠期，18 d后，最多30 d基本可以确定母猪是否受胎。所以，在较长时间的分析中，母猪情期受胎反映了两方面的饲养管理的问题：一是母猪空怀期；另一个母猪哺乳期。

对于异常发情和反复发情的母猪要给予更多的关注，要采用药物或其他方法尽快使其受孕。如果仍然不能奏效，就要对其做出处理意见，尽快淘汰。这样做的目的是减少无效母猪饲养天数，提高母猪平均年产仔窝数，并且缩短母猪从断奶到配种之间的平均时间（断配间距）。

1. 发情周期与发情症状

（1）发情周期　母猪达到性成熟后，就会出现固有的性活动周期，亦称发情周期。通常把上次发情到下一次发情的间隔时间称为发情周期。母猪的发情周期平均为21 d，范围为19~24 d。

（2）发情症状　根据母猪的表现和生殖器官变化，可分为3个阶段。

①发情前期　母猪表现不安，食欲减退，鸣叫，爬跨其他母猪，外阴部膨大，阴道黏膜呈淡红色，但不接受公猪爬跨，此期持续12~36 h。

②发情中期　母猪继续表现不安，食欲严重减退或废绝，时而呆立，两耳颤动，时而追随爬跨其他母猪，外阴部肿大，阴道黏膜呈深红色，黏液稀薄透明，愿意接受公猪爬跨和交配。此期持续6~36 h，为输精的最佳时期。

③发情后期　母猪趋于稳定，外阴部开始收缩，阴道黏膜呈淡紫色，黏液浓稠，不愿接受公猪爬跨，此期持续12~24 h。

2. 配种时机

一般母猪发情后24~36 h 开始排卵，排卵持续时间为10~15 h，排出的卵保持受精能力的时间为8~12 h。精子在母猪生殖器官内保持有受精能力的时间为10~20 h，配种后精子到达受精部位（输卵管壶腹部）所需的时间为2~3 h。据此计算，适宜的交配或输精时间是在母猪发情后20~30 h。交配过早，当卵子排出时，精子已丧失受精能力；交配过晚，当精子进入母猪生殖道内，卵子已失去受精能力，二者都会影响受胎率，即使受精也可能因合子活力不强而中途死亡。但在生产实践中一般无法掌握发情和能够接受公猪爬跨的确切时间。所以生产实践中，只要母猪可以接受公猪爬跨（可用压背反射或公猪试情），即配第1次，第1次配种后经12~20 h，再配第2次。一般一个发情期内配种2次即可，更多交配并不能增加产仔数，甚至有副作用，关键要掌握好配种的适宜时间。为准确判断适宜配种时间，应每天早、晚两次利用试情公猪对待配母猪进行试情（或压背反射）。就品种而言，本地猪发情后宜晚配（发情持续期长），引进品种发情后宜早配（发情持续期短），杂种猪居中间。就母猪年龄而言，老配早，小配晚，不老不小配中间。

3. 空怀母猪的饲养

空怀母猪在配种前的饲养十分重要，因为后备猪正处在生长发育阶段，经产母猪常年处于紧张的生产状态，所以，必须供给营养水平较高的日粮（一段和妊娠期相同），使之保持适度膘情。母猪太瘦会出现不发情、排卵少、卵子活力弱、受精能力低，并易造成母猪空怀；母猪太肥，也会造成同样的结果。

空怀母猪在饲养上要实行短期优饲，可促进其发情、排卵。即在配种前10~14 d，后备母猪在原日喂料量基础上，增加料量0.5 kg左右，配种结束后停止加料；经产母猪在原日喂料量基础上增加料量0.4 kg，并视体况增减料量。

空怀母猪的日粮有精料型和青粗料型，可根据实际情况选择。采用精料型饲喂空怀母猪，每日2 kg，日喂2次，自由饮水。

4. 空怀母猪的管理

空怀母猪实行分群饲养，每群4~5头。每天在运动场自由运动2~3 h，有放牧条件的地方，可通过放牧代替运动。空怀母猪舍要保持清洁干燥，冬季要防寒保暖，可减少饲料消耗和疾病的发生；夏季要防暑降温，防止母猪出现乏情。平时要搞好母猪发情鉴定，以免漏情而造成失配。

5. 配种

（1）准备期　改善母猪状况，使之正常发情，排出质量好的卵子，适时配种，提高情期受胎率和受孕胚胎数。

每头母猪供应饲料2.5~3.0 kg，冬季供应3.0~3.5 kg，日喂2次，饲喂哺乳料，保证充足的饮水。

根据母猪体况分圈，对于体况较差的母猪在饲养时特别照顾，最好放在定位栏，做好补饲催情工作。

做好促进母猪提前发情的准备工作：适时断奶、增量饲喂、混合饲养、接触公猪、延长照明时间等。

（2）配种　掌握最佳配种时期及时间。

区别经产母猪和后备母猪而配种：后备母猪、断奶后7 d以上发情的经产母猪和反情母猪发情出现站立反应，就进行配种。

根据断奶后发情时间不同而配种：断奶4~6 d发情的经产母猪发情出现站立

反应后6~12 h 进行第1次配种。

配种员在母猪配种完成后做好配种时间记录。

6.促进空怀母猪发情的措施

（1）公猪诱导法　一是利用试情公猪去追爬不发情母猪，可促使其发情排卵；二是播放公猪求偶录音带，利用生物模拟的作用效果也很好。

（2）合群并圈　将不发情母猪合并到有发情母猪圈内，通过爬跨等刺激，促进其发情排卵。

（3）加强运动　对不发情母猪，通过户外运动，接受日光浴，呼吸新鲜空气，可促进其发情排卵，如能与放牧相结合效果更好。

（4）按摩乳房　对不发情母猪，每天早晨按摩乳房10 min，可促进其发情排卵。

（5）药物治疗　对不发情母猪利用孕马血清（PMSG）、绒毛膜促性腺激素（HCG）、PG-600、雌激素、前列腺素等治疗（按说明书使用），有促进母猪发情排卵的效果。

表 2-2　母猪标准体况的判定

得分	体况	P_2 点的背脂肪厚度 /mm	髋骨突起的感触	体型
5	明显肥胖	25 以上	用手触摸不到	圆形
4	肥	21	用手触摸不到	近乎圆形
3.5	略肥	—	用手触摸不明显	长筒形
3	理想	18	用手能够摸到	长筒形
2.5	略瘦	—	手摸明显，可观察到	狭长形
1~2	瘦	15 以下	能明显观察到	骨骼明显突出

注：P_2为母猪最后肋骨在背中线往下6.5 cm处。

二、妊娠母猪的饲养管理

在母猪妊娠阶段，饲养管理的目的，是保证胎儿能在母体内得到充分的生长发育，防止化胎、流产和死胎的发生，使母猪产出数量多、初生体重大、体质健壮、均匀整齐的仔猪。

1. 妊娠诊断

为了减少母猪漏配和加强对妊娠母猪饲养管理，需要对配种后的母猪进行早期妊娠诊断。

（1）根据发情周期和妊娠症状诊断　如果母猪配种后经过3周没再出现发情，并且食欲渐增、被毛顺溜光亮、增膘明显、性情温顺、行动稳重、贪睡、尾巴自然下垂、阴户缩成一条线、驱赶时夹着尾巴走路等现象，则初步诊断为妊娠。

（2）妊娠诊断仪诊断　利用妊娠诊断仪检查母猪是否妊娠，准确率较高，可有效降低母猪空怀率。

（3）激素诊断　在母猪配种后的16~17 d，在耳根皮下注射3~5 ml 人工合成雌激素。若注射后出现发情的母猪为未妊娠，在5 d 内不发情的母猪为已妊娠。但要注意，使用此法一定要慎重，如果使用不当会造成流产或繁殖障碍。

（4）化学诊断　取母猪尿液15 ml，放入大试管中，加浓硫酸3 ml 或浓盐酸5 ml，加温至100 ℃，保持10 min，冷却至室温，加入18 ml 苯，加塞振荡，分离出有雌激素的液体层，加10 ml 浓硫酸，再加塞振荡，并加热80℃，保持25 min，借日光或紫外线灯观察，若在硫酸层出现荧光，是阳性反应，说明母猪已妊娠。

2. 预产期推算

母猪配种时要详细记录配种日期，一旦断定母猪妊娠就要推算出预产日期，便于饲养管理，做好接产准备。推算母猪妊娠期平均按114 d 计算。

（1）三三三法　即在配种日期加上3个月3个星期零3 d。

（2）月加四，日减六法　即在配种月份上加4，在配种日上减6所得日期就是母猪预产期。如1头母猪在11月3日配种，则11+4=15，3−6=−3，由于月份超过12个月，日期为负数，则15−12=3，28−3=25，即该母猪的预产期为2月25日。

（3）查表法　此法简单易行（见表2–3）。

表 2–3　母猪预产期推算表

日	月											
	1	2	3	4	5	6	7	8	9	10	11	12
1	4.25	5.26	6.23	7.24	8.23	9.23	10.24	11.24	12.25	1.24	2.24	3.25
2	4.26	5.27	6.24	7.25	8.24	9.24	10.25	11.25	12.26	1.25	2.25	3.26
3	4.27	5.28	6.25	7.26	8.25	9.25	10.26	11.26	12.27	1.26	2.26	3.27
4	4.28	5.29	6.26	7.27	8.26	9.26	10.27	11.27	12.28	1.27	2.27	3.28
5	4.29	5.30	6.27	7.28	8.27	9.27	10.28	11.28	12.29	1.28	2.28	3.29
6	4.30	5.31	6.28	7.29	8.28	9.28	10.29	11.29	12.30	1.29	3.01	3.30
7	5.01	6.01	6.29	7.30	8.29	9.29	10.30	11.30	12.31	1.30	3.02	3.31
8	5.02	6.02	6.30	7.31	8.30	9.30	10.31	12.01	1.01	1.31	3.03	4.01
9	5.03	6.03	7.01	8.01	8.31	10.01	11.01	12.02	1.02	2.01	3.04	4.02
10	5.04	6.04	7.02	8.02	9.01	10.02	11.02	12.03	1.03	2.02	3.05	4.03
11	5.05	6.05	7.03	8.03	9.02	10.03	11.03	12.04	1.04	2.03	3.06	4.04
12	5.06	6.06	7.04	8.04	9.03	10.04	11.04	12.05	1.05	2.04	3.07	4.05
13	5.07	6.07	7.05	8.05	9.04	10.05	11.05	12.06	1.06	2.05	3.08	4.06
14	5.08	6.08	7.06	8.06	9.05	10.06	11.06	12.07	1.07	2.06	3.09	4.07
15	5.09	6.09	7.07	8.07	9.06	10.07	11.07	12.08	1.08	2.07	3.10	4.08
16	5.10	6.10	7.08	8.08	9.07	10.08	11.08	12.09	1.09	2.08	3.11	4.09
17	5.11	6.11	7.09	8.09	9.08	10.09	11.09	12.10	1.10	2.09	3.12	4.10
18	5.12	6.12	7.10	8.10	9.09	10.10	11.10	12.11	1.11	2.10	3.13	4.11
19	5.13	6.13	7.11	8.11	9.10	10.11	11.11	12.12	1.12	2.11	3.14	4.12
20	5.14	6.14	7.12	8.12	9.11	10.12	11.12	12.13	1.13	2.12	3.15	4.13

续表

日	月											
	1	2	3	4	5	6	7	8	9	10	11	12
21	5.15	6.15	7.13	8.13	9.12	10.13	11.13	12.14	1.14	2.13	3.16	4.14
22	5.16	6.16	7.14	8.14	9.13	10.14	11.14	12.15	1.15	2.14	3.17	4.15
23	5.17	6.17	7.15	8.15	9.14	10.15	11.15	12.16	1.16	2.15	3.18	4.16
24	5.18	6.18	7.16	8.16	9.15	10.16	11.16	12.17	1.17	2.16	3.19	4.17
25	5.19	6.19	7.17	8.17	9.16	10.17	11.17	12.18	1.18	2.17	3.20	4.18
26	5.20	6.20	7.18	8.18	9.17	10.18	11.18	12.19	1.19	2.18	3.21	4.19
27	5.21	6.21	7.19	8.19	9.18	10.19	11.19	12.20	1.20	2.19	3.22	4.20
28	5.22	6.22	7.20	8.20	9.19	10.20	11.20	12.21	1.21	2.20	3.23	4.21
29	5.23	—	7.21	8.21	9.20	10.21	11.21	12.22	1.22	2.21	3.24	4.22
30	5.24	—	7.22	8.22	9.21	10.22	11.22	12.23	1.23	2.22	3.25	4.23
31	5.25	—	7.23	—	9.22	—	11.23	12.24	—	2.23	—	4.24

注：表中小数点前数字代表月，小数点后数字代表日。

3. 妊娠母猪的饲养管理

（1）妊娠母猪的饲养管理措施是由胚胎发育的规律决定的。胚胎发育一般要经历这样几个关键时期。

胚胎着床期：胚胎的第1个死亡高峰，在母猪配种后9~13 d。

胚胎器官形成期：胚胎的第2个死亡高峰，在母猪配种后3周左右。

胎儿迅速生长期：胚胎的第3个死亡高峰，在母猪配种后84~110 d。

临产前：即围产期，是胎儿的又一死亡高峰期，因为这一时期易受外界的机械或人为管理因素的影响。

因此，妊娠母猪的饲养可分成三个时期：前期，从配种日开始到配种30 d左右，在这一时期宏观上要对配种后18~24 d的母猪观察其发情表现，以便于初步确定母猪是否妊娠；在微观上包含了胚胎着床期、胚胎器官形成期两个胚胎死亡高峰，因此管理上必须认真仔细，避免意外刺激。中期，从配种后30~60 d，这一时期主要任务还是妊娠诊断，以及早发现假妊娠，进行及时处理。后期，从配种后60 d起到分娩，这一时期由于胚胎生长迅速，营养需要量比前期、中期都要多，所以必须增加饲料供应量，提高饲料的营养含量，以满足胎儿的营养需要。

在胚胎的第1个或第2个死亡高峰，由于胚重很小，胚胎死亡后很快被母体吸收，不会留下痕迹。当胚胎发育到60日龄后，胚重将迅速增加，胚胎增大，因竞争营养而死亡的胚胎母体不能被完全吸收，在母猪分娩时会排出体外，形成木乃伊（黑仔）。在这一时期因缺乏营养而活下来的胚胎，生长发育受到一定的影响，出生时个体重相对较小，成为弱小。在母猪分娩过程中，由于母体和环境的不良因素（比如胎儿在子宫过早断脐），以及管理的不周，还会导致分娩中胎儿的死亡，就会产生死胎。而产下即死现象则很可能是由于胎儿在产道中憋气时间太长，产后不能恢复呼吸，或因早产仔猪生活能力弱所致。畸形仔猪则是由遗传因素或中毒等造成的。当然造成母猪死胎、木乃伊等的因素还有系列的病理因素，这脱离了饲养管理的范畴。

（2）母猪妊娠一般分为妊娠前期（0~28 d）、妊娠中期（29~84 d）和妊娠后期（妊娠85~107 d）。各期要点如下。

①妊娠前期（0~28 d） 保护胚胎着床，调节母猪的膘情，提高配种受胎率；每头母猪供应饲料2.0~2.2 kg，冬季供应2.3 kg，日喂2次，饲喂怀孕料；禁止使用发霉、变质饲料；减少应激，18~24 d注意母猪是否反情，30~45 d对母猪进行妊娠检查。

②妊娠中期（29~84 d） 每头母猪供应饲料2.3~2.5 kg，冬季供应2.5 kg，日喂2次，饲喂怀孕料；禁止使用发霉、变质饲料；控制母猪的膘情，防止母猪过肥或过瘦。

③妊娠后期（妊娠85~107 d） 防止母猪流产，避免死胎和弱仔产生，使产出仔猪整齐一致；母猪饲料供应量2.7~3 kg，冬季供应3.2 kg，日喂2次，饲喂哺乳，禁止使用发霉、变质饲料；减少应激；饲料员必须知道母猪预产期，如有错误，要及时核对；并按要求给足饲料，对体况依然较差的母猪给予特殊照顾。

产前2~3 d 调入分娩舍，携带产牌，不得赶得过急，不要惊吓；并对产栏和猪体进行消毒。

（3）营养水平　怀孕母猪由于要维持自身体能的增加及胎儿的正常发育，因此，其营养需要比空怀母猪高，一般能量水平为11 513~11 723 kJ/kg，蛋白质为14% 左右。

怀孕前期日平均饲喂不宜太大，量太大容易造成母猪过肥、难产、弱子多、乳汁差等。一般，怀孕期的前1个月，喂量1.8~2.0 kg/d，最后24 d 左右喂2.8~3.0 kg/d。

日料中蛋白质水平适中，一般为14% 左右。蛋白质过高对妊娠不利，过低则会影响母猪的繁殖机能。

怀孕后期可对母猪的繁殖饲喂一定的青绿多汁饲料，一方面可促进母猪食欲的提高，缓解便秘现象，另一方面可促进胎儿发育及提高产仔率。

怀孕后期攻胎，一般不要用哺乳母猪料，因为这种喂法母猪容易便秘，引起食欲下降，体况变差。

日料中矿物质、钙、磷要足够且平衡。日粮中钙缺乏时，对于会导致母猪骨质疏松症，容易造成产前或产后瘫痪，并降低产后的泌乳量；对于发育的胚胎及胎儿特别是后期的胎儿，由于骨骼发育需要大量的钙，缺乏时可引起软骨病等。磷缺乏时，可导致母猪流产甚至不孕。在正常情况下，对于怀孕母猪来说，钙磷比为1.5∶1。

日料中维生素的量要适当。长期缺乏维生素 A 时，可导致仔猪体质虚弱，甚至引起瞎眼和严重的小眼症，而母猪则表现为繁殖机能下降。

（4）饲养方式　妊娠母猪应采取“前低、后高”的饲养方式。即妊娠前期采取较低营养水平饲养，妊娠后期采取较高营养水平饲养。就母猪不同生理阶段而言，应采取“低妊娠、高泌乳”的饲养方式。即对妊娠母猪采取限量饲养，而哺乳母猪采取充分饲养。这种饲养方式饲料利用经济，由于妊娠期内大量储备营养供泌乳，使储备营养二次转化降低了饲料利用率。同时，泌乳期的饲料利用率以妊娠期增重较少的母猪为高。如果妊娠期营养过于丰富，体脂储备过多，则会使母猪食欲不佳，影响泌乳量，减重多，对断奶后发情配种不利。

一般妊娠期增重以初产母猪40~45 kg，经产母猪30~35 kg为宜。切忌“一刀切”现象，即喂多少料，每天都喂多少。要根据母猪自身体况看猪喂料，肥则减料，瘦则加料，因怀孕期太瘦的母猪会表现出断奶后发情延迟，受胎率降低，弱仔多，乳汁差、仔猪死亡率高等现象。

（5）饲喂技术　妊娠母猪的日粮有精料型和青粗料型，妊娠后期要以精料型为主。采用精料型饲喂妊娠母猪，妊娠前期每日2 kg，日喂2次，自由饮水。对经产母猪在妊娠初期（配种至21 d），可继续增加料量0.4 kg，并视其体况增减料量，促进其尽快恢复体况，保证胚胎的正常发育。妊娠后期每日2.4 kg，并视其体况增减料量，适当增加饲喂次数，减少每次喂量，防止压迫胎儿。

（6）妊娠母猪的管理

① 妊娠母猪在妊娠前期实行分群饲养，每群4~5头，到妊娠后期，适当减少头数，临产前5~7 d转入分娩舍，实行单圈饲养。

② 妊娠母猪适当运动，可增强体质，减少难产发生。每天在运动场内自由活动2~3 h，有放牧条件的地方，可通过放牧代替运动，在产前5~7 d停止运动。

③ 对妊娠母猪要防止相互拥挤、咬架、滑倒、鞭打、惊吓等发生，以免造成损伤，而引起死胎和流产。

④ 要保持圈舍清洁卫生，防止子宫感染和其他疾病的发生。

⑤ 更换饲料要逐渐过渡（一般4~5 d）切忌突然变更，以免引起母猪便秘、腹泻，甚至流产。

⑥ 不喂发霉、变质和有毒饲料，防止造成母猪中毒，胚胎死亡和流产。

⑦ 要做好防寒防暑工作。冬季要防寒保温，防止母猪感冒发烧造成胚胎死亡或流产；夏季要防暑降温，特别是母猪妊娠初期防止高温造成胚胎死亡。

三、分娩、哺乳母猪的饲养管理

哺乳母猪的饲养管理是母猪整个繁殖周期中的最后一个生产环节。这一阶段的饲养管理好坏，不仅影响仔猪成活率和断奶体重，而且对母猪下一个繁殖周期的生产有着显著影响。

1. 产前准备

（1）产房消毒　转群后的产栏，要彻底清洗消毒。清洗时用高压水枪冲洗，产栏、产笼、漏缝地板和产栏内的各种用具及走道墙壁等任何地方的表面均不能留有污迹。要特别留意漏缝地板及产栏隔板的所有缝隙不能藏有粪便等物。产栏冲洗后要用消毒药消毒，喷洒消毒药后，要在达到消毒药消毒，喷洒消毒药后，要在达到消毒药规定要求的保留时间过后才能用清水冲掉。原则上产栏在清洗消毒1个星期后才能重新进猪。

妊娠母猪进产房前5~7 d，产房要彻底清扫，并用2%~3% 火碱等消毒药消毒，用清水冲净，晾干后再进妊娠母猪。妊娠母猪产前2~3 d 赶到产房。进产房前，须先将母猪全身彻底冲洗，特别注意母猪后躯、腹部及四肢黏着的粪便冲洗干净。

（2）用具准备　注意母猪临产前的变化，准备接产器具（包括产箱垫袋、红外线灯泡、毛巾、消毒用碘酒、1‰高锰酸钾溶液等）；母猪有羊水排出时，必须有人在旁，冬季和早春还要将红外线灯接好，使产箱预热，准备接产。

（3）猪体消毒　产仔前5~7 d，将妊娠母猪全身进行消毒，冬天要用温水，夏天用冷水，先对母猪全身清洗，然后用百毒杀等消毒液进行猪体消毒，晾干后转入产房。

（4）饲粮要求　进入产房的母猪，每头母猪饲料供应量增加至3.5 kg，日饲喂3次，禁止使用发霉，变质饲料，预产前2~3 d 要适当减少日饲喂量。每天留意观察母猪的排粪情况，发现干粪或发生便秘，要及时处理。

产房采取“全进全出”制度，1周内产仔的母猪，安排在产房内的同一单元。

2. 接产技术

（1）母猪临产症状

①乳房变化　母猪产前15 d 左右，乳房就开始从后向前逐渐膨大下垂，到临产前，富有光泽，其基部在腹部隆起两条带状，乳头向两外侧呈“八”字形分开。一般情况下，当母猪前面的乳头能挤出少量的浓稠乳汁后24 h 左右可能分娩，中间乳头出现浓乳汁后12 h 左右可能分娩，后边乳头出现浓乳汁后3~6 h 分娩。若用手轻轻挤压母猪的任意一个乳头，都能挤出很浓的黄白乳汁时，可能马上就要分娩了。

②外阴变化　母猪分娩前1周，外阴逐渐红肿松弛、阴唇皮肤上的皱襞展平。产前3 d，尾根下陷，骨盆张开，用手握住尾根上下掀动，可明显地感到活动范围增大。再者，由于韧带的松弛，臀部肌肉出现明显塌陷现象。

③行为变化　母猪临产前表现出不安，有趴地做窝动作，一般出现这种现象后6~12 h 将要产仔。若母猪进一步表现为呼吸加快，时起时卧，常呈犬坐姿势，频频排尿，继而侧身躺卧，开始出现阵痛，四肢伸展，用力努责，从阴道内流出羊水等现象，这是很快就要产仔的症状。此时应严密观察，做好接产准备。

（2）接产操作　避免死胎和即死现象的发生，使母猪正常分娩，并缩短产程。

母猪临产前用0.1% 高锰酸钾溶液擦洗阴部、乳房和腹部。

仔猪出生后首先把口、鼻内及体表的黏液擦干，将脐带内血液向脐轮方向挤压，距腹壁4~5 cm 处打结并剪断，断头用碘酒消毒。

在产出第1头仔猪后，记录产出时间。

之后立即将仔猪送到母猪身边吃初乳。哺乳前，要把母猪乳头用1‰高锰酸钾溶液擦洗消毒，挤掉乳头内2~3滴奶水，并固定乳头，把弱小仔猪固定在母猪前胸乳头。对弱小仔猪要加强护理，辅助吃奶，防止仔猪被母猪踩伤或压死。

如果上一头仔猪出生1.5 h 后没有产仔，但母猪腹中明显还有胎儿，要考虑是否用催产素助产；如果胎儿太大，要助产掏出；实施过掏产的母猪，要在产仔完成后及时注射适当剂量的消炎药物，有必要进行子宫冲洗。

要注意胎衣包裹的胎儿的排出，出现此情况，要立即将胎衣撕破，把仔猪口鼻黏液掏出擦干；胎衣排出后要及时处理。

母猪正常分娩一般为2~3 h，仔猪全部产出后约0.5 h 开始排出胎衣（也有边产边排的），当胎衣排净后（平均4.5 h），立即清除，并用0.1% 高锰酸钾溶液擦洗母猪腹部和后躯，同时用清水冲洗床面。

（3）假死仔猪的急救　有的仔猪出生后全身发软，奄奄一息，甚至停止呼吸，但心脏仍在微弱跳动（用手压脐带根部可摸到脉搏），此种情况称为仔猪假死。发现仔猪假死后，先掏净其口腔内黏液，擦净鼻部和身上黏液，然后采取以下方法急救。一是倒提仔猪后腿，促使黏液从气管中流出，并用手连续拍打仔猪背部，直至发出叫声为止。二是用酒精或白酒擦拭仔猪的口鼻周围，刺激其复苏。三是将仔猪仰卧在垫草上，用两手握住其前后肢反复作屈伸，直至其恢复自由呼吸。四是将仔猪头部稍抬高于垫草上，在距腹部20~30 cm 处剪断脐带，一手捏紧脐带末端，另一手自脐带末端向仔猪体内捋动，每秒钟一次，反复进行，直至救活。

（4）难产处理　母猪破水后仍产不出仔猪，或产出数头仔猪后0.5 h 内只见努责不见产仔，均视为难产。处理难产时，可采取以下方法。一是接产人员用双手托住母猪的后腹部，随着母猪努责，向臀部用力推送，促使胎儿产出。二是看见仔猪头或腿时，可用手抓住仔猪的头或腿轻轻拉出。三是肌肉注射催产素3~5 ml，促使胎儿产出。四是仔猪还是产不下来，可将右手消毒，减去指甲，涂以滑润剂（凡士林、石蜡或甘油等），五指并拢呈锥形，慢慢伸入产道，抓住胎儿适当部位，再随着母猪腹部收缩的节奏，徐徐将胎儿拉出产道。当掏出这头仔猪后，如母猪转为正常产仔，就不用继续掏了。为避免产道损伤和感染，助产后必须给母猪注射抗生素等药物。五是如采取以上措施后，仔猪还是产不下来，只能请兽医剖腹取胎。

母猪分娩过程中，若无难产的迹象，为缩短产程，可用催产素催产。但禁止对不明原因难产的母猪使用催产素，尤其是第一胎的母猪。母猪发生难产时，需进行人工助产。助产员的手和器械事先要用温和的消毒液消毒，再涂上润滑剂，才能助产，严禁对非难产的母猪施行助产手术。所有经过助产手术的母猪都要及时注射消炎药物，有必要的要冲洗子宫。

母猪产后3 d 内，经常检查有无子宫炎、乳房炎和无乳症的发生，发现问题及时处理并上报主管人员，同时做好登记工作。

在母猪分娩结束后，畸形、即死、死胎、弱仔、木乃伊的头数都要认真记录，健康仔猪数、初生个体重、仔猪左右乳头数、性别、毛色等均要记录，再加上母猪号、母猪胎次、与配公猪号、仔猪品种、配种日期、产仔日期、饲养员姓名、配种员姓名等一起形成母猪的产仔记录。

对一个猪场或一个猪场的某段时间产仔记录中数量指标的统计，我们可以知道该场或该场某段时间母猪平均总产仔数，平均产健仔数，畸形、即死、死胎、弱仔、木乃伊的发生率。平均总产仔数指标用以考核配种适时程度；平均产健仔数用以考核妊娠母猪的饲养管理；畸形仔猪发生率用以考察母猪群的遗传素质以及基因变异情况；即死和死胎发生率用以考核接产或助产技术（以及导致产生死胎、木乃伊的病理因素）；木乃伊的发生率用以考核60 d时的饲料供应情况（以及导致产生死胎、木乃伊的病理因素）；初生窝重用以考核全期的饲料供应水平；弱仔发生率及初生个体重的窝内变异系数可以考核60 d以后每日饲料供应量的平衡。因此，对产仔成绩的分析就是对配种技术、妊娠母猪的饲养管理、接产技术等进行考核与分析，从而去发现问题，并解决问题。

3. 哺乳母猪饲养管理

哺乳母猪饲养管理目标是获得仔猪较高的断奶重及较高的断奶成活率。其管理措施主要围绕增强母猪的泌乳力而进行。一般情况下，泌乳力与品种、胎次、产仔数、营养因素、环境及放奶技术等许多因素有关。根据这些影响因素，我们必须选好品种，在母猪品种一定的条件下，要保证配合饲料的质量，根据母猪所带仔猪的数量加大饲料的供应量。在母猪无乳的情况下，务必尽快使用药物催乳或其他方式，使仔猪顺利度过初生关。

提高母猪泌乳量和采食量，提高仔猪成活率和断奶重，保住母猪膘情，使之断奶后正常发情。

为仔猪提供充足的乳汁是哺乳母猪最重要的任务，因此此阶段的蛋白质和氨基酸的摄入显得尤为重要，但是，如产奶量过大又会导致哺乳母猪的体重损失过大，从而使其配种间隔时间延长、受胎率下降和胚胎存活率等问题。如何在保证充足的产奶量的基础上又能使其体重损失得到控制是哺乳母猪阶段饲料配制的要点，通常的做法是以提供高水平蛋白日粮为主，日粮营养水平要求消化能为13.2~13.4 MJ/kg、粗蛋白17.0%~17.5%、赖氨酸0.8%~0.9%。目前对哺乳母猪的氮平衡试验表明，为了最大限度提高氮沉积，控制体重损失水平，日粮的蛋白水平应不低于202 g/kg、赖氨酸12.8 g/kg，若以达到最大泌乳性能作为标准，日粮蛋白质水平应为133~168 g/kg。在提供高蛋白营养的同时也应重视日粮中的能量供应，能量不足会限制母猪利用高水平蛋白来促进泌乳的能力，添加2%~4% 的脂肪对提高日粮蛋白水平是很有效的办法，但脂肪的添加量超过5%，将影响母猪的繁殖性能。泌乳前期和中期的采食量应保持在较高水平，后期则逐步转入空怀期。夏季哺乳母猪日粮中添加100~150 g/t 的维生素 C 和3 kg/t 的小苏打，已被证明对促进泌乳和减少便秘有较显著效果。

妊娠母猪临产前5~7 d，转入产房，逐渐更换哺乳期饲料，哺乳期饲料以精料型为主，每日2 kg，日喂2次，自由饮水。母猪产前1~2 d 减料（可减30%~50%），如果母猪膘情不好，则不但不减料，还应加喂一些富含蛋白质的催乳料。产仔当天不喂料，只饮水，最好喂豆饼麦麸汤（加少许食盐）。第2天喂2次，给料量2.5 kg。产仔第3天开始日增加料量0.5 kg，产后1周日给料量5 kg，并根据母猪体况及带仔头数适当增减料量，日喂3~4次，自由饮水。母猪断奶前3 d 减料至3~4 kg，并控制饮水，以免断奶后发生乳房炎。

有些母猪因妊娠期营养不良，产后无奶或奶量不足，可喂给小米粥、豆浆、胎衣汤、小鱼虾汤、煮海带肉汤等催奶。对膘情好而奶量少的母猪，除喂催乳饲料外，同时应用药物催奶。如当归、王不留行、漏芦、通草各30 g，水煎配小麦麸喂，每天一次，连喂3 d。也可用催乳灵10片，一次内服。

母猪分娩后第1天，若无食欲，则不要强迫喂食，让其躺卧休息。若有食欲，可喂少量饲料（每天喂0.5~1.0 kg）。第2天所有分娩母猪都要赶起站立，并投喂饲料。喂料量依母猪的食欲、有无乳房炎和便秘等情况而定，以后逐天增加，到产后第7天，按规定的喂料量投喂饲料。产仔2周后，母猪的喂料量可根据母猪的膘情酌情在规定喂料量的基础上适当增减。

任何时候若发现母猪有乳房炎、食欲不振和便秘时，都要减少喂料量，并对母猪做治疗处理。饲料投喂后，若母猪不愿站起吃食，应将其赶起站立。

哺乳母猪每天的喂料次数为2次（上下午各1次）。夏天气温高，母猪的食欲差时，喂料次数为3~4次。每次投料前，若发现饲料槽中还有上一次食剩的饲料，应先把剩料清出，然后再投喂新鲜饲料，清出的剩料可用来喂生长肥育猪。绝对不能让哺乳母猪采食已经发酵变质的饲料。

4. 哺乳母猪的管理

哺乳母猪实行单栏饲养。母猪产后2~3 d，可到舍外运动场自由活动，对恢复体力，促进消化和泌乳是有利的。产房要保持安静、温暖、干燥、卫生、空气新鲜。产栏和过道，每2~3 d 消毒一次，防止发生子宫炎、乳房炎、仔猪下痢等疾病。哺乳母猪日粮结构要保持相对稳定，不要频变、骤变饲料品种，不喂发霉、变质和有毒饲料，以免造成母猪中毒和乳质改变而引起仔猪腹泻。

母猪在养猪生产中要重复这样的周期：产仔→哺乳→断奶→空怀→配种→妊娠→再次产仔。在这样的生产周期中，产仔、断奶、配种是短期行为，分别由接产技术、断奶技术、配种技术支持；而哺乳、空怀、妊娠则是长期行为，它们都是相对漫长的过程，所含技术主要侧重于饲养管理方面，它们决定了短期行为所表现出的结果。为此，产仔成绩、断奶成绩和配种成绩往往分别是妊娠、哺乳和空怀阶段饲养管理技术实施好坏的反映。

5. 影响哺乳母猪的饲料营养因素及对策

哺乳母猪在整个养猪生产线中处于最重要的地位。因为，哺乳母猪管理饲喂得好，母猪断奶后易于发情，保持良好的繁殖性能；仔猪断奶后转到保育舍易于饲养，为提高育成率打下坚实的基础。管理饲喂不好时，母猪过肥或过瘦会影响下一次发情，延长了空怀期；仔猪生长不良，转到保育舍后难于饲料管理，育成率低，从而影响整个生产。

母猪产仔后到断奶前喂料量不易平均化，一般分娩当天不喂料，每两天喂1 kg 左右，以后增加0.5 kg/d，至1周后4~5 kg/d，直到断奶为止。

哺乳母猪料能量不应低于11 723 kJ/kg，蛋白质不低于16%。能量太低时，哺乳母猪一方面要维持自身的能量需要，另一方面又要哺乳仔猪，这样，母猪要过多地消耗自身的体能，造成过分失重，影响哺乳及下一次发情。蛋白质含量高时（最好17% 左右）可促进母猪分泌较多的乳汁，减少母体失重，防止繁殖性能变差，提高仔猪的成活率。

哺乳母猪料最好是喂湿料，特别是我国南部地区，夏天高温高湿，母猪食欲不佳；另外，由于奶水中的80% 是水分，更应补充水分。一般在料槽中加完干料后，放入2倍于干料的水，可大大提高饲料的适口性。

哺乳母猪的饲料应少喂多餐。经试验观察，饲喂方式不同，母猪的日采食有很大差异，日喂4餐的方式比日喂2餐要多，采食20% 左右。采用4次饲喂方式，时间安排为早上上班、中午、下午下班、晚上（21：00~22：00），每次喂料以下一次喂前吃完为止，一般喂料1.0~1.5 kg/ 次，每次喂料前，一定要将前次没吃完的料清理干净，避免饲料发霉、变质现象。

饲喂全价饲料的同时，适当喂一些青绿多汁饲料（如番薯藤等），一可提高母猪的食欲，增加乳汁的分泌；二可减少母猪便秘的发生。但所喂的青饲料要先用清水冲干净，然后晾干，从而减少寄生虫的传播。

四、提高母猪群体生产力的综合措施

母猪的群体生产力，是指猪场整个母猪群的总体生产能力，是体现一个猪场经济效益的主要指标。而母猪的生产力主要指母猪的繁殖力，母猪的繁殖力是养猪生产的一项重要指标。因为一个养猪场的种猪生产成本是由育成仔猪来分担的，每年每头母猪产仔、育成的仔猪多、窝重大，便会使饲料、劳动工资、房舍设备折旧、医药、管理、能耗等支出引发的均值降低。由此可见，衡量母猪繁殖力高低的标准应该是每头母猪每年能提供的育成仔猪数。要提高母猪的繁殖力，必须从以下几个方面来考虑。

1. 保持合理的母猪群体年龄结构

年龄结构对母猪群体繁殖的影响力很大。母猪群体年龄结构主要依据母猪的利用年限而定。一般猪种的母猪繁殖高峰为第3~8胎，第9胎及第9肥以后产仔数逐胎减少，仔猪存活率也逐胎下降。据此，母猪的利用年限限定为4~5岁，每年更新20%~25%，积年龄的母猪均占20%~25%，对生产力较高的母猪可适当延长年限，对生产力很低的母猪可早期淘汰。

2. 缩短母猪繁殖周期

母猪的繁殖过程分为配种期、怀孕期、泌乳期，从配种期至泌乳期结束（仔猪断奶）称为一个繁殖周期。繁殖周期是影响母猪繁殖力的主要因素，因为怀孕期114 d是比较固定的，所以要缩短分娩间隔必须从抓紧配种期和缩短哺乳期来实现。缩短泌乳期的潜力很大，我国传统的习惯是60 d断奶，而国外比较先进的已达到21~28日龄断奶，我国各大厂家目前也已实行21~28日龄断奶。通过观察发现，只要抓好了仔猪早期补饲和加强哺乳母猪管理，那么下一周期母猪的发情排卵和其他繁殖性能没有受到明显影响。同时抓住第1个情期的发情率也是关键问题，必须保证情期受胎率达到85%。

3. 营造母猪优良的饲养条件

（1）配种准备期母猪的饲养管理　一般分为青年母猪和经产母猪配种前两个方面。一方面是青年母猪，近30年来国外上百次的试验证明，对原饲养水平较低的青年母猪在配种前进行短期优饲，可增加排卵2枚左右。同时，在配种前对青年母猪进行调教训练，也是提高受胎率和产仔数的一种必要措施。另一方面是经产母猪配种前的饲养管理，母猪经过产仔和泌乳，一般体重减轻20%~30%，要使其能在5~10 d 内正常发情配种，必须使母猪保持中等以上膘情。因此，必须注意氨基酸饲粮组合的合理性，粗蛋白必须达到12%，同时满足矿物质和维生素的需要，能量水平保持原来的供给水平。

（2）妊娠期母猪的饲养管理　对妊娠母猪的饲养按照各种妊娠母猪的特点，采取相应的饲养方式，归纳起来可分3类。

①抓两头顾中间的饲养方式　主要适用于断奶后体瘦的经产母猪。为承担繁殖任务，必须在妊娠初期加强营养，使其迅速恢复繁殖体况，这个时期连配种前10 d 共计1个月左右，应加喂精料，特别是含高蛋白的饲料。待体况恢复后再以原有的饲养标准饲喂，直到妊娠80 d 后，再加强精料，以满足营养的需要。

②步步高的饲养方式　适用于初产母猪的哺乳期间配种的母猪，前者本身还处于生长发育阶段，后者生产部门任务繁重，营养需要量大。因此，在整个妊娠期间的营养水平，是根据胎儿体重的增长而逐步提高，到分娩前1个月达到高峰。饲喂方式一般在妊娠初期以青粗饲料为主，以后逐渐增加精料比例，并增加蛋白质和矿物质饲料。到产前3~5 d，日粮减少10%~30%。

③前粗后精的饲养方式　对配种前体况比较良好的经产母猪，可采取此方式。因为妊娠初期胎儿很小，加之母猪膘情良好，这时按照配种前的营养需要在日粮中可以多喂给青粗饲料，以满足其营养需要水平，这时基本上能满足胎儿生长发育对营养的需要，到妊娠后期，由于胎儿生长发育增快，再加喂精料。

④哺乳期母猪的饲养管理　母猪泌乳是生产中的一个重要环节，泌乳母猪负担很大，除本身维持消耗外，每天还要产出5~8 kg 乳汁，如饲养管理不当，就将对母猪和仔猪产生一系列不良影响。母猪产后日喂料量应逐步增加，至

5~7 d 恢复正常喂量，10 d 后才开始加料，至泌乳高峰过后停止加料。

4.提高配种技术

在掌握好适宜的配种年龄的前提下，配种时间和配种方法就尤为重要。掌握正确的发情鉴定技术，为适时配种提供可靠依据，是配种获得成功的基础。发情鉴定方法有观察法、电阻法和压背法3种。

五、母猪群淘汰原因分析

（一）母猪群淘汰原因

1. 品种因素

由于品种本身的种质特性，不同的品种（品系）遗传繁殖力不同，如杜洛克母猪的繁殖性能和泌乳力相对较差。品种的其他特征也会影响其繁殖力，如老品系的长白猪，四肢胫骨较细，承受力低，造成母猪肢蹄发病率较高，配种困难。解决方法是，在引种、选种和选育的过程中，有针对性地进行选择，加大对母猪繁殖力以及相关指标的选择强度，可以在一定程度上提高母猪的繁殖力。

2. 营养因素

营养与母猪的繁殖有着密切关系，营养水平和结构的不合理会导致母猪繁殖性能下降。后备母猪在培育过程中，饲给过高的蛋白质日粮，则会较多地发生软骨病。当日粮中钙、磷缺乏或钙磷比例不平衡时，也会使四肢尤其是后肢承受力不够，致使配种困难。初生仔猪补硒漏缺或后期日粮中缺硒，在种猪的培育过程中也可能由于缺硒导致后肢瘫痪。软骨病多见于后备母猪和初产母猪；后肢瘫痪多见于经产母猪和产后母猪。预防办法：注意日粮结构和钙磷平衡；治疗可采用肌肉注射维丁胶钙，也可以在饲料中适当提高钙、磷和维生素 D 的供给量。

3. 管理因素

饲养条件和管理方法的不当也是母猪繁殖问题产生的重要因素。猪舍地面和运动场地面过于粗糙或光滑，舍内粪尿清理不净，密度大，母猪在运动、抢食或争斗中易于磨损、摔倒或劈跨，造成肢蹄损伤。配种场地面坡度不合理、地面过稳，导致肢蹄损伤。频繁调群、并圈，猪相互殴斗也是造成肢蹄病的因素。预防方法：改善舍饲条件、加强日常管理来避免意外损伤的发生。对于不能治愈的严重损伤个体，需要及早淘汰，以提高母猪群的繁殖性能和利用率。

（二）母猪淘汰原则

1. 自然淘汰

母猪群年龄和胎次结构要保持适当的比例，才能发挥猪群的最大生产性能。在一个组成较好的母猪群中，通常2胎以下（包括后备猪）的母猪所占的比例为30%，2~6胎的母猪所占比例为45%~55%，6胎以上的母猪所占比例小于20%，8胎以上的母猪比例小于5%。生产中母猪的自然淘汰是保持猪群良好生产性能和遗传改良计划不可少的部分，自然淘汰亦包括衰老淘汰和计划淘汰。

（1）衰老淘汰　到了一定的使用年限（4~5年）难以维持正常生产性能的母猪，应予以淘汰。

（2）计划淘汰　由于生产计划的变更、引种、换种、弊病等因素，对原有生产性能较低或患有疾病的母猪群进行淘汰或处理。

2. 异常淘汰

生产中引起母猪异常淘汰的原因很多，主要包括繁殖机能障碍、遗传缺陷、产科病、营养性疾病、肢蹄病等因素。

（1）后备母猪不发情　有些后备母猪已达到配种日龄和体重，但没有表现出性周期。其原因主要有三个方面：一是后备母猪生殖器官先天发育不良或畸形。二是脑垂体前叶分泌的促卵泡素和促黄体素较少，使卵泡不能正常发育和成熟，导致母猪乏情。此类母猪可以用公猪试情方式，促进其发情排卵，也可用激素诱导发情。三是后备母猪饲养过肥，导致卵巢内脂肪浸润、卵泡上皮脂肪变性、卵泡萎缩，引起后备母猪不发情、不受孕，这类母猪应减少精饲料给量、加强运动，便可促使其发情。对于后备猪群中3%~5% 经处理后确实不能正常发情的个体（一般超过10个月仍没发情的），应予以淘汰。

（2）产后母猪不发情　有些母猪断奶后30 d 仍没有发情症状或发情不明显，应予以淘汰。其主要原因可能是：子宫内可能存在异物（瘀血、胎衣、感染等）导致子宫炎症而不能正常发情，通过冲洗和消炎可使母猪正常发情；个别母猪在哺乳期内形成持久黄体导致“假孕”，断乳后无任何发情症状，可用前列腺激素处理，促使母猪排出异物，消除黄体，使子宫对激素的刺激反应而引起发情；由于饲养管理不当，导致母猪过肥、过瘦，使母猪不能按时恢复生殖的，这种情况应通过调整日粮结构，加强运动，使母猪恢复良好状况，便可正常发情配种。

（3）隐性发情　有些母猪，如长白猪的某些品系，由于发情症状不明显，无爬跨行为，阴户红肿不明显，黏液较少，外观几乎看不出发情，但母猪却正处在发情期，如果不进行查情时间记录，在拟定的发情时间内观察其微妙的变化，及时采用公猪试情、爬跨，争取适时配准。

（4）屡配不孕　母猪经过多次配种（一般连续配3次都未配上），每次配种后间隔18 d后重新发情，其主要原因有：母猪生殖器官发炎，不能正常发情，可用青霉素、链霉素进行消炎和冲洗子宫；对卵巢囊肿的母猪，虽有发情，但不排卵，此时可肌注黄体酮进行治疗，待下次发情就有可能配准；有些母猪由于感染了乙脑或细小病毒等，导致胚胎早期死亡和流产，或饲料缺乏维生素A和维生素E引起胚胎被母体吸收，导致母猪重新发情或长期乏情。

（5）异常分娩和死胎　母猪感染伪狂犬、乙脑、细小病毒、流感等传染病会引起母猪流产、死胎；产前由于环境突变、管理条件恶劣、饲料中缺硒等原因也会引起流产、早产和死胎。这种异常分娩的情况在一些猪场中时有发生，预防的方法是改善饲养环境，加强管理，进行相应的免疫接种。妊娠母猪后期要单圈或小群饲养，防止相互间的咬斗，并注意保证饲料的营养和品质。

（6）超期不产　有些母猪配种后，没有返情现象，也无妊娠迹象，甚至超过预产期也不分娩，其原因是母猪感染了病毒或缺乏维生素A、维生素E等，造成流产或死胎。木乃伊化的胚胎可造成持久黄体，使母体无法识别妊娠而处于“假孕”状态，遇到这种情况，应及早确诊和处理。对假孕母猪要去除黄体，并结合使用催情药物，使母猪进入正常的繁殖状态，几次处理仍不能正常发情配种的个体应及早淘汰。

（7）低产母猪　有些处于生产高峰期的母猪，连续3胎产仔数少于4头，主要原因是本身性器官发育不全，卵巢机能较差、排卵数少，也可能因为妊娠前期饲养、营养、管理不当引起胚胎早期死亡。如果能够排除管理方面的因素，而确认是母猪本身的原因，这种母猪应予以淘汰。

（8）泌乳力差　有些母猪虽然产仔性能较好，但表现泌乳力差，不能正常哺育所产仔猪。主要原因有：母猪泌乳系统发育不全、泌乳能力不够，如果连续2~3胎都表现出泌乳力差，这种母猪就应淘汰。母猪妊娠期体况过瘦或过肥，造成泌乳量少或乳质差，这种情况可以通过调整饲料结构和采食量进行解决；经产母猪在上次断乳时，没有做好乳头的消毒和密封，使细菌或病原体侵入乳腺，形成乳房（腺）炎而丧失泌乳能力，这种情况可能通过加强饲养管理、过渡断乳、搞好清洁卫生、做好乳房消毒工作来进行预防。

（9）异食癖　极少数母猪，母性差，有食仔恶癖，仔猪出生后，不能被很好地哺育，而且仔猪被挤死、压死甚至咬死的概率大大增加。虽然产仔数量不少，但育成率极低，在能排除饲料、疾病及管理方面的原因后，这种由母体本身缺陷带来的生产下降的个体，应予以淘汰。

（10）疾病母猪　在正常的生产管理中，少数青年母猪由于某种因素导致的非常传染性个体疾病，久治不愈，身体衰弱，已经失去进行正常生产繁殖的能力，在经过现场兽医和畜牧技术员的综合评定后，确认已无饲养价值的个体，应予以淘汰。生产中减少疾病繁殖损失的方法是以预防为主，加强日常管理工作，发现疾病及早治疗，防止恶化。

（11）肢蹄病　主要表现为母猪四肢无力、后肢损伤、瘫痪及蹄病。母猪由于后肢无力或蹄部疾病，无法承受本身重量和公猪爬跨，而不能正常配种，尤其在高床限喂栏饲养和高床限喂栏分娩的条件下，由于母猪缺少应有的自由运动，加上高床金属或塑料漏缝地板对蹄壳的磨损，使肢蹄病率升高，影响母猪的繁殖性能，导致母猪淘汰率增加。肢蹄病发生的原因有多种，生产要确定病因，对症治疗，才能收到较好的效果。

项目三　疫病防治技术

知识目标：掌握猪场安全控制方面的知识；掌握猪的病毒性传染病、细菌性传染病、寄生虫性传染病的防治知识；掌握常见的临床疾病的防治知识。

技能目标：能够制定猪场的免疫程序；能够预防和控制猪场的常见传染病；能够预防和控制猪场的常见临床性疾病

职业岗位：兽医师、保健员

任务一　生物安全控制技术

子任务一　猪场生物安全体系的构建

生物安全体系就是为阻断致病病原（病毒、细菌、真菌、寄生虫）侵入畜（禽）群体、为保证畜禽等动物健康安全而采取的一系列疫病综合防范措施，是较经济、有效的疫病控制手段。通过建立生物安全体系，采取严格的隔离、消毒和防疫措施，降低和消除猪场内污染的病原微生物，减少或杜绝猪群的外源性继发感染机会，从根本上减少和依赖用疫苗和药物而实现预防和控制疫病的目的。

一、树立正确防疫理念

改变传统的“先病后防”“重治不重防”的错误观念，树立“无病先防”“环境、饲养、管理都是防疫”的正确防疫理念。要清醒地认识到一旦发生疾病，只能采取极为被动的办法，不仅造成畜禽死亡，成本增加，而且影响产品质量，造成更大的经济损失。

二、全面认识疾病含义

改变将疫病防治片面地理解成简单的喂药治病、免疫接种，疫病监测行为的狭隘的疫病防治观。应该认识到动物疫病是养殖技术水平的综合体现，动物疫病的控制必须从动物的种源安全、饲养条件、管理水平和防疫规则等环节采取综合措施，真正将预防高于一切的理念渗透到生产管理的每一个环节和每一天的工作中去。

三、重视动物福利，更好地保护和利用动物

所谓动物福利，就是让动物在康乐的状态下生存，其标准包括动物无任何疾病、无行为异常。无心理紧张压抑和痛苦等。基本原则包括：让动物享有不受饥渴的自由、生活舒适的自由、不受痛苦伤害的自由、生活无恐惧感和悲伤感的自由以及表达天性的自由。截至目前，包括一些非洲国家在内的世界上100多个国家都出台了反虐待动物法案。亚洲的新加坡、马来西亚、泰国、日本等国和中国香港、台湾地区都在20世纪完成了动物福利立法，而大陆在这方面却一直处于滞后的状态。给动物应有的福利，这样能够最大程度使动物处于生理自然状态，最大限度发挥机体免疫机能和其他生理功能，大大降低疾病感染概率。

四、实施科学、合理的生物安全配套技术

生物安全是预防传染因子进入生产的每个阶段或场点或猪舍内所执行的规定和措施。生物安全还包括控制疾病在猪场中的传播、减少和消除疾病的发生等。生物安全是一个猪群管理策略，通过它来尽可能减少引入致病性病原体的可能性，并且从环境中去除病原体，是一种系统的连续的管理方法，也是最有效、最经济的控制疫病发生和传播的方法（周小平等，2004）。生物安全体系的具体内容包括如下几个方面：环境控制，人员的控制，畜禽生产群的控制，饲料、饮水的控制，对物品、设施和工具的清洁与消毒处理，垫料及废弃物、污物处

理等（江宵兵，2002）。

1. 合理建场、布局

猪场的选址应尽量位于相对较高处；在风向位置上应择在全年大部分时间为上风向处，同时能保证常年有清洁水源；远离主要交通、生活居民区、厂区或畜禽养殖场、屠场、畜产品加工厂。生产区、生活区和管理区应严格分开，缓冲隔离带至少200 m。各阶段猪舍由上风向到下风向依次安排为配种舍→妊娠母猪舍→产房→带仔母猪舍→保育舍→育成舍→育肥舍→出猪台，并实行隔离饲养（章红兵等，2005）。

2. 实行严格的隔离、消毒制度

出入生产场所的运输车辆必须经过严格的清洗和消毒。生产区间内的运输工具要做到及时清洗消毒，保持清洁卫生。不能将场内的运输工具到场外使用。

3. 做好选种计划

选种前必须做好疾病检测，严格检疫，确认无任何疫病，特别是对布氏杆菌病、伪狂犬病、繁殖与呼吸综合征等，检测通过放置隔离区进行隔离观察。引入猪场前再次检测，合格后方可入场。

4. 加强饲养管理

定期对猪舍进行消毒、杀虫、灭鼠、驱虫及定期对猪舍环境、饲料、饮水检测将有助于减少疾病传播；对发病和死亡的畜禽，应进行严格的处理，防止疫病扩散；饲养环境质量监测（在病原微生物污染监测同时兼顾有害气体的监测）。

5. 制定免疫程序

根据猪场猪群的实际抗体效价，结合本场流行病的特点，制定合理的免疫程序。

6. 人员控制

严格限制人员、动物和运输工具的流动和进入养殖场，杜绝外来人员的参观；本场内各猪舍的饲养员禁止互相往来；技术人员进入不同猪舍要更换衣物，严格消毒，加强卫生消毒，是防止交叉感染的关键。

7. 全进全出

全进全出，批量生产。越来越多的猪场采用此饲养方法，尽可能做到同日龄范围内的猪只全进全出。只要不重新引进猪只，在一定时间内出完，也算全出。全进全出并不强调一场一地的大规模全进全出，强调的是一栏或一舍的全进全出。

8. 猪群建立

由于猪与猪之间的接触，是猪病传播的主要途径之一，未知健康状况的猪可能是最危险的传染源，它的引进，可能引起某种传染病在本场的暴发与流行。因此，建立一个健康猪群对后续生产至关重要。建立健康猪群的方法可概况如下。

SPF 猪尽管 SPF 猪在猪病控制上有其局限性，不是万能的，如无法阻断那些可通过胎盘垂直传播的病原，SPF 猪群的建立难度大，但是，建立以 SPF 猪为核心群，进而生产原种猪、祖代猪的金字塔式的生产体系，是控制疾病发生的最有效的办法。一个新建的猪场，引进 SPF 猪作种源是最理想的。

引进非 SPF 猪时，最好先对种源场的健康状况做一下调查。引进的种猪要隔离观察4~8周，发现异常，果断采取措施。如果本场为某病阳性，外场的后备种猪为阴性，那么，在隔离期间，可将1头本场的断奶仔猪与外购的种猪一起饲养，以达到逐步适应病原，减少损失的目的。

9. 加药早期断奶和早期隔离断奶（SEW 技术）

加药早期断奶将母猪和肉猪的免疫和给药结合起来，进行早期断奶，并按日龄进行隔离饲养。应根据猪群健康情况制订免疫和加药计划。一般母猪进行本地病毒性疫病的免疫接种，仔猪加药。这些方法适用于不同来源混养的猪只，以建立最少疾病猪群。

早期隔离断奶是在仔猪母源抗体水平较高，病原菌群增殖较弱时，将仔猪饲养在尽可能少病原菌的环境中（隔离），在各类猪群间建立防病屏障，防止猪群内部疾病之间的传播。美国1992年开始推广此项技术，现已普遍使用。仔猪一般15 d 断奶，最早为12 d。早期隔离断奶的优点：①仔猪尽早地与母猪所带的病原隔离，有利于控制疾病；②保育一肥育期生长更快，上市时间缩短；③缩短母猪的非生产期，增加胎数；④猪健康水平高，提高了胴体的价值。早期隔离断奶的缺点：①健康猪更易感，容易暴发新的疫病；②有的老疫病可能更加严重，如猪链球菌病、心包炎、胸膜肺炎等；③影响母猪的繁殖性能（如窝仔猪数可能下降，延长断奶一发情间隔等）。

10. 多点生产

有的两地生产，配种、怀孕、分娩和哺乳在一地，保育、生长和育成在另一地；有的三地生产，配种、怀孕、分娩和哺乳，然后集中在一起保育，生长及育成又在另一地。现最流行的是三地生产模式。各地相隔几千米至几十千米，须交通发达，运猪车辆配有饮水及喂料设备，则猪的移动对猪只影响不大，不会产生大的应激反应。

11. 隔离及风土驯化

从外地引进的种猪，一般在隔离舍饲养2个月，检疫合格后，每栏猪再混入一头本场的猪，进行风土驯化，使外来猪适应本场的微生物群体，并做好气喘病免疫接种等工作。

随着畜牧生产者对生物安全体系观念的深刻领会和自觉运用，有效地控制疫病的发生和发展，确保猪场的生物安全，以使猪场可持续发展。必将给我国畜牧业的健康发展带来深远的影响。

子任务二　猪场的清洁消毒

一、常见消毒药及使用方法

1. 酚类

优点：性质稳定，在酸性中作用较强。

缺点：有特殊气味；对皮肤有刺激作用；使纺织品染色和损坏橡胶；对动物体毒性较强。

举例：如石炭酸、煤酚皂溶液（来苏儿）

来苏儿（煤酚皂溶液）：2%溶液用于器械、创面、手臂等消毒。3% ~5%溶液用于猪舍地面、食槽、水槽、用具、场地等的消毒。因为毒副作用小，可以带猪消毒。

2. 醇类

优点：作用快，性质稳定；基本无毒、无腐蚀性。

缺点：不能杀灭细菌芽孢、真菌和病毒。

举例：如乙醇。70%乙醇相当于3%苯酚。

酒精：市售酒精常为96%，用水配制为70%的酒精，消毒效果好。70%酒精浸泡脱脂棉块，便制成了常用的酒精棉。本品具有溶解皮脂、清洁皮肤、杀菌快、刺激性小的特点。用于注射针头、体温计、皮肤、手指及手术器械的消毒，是必备的消毒药。

3. 酸类

（1）无机酸

作用机理；杀菌作用取决于离解的氢离子，高浓度的氢离子使菌体蛋白变性、沉淀或水解，从而杀死繁殖型微生物与芽孢。

缺点：腐蚀性较强、穿透力较差。

举例：盐酸、硫酸、硼酸、硝酸等。

（2）有机酸

作用机理：杀菌作用取决于不电离的分子，它透过细菌的细胞膜而对细菌起杀灭作用。

优点：对革兰氏阳性、阴性菌均有杀灭和抑制作用，也可杀灭流感病毒。

缺点：碱性环境下效果较差，杀菌作用较弱。

4. 碱类

作用机理：氢氧根离子使蛋白质水解、变性或沉淀。

优点：可杀灭细菌繁殖体、芽孢，对病毒有较强的杀灭作用，对寄生虫卵也有杀灭作用。

缺点：易灼伤组织，有腐蚀性，不适用于水的消毒，极易吸湿受潮，成分单一，杀毒范围窄，粗制品含量低。

举例：如氢氧化钠、生石灰。

火碱消毒的缺陷：有有机物时降低消毒效果；无表面活性作用；灼伤皮肤、眼睛、呼吸道和消化道；易吸潮，导致结块、失效；腐蚀金属，破坏环境；只能用于空舍消毒；澳大利亚兽医防疫计划规定不能用于部分烈性传染病；美国农业部不推荐用于非洲猪瘟和典型猪瘟；英国农业渔业食品部仅允许用于猪水疱病。

火碱（氢氧化钠、烧碱、苛性钠）：本品对病毒和细菌具有强的杀灭能力，

3%溶液用于猪舍地面、食槽、水槽等消毒，可放入消毒池内作为消毒液，并可用于传染病污染的场地、环境的消毒。但不许带猪消毒，以防止烧坏皮肤。

生石灰：10%~20%石灰乳，涂刷猪舍墙壁、栏杆、地面等。也可以将生石灰撒在阴湿地面、猪舍地面、粪池周围及污水沟旁等处。

草木灰：灰2 kg、水10 kg混合，煮沸2 h，用纱布、麻袋等物滤过，备月。用时加2倍热水稀释，用于喷洒或涂擦猪舍地面、栏杆、用具、污染场地等的消毒。本品是一种碱性溶液，杀菌力很强。

5. 醛类

作用机理：使蛋白质变性，发挥杀菌作用。

优点：杀菌作用较醇类强，杀菌谱广泛且作用强，对细菌繁殖体、芽孢、病毒和真菌均有杀灭作用，可硬化组织。

缺点：使用受限，有刺激性、毒性，长期使用会致痛，易造成皮肤上皮细胞死亡，受污物、温度、湿度影响较大；易产生过敏，可以引起哮喘。

甲醛（40%甲醛溶液是福尔马林）：有极强的还原性，可使蛋白质变性，具有较强的杀菌作用。2%福尔马林用于器械消毒。猪舍熏蒸消毒，要求室温20℃，相对湿度60%~80%，门窗密闭，不许漏风。每立方米空间用福尔马林25 ml、水12.5 ml、高锰酸钾25 g。先把福尔马林和水放一个容器里，再加入高锰酸钾；甲醛蒸气迅速蒸发，人必须快速退出。消毒时间最好24 h以上。特别要注意的是先放福尔马林和水，后放高锰酸钾，按这个程序进行，不允许颠倒。

甲醛的缺点：消毒效果受温度影响大，低温无效；有机物和低pH均会使其失去消毒效果：高毒和高刺激性，引起气喘病，具有潜在的致癌性；稀释比例小，用量大；澳大利亚兽医防疫计划不推荐用于非洲马瘟、口蹄疫、猪水疱病、小反刍兽疫、裂谷热、牛瘟、水疱性口炎；英国农业渔业食品部允许用于口蹄疫和猪水疱病，稀释浓度为1∶9。

6. 氧化剂

作用机理：通过氧化细菌体内的活性基团，破坏菌体蛋白或酶蛋白。

优点：作用快而强，广谱杀菌。对细菌、病毒、霉菌和芽孢均有效。

缺点：仅对表面有作用，易分解，不稳定。

举例：过氧乙酸、过氧化氢、高锰酸钾。

过氧乙酸（过醋酸）：本品是一种强氧化剂，对病毒、细菌等有杀灭作用，在0℃以下低温，同样杀灭。0.1％溶液用于喷洒猪舍、地面、食槽、水槽、环境等消毒。用于带猪消毒，喷在猪身上，不会引起腐蚀和中毒。用时观察瓶签，一般为18%~20％溶液，按比例配制成0.1％，现用现配，配制之后应尽快用完，更不能过夜。

过氧化氢（双氧水）：常用3％溶液，本品通有机物放出初生态氧，呈现杀菌作用。主要用于化脓创口、深部组织创伤及坏死灶等的消毒。

高锰酸钾（过锰酸钾）：本品是一种强氧化剂，对细菌、病毒具有杀灭作用。常用0.1％溶液，用于猪乳房消毒，化脓创、溃烂创冲洗等。

7. 卤素类

作用机理：通过卤化、氧化作用使有机物分解或丧失功能。

缺点：对金属腐蚀性大，用量大；使用条件受限，易分解。

举例：碘酊、漂白粉、威力碘

碘制剂的缺点：效果短暂，消毒池消毒一天即可失效；在阳光下易分解，易产生污点；对水生动物有一定的毒性；有机物存在时效果降低；对口蹄疫病毒作用慢，2%~3% 需要1 h 才能杀死。

碘酊：5％碘酊用于外科手术部位、外伤及注射部位的消毒。用碘酊棉球涂抹局部。本品对外伤虽有一时的疼痛，而杀菌能力强，用后不易发炎，并对组织毒性小，穿透力强，是每个猪场和养猪专业户必备的皮肤消毒药。

漂白粉（含氯石灰）：本品是一种白色粉末，带有剧烈氯气味，有强的杀菌作用和除臭能力。10%~20％漂白粉溶液，用于猪舍、运输猪的车船、环境、粪便、土壤、污水等的消毒。1%~3％澄清液用于食槽、水槽、用具等消毒。

威力碘：含碘0.5％，消毒防腐药，1%~2％用于猪舍、猪体表及环境消毒。5％用于手术器械、手术部位的消毒。对病毒和细菌均有杀灭作用。

8. 重金属盐类

作用机理：离子与菌体蛋白结合，产生沉淀。高浓度杀菌，低浓度抑菌。

优点：防腐作用较强。

缺点：污染大，仅对细菌和真菌有效，低温、有机物能降低效果。

9. 表面活性剂

作用机理：改变细胞的通透性，并使菌体蛋白变性。

分类：阴、阳、非离子和两性离子。

优点：杀菌作用强，无腐蚀、刺激性和漂白性，易溶于水，不污染物品。在碱性和中性介质中杀菌力强。

缺点：在酸性介质中效果大减，对结核杆菌、铜绿假单胞菌、芽孢、真菌和病毒的效果较弱。

举例：新洁尔灭、消毒灵

新洁尔灭（溴苄烷铵）：本品是一种表面活性消毒剂，不能与肥皂同时用，因为抵消了消毒作用。常用0.1%溶液，用于手、皮肤、手术器械、冲洗黏膜及工作服等消毒。

消毒灵：1∶300稀释的溶液，对猪舍、地面、栏杆、食槽、水槽、用具、环境等，进行喷雾、涂擦等消毒，可以带猪消毒，无毒害，无副作用，对病毒和细菌有杀灭作用。

10. 季铵盐消毒剂

只对细菌有效，对病毒几乎无效；在有机物存在条件下几乎无效；对水生动物毒性较大。 常用的有百毒杀，使用浓度为1∶1 000~1∶2 000，主要适用于新建猪场，因为新建猪场相对来说，病原微生物的数量和种类较少。

1210∶1~1210∶600稀释的溶液，可对猪舍、地面、用具、环境消毒，对病毒和细菌有杀灭作用。（1210消毒剂是美国最新推出的科技项目产品，即改性后的第4代双长链季铵盐类化合物。它是由二癸基二甲基氯胺和正烷基二甲基卞基氯胺所组成。这些季铵形成一个高效消毒杀菌体系，较之前三代季铵盐类消毒剂，杀菌强度高出4~20倍，属新一代阳离子表面活性剂。这个体系能够在常温下低浓度即可快速杀灭各种细菌、霉菌、真菌及各种病原性和致病性微生物。并对乙肝病毒、金黄色葡萄球菌、大肠杆菌、白念珠菌等有强烈的杀灭功能。且具速效、长效等双重效果。）

11. 染料类

龙胆紫（甲紫）：常用1%溶液（紫药水），对组织毒性小，无刺激性，有收敛拔干作用。常用于皮肤和黏膜发炎感染、溃疡面及脓肿排出脓汁之后的消毒。

在生产实践中，情况比较复杂，对消毒剂的要求很高。当有机物存在（粪、尿、泥土等），病原微生物数量大、种类多，温、湿度变化大，被消毒物品表面结构各异，水质（硬度、酸碱度）差异大时，复合消毒剂是理想选择。

试验证实单纯地使用单一的化学品消毒剂不能满足良好生物安全计划的要求；单一消毒剂都存在着一些固有的缺陷：穿透有机物能力弱，受环境温度影响大，使用浓度高，越来越严重的安全问题，价格优势的丧失等。只有复合型消毒剂才能聚众家之所长，达到综合生物安全计划的要求。

二、猪场消毒制度

1. 环境消毒

猪舍周围环境每2~3周用2% 火碱等消毒药消毒1次。场周围及场内污水池、排粪沟、下水道出口，每月用漂白粉消毒1次。在大门口、猪舍入口设消毒池，消毒药物用2% 火碱等消毒药，每周更换1次。

2. 人员消毒

工作人员进入生产区净道和猪舍要经过洗澡、更衣、紫外线消毒（15 min）。严格控制外来人员，必须进入生产区时，要洗澡，更换场区工作服和工作鞋，并遵守场内防疫制度，按指定路线行走。

3. 猪舍消毒

（1）空舍消毒　每批猪调出后，按以下程序进行消毒。除粪—清扫—水洗—干燥—2% 火碱等消毒液消毒—水洗—干燥—福尔马林熏蒸或火焰消毒—进猪。

（2）带猪消毒　定期进行带猪消毒，可用0.1% 新洁尔灭、0.3% 过氧乙酸、0.1% 次氯酸钠等消毒药进行喷雾消毒，喷雾的雾滴要求50~100 μm。

（3）走廊过道消毒　定期用2% 火碱等消毒药进行消毒。

4. 用具消毒

食槽、水槽等用具每天进行洗刷，定期消毒，可用0.1% 新洁尔灭或

0.2%~0.5% 过氧乙酸等消毒药进行消毒。

子任务三　猪只的免疫计划

一、疫苗的类型

动物用的疫苗（生物制品），是用微生物（细菌、病毒、支原体、衣原体、钩端螺旋体等）、微生物代谢产物、原虫、动物血液或组织等，经加工制成，作为预防、治疗、诊断特定传染病或其他有关疾病的免疫制剂。动物用的疫苗，所应用的病原微生物应具有良好的免疫原性，经繁殖和处理后制成的制品，用以接种动物能产生相应的良好免疫力。

（一）传统疫苗

传统疫苗是指以传统的常规方法，用细菌或病毒培养液或含毒组织制成的疫苗。传统疫苗在防制畜禽传染病中，起到重要的作用。我们目前所使用的疫苗，主要是传统疫苗。传统疫苗，包括有如下主要的类型。

1. 灭活疫苗

灭活疫苗又称死疫苗，以含有细菌或病毒的材料利用物理或化学的方法处理，使其丧失感染性或毒性而保持有良好的免疫原性，接种动物后能产生主动免疫或被动免疫。灭活苗又分为组织灭活苗（如猪瘟结晶紫疫苗）、培养物灭活苗（猪丹毒氢氧化铝疫苗、猪细小病毒疫苗）。此种疫苗无毒、安全、疫苗性能稳定，易于保存和运输。是疫苗发展的方向。

2. 弱毒疫苗

弱毒疫苗又称活疫苗，是微生物的自然强毒通过物理、化学方法处理和生物的连续继代，使其对原宿主动物丧失致病力或只引起轻微的亚临床反应，但仍保存良好的免疫原性的毒株，用以制备的疫苗（如猪丹毒弱毒疫苗、猪瘟兔化弱毒疫苗等）。此外，从自然界筛选的自然弱毒株，同样可以制备弱毒疫苗。

3. 单价疫苗

利用同一种微生物菌（毒）株或一种微生物中的单一血清型菌（毒）株的增殖培养物所制备的疫苗称为单价疫苗。单价苗对相应之单一血清型微生物所致的疾病有良好的免疫保护效能（如猪肺疫氢氧化铝菌苗、系由6：B 血清型猪源多杀性巴氏杆菌强毒株制造，对由 A 型多杀性巴氏杆菌引起的猪肺疫无免疫保护作用）。

4. 多价疫苗

多价疫苗指同一种微生物中若干血清型菌（毒）株的增殖培养物制备的疫苗。多价疫苗能使免疫动物获得完全的保护（如猪多价副伤寒死菌苗）。

5. 混合疫苗

混合疫苗即多联疫苗，指利用不同微生物增殖培养物，根据病性特点，按免疫学原理和方法，组配而成。接种动物后，能产生对相应疾病的免疫保护，可以达到一针防多病的目的（如猪瘟、猪丹毒、猪肺疫三联疫苗）。

6. 同源疫苗

同源疫苗指利用同种、同型或同源微生物制备的，而又应用于同种类动物免疫预防的疫苗（如猪瘟兔化弱毒苗、猪流行性腹泻疫苗，可用于预防各种品种猪的猪瘟和猪流行性腹泻症）。

7. 异源疫苗

异源疫苗指利用不同种微生物菌（毒）株，制备的疫苗，接种后能使其获得对疫苗中不含有的病原体产生抵抗力（如兔纤维瘤病毒疫苗能使其抵抗兔黏液瘤病），或用同一种中一种型微生物种毒制备的疫苗，接种动物后能使其获得对异型病原体的抵抗力（如牛、羊接种猪型布氏杆菌弱毒菌苗后，能使牛和羊获得牛型和羊型布氏杆菌病的免疫力）。

（二）基因工程苗

利用基因工程技术制取的疫苗，包括亚单位疫苗，活载体疫苗，基因缺失苗及核酸疫苗。

1. 亚单位疫苗

微生物经物理、化学方法处理，去除其无效物质，提取其有效抗原部分（如细菌荚膜、鞭毛，病毒衣壳蛋白等），制备的疫苗（如猪大肠杆菌菌毛疫苗）。

2. 活载体疫苗

应用动物病毒弱毒或无毒株如痘苗病毒、疱疹病毒、腺病毒等作为载体，插入外源抗原基因构建重组活病毒载体，转染病毒细胞而产生的（如狂犬病活载体疫苗）。

3. 基因缺失苗

应用基因操作，将病原细胞或病毒中与致病性有关物质的基因序列除去或失活，使之成为无毒株或弱毒株，但仍保持免疫原性（如猪伪狂犬病基因缺失苗）。

4. 核酸疫苗

应用一种病原微生物的抗原遗传物质，经质粒载体DNA接种给动物，能在动物细胞中经转录转译合成抗原物质，刺激动物产生保护性免疫应答（目前还处在试验阶段）。

（三）抗独特型疫苗

根据免疫系统内部调节的网络学说原理，利用第1抗体分子中的独特型抗原决定位（簇）制备的疫苗，免疫后可引起液体和细胞性免疫应答，能抗拒病原的感染。此疫苗目前还处在实验室阶段。

二、因地制宜地建立免疫程序

搞好免疫接种，是预防猪场疫病流行的重要措施，应该注意的是，免疫程序的建立，要考虑本地区疫病流行情况，母猪母源抗体状况，仔猪、生长猪、肉猪的发病日龄，发病季节，免疫间隔时间等因素以及以往免疫效果。拟定一个好的免疫程序，不仅要有严密的科学性，而且要符合当地猪群的实际情况，也可考虑疫苗厂家推荐的免疫程序。根据综合的分析，拟定出完整的免疫程序。

推荐的免疫程序如表3–1，3–2，3–3。

1. 商品猪

表 3–1　商品猪免疫程序

乳前免疫	细胞苗
7 日龄猪	喘气病灭活疫苗
20 日龄猪	猪瘟弱毒疫苗
21 日龄猪	喘气病灭活疫苗

续表

乳前免疫	细胞苗
23~25日龄猪	蓝耳病灭活疫苗 猪传染性胸膜肺炎灭活疫苗 链球菌Ⅱ型灭活疫苗
28~35日龄	口蹄疫灭活疫苗 猪丹毒疫苗、猪肺疫疫苗或猪丹毒－猪肺疫二联疫苗 仔猪副伤寒弱毒疫苗
28~35日龄	传染性萎缩性鼻炎灭活疫苗
55日龄	猪伪狂犬基因缺失弱毒疫苗 传染性萎缩性鼻炎灭活疫苗
60日龄	口蹄疫灭活疫苗 猪瘟弱毒疫苗
70日龄	猪丹毒疫苗、猪肺疫疫苗或猪丹毒－猪肺疫二联疫苗

注：①猪瘟弱毒疫苗建议使用脾淋疫苗。
②在母猪带毒严重，垂直感染引发哺乳仔猪猪瘟的猪场实施。
③根据本地疫病流行情况可选择性进行免疫。

2. 种母猪

表3–2　种母猪免疫程序

免疫时间	使用疫苗
每隔4~6个月	口蹄疫灭活疫苗
初产母猪配种前	猪瘟弱毒疫苗 猪蓝耳病灭活疫苗 猪细小病毒灭活疫苗 猪伪狂犬基因缺失弱毒疫苗
经产母猪配种前	猪瘟弱毒疫苗 猪蓝耳病灭活疫苗

续表

免疫时间	使用疫苗
产前 4~6 周	猪伪狂犬基因缺失弱毒疫苗 大肠杆菌双价基因工程苗 猪传染性胃肠炎、流行性腹泻二联疫苗

注：①种猪70 日龄前免疫程序同商品猪。
②乙型脑炎流行或受威胁地区，每年3~5 月（蚊虫出现前1~2 个月），使用乙型脑炎疫苗间隔1个月免疫2次。
③猪瘟弱毒疫苗建议使用脾淋疫苗。
④根据本地疫病流行情况可选择性进行免疫。

3. 种公猪

表 3–3　种公猪免疫程序

免疫时间	使用疫苗
每隔 4~6 个月	口蹄疫灭活疫苗 猪瘟弱毒疫苗
每隔 6 个月	猪蓝耳病灭活疫苗 猪伪狂犬基因缺失弱毒疫苗

注：①种猪70 日龄前免疫程序同商品猪。
②乙型脑炎流行或受威胁地区，每年3~5 月份（蚊虫出现前1~2 个月），使用乙型脑炎疫苗间隔1个月免疫2次。
③猪瘟弱毒疫苗建议使用脾淋疫苗。

免疫接种技术要求

（1）必须使用经国家批准生产或已注册的疫苗，并做好疫苗管理，按照疫苗保存条件进行贮存和运输。

（2）免疫接种时应按照疫苗产品说明书要求规范操作，并对废弃物进行无害化处理。

（3）免疫过程中要做好各项消毒，同时要做到“一猪一针头”，防止交叉感染。

（4）经免疫监测，免疫抗体合格率达不到规定要求时，尽快实施一次加强免疫。

（5）当发生动物疫情时，应对受威胁的猪进行紧急免疫。

（6）建立完整的免疫档案。

三、疫苗的正确使用

为保证猪在接种疫苗后，产生预期的免疫效果，应在使用疫苗时，对疫苗的正确使用方法，要有所了解。每一种疫苗，有其特定的免疫程序和免疫效力，是长期研究的成果，厂家通常都提供有使用方法及注意事项，应严格掌握。为保证预防接种的免疫效果，应注意以下几个问题。

1. 各类疫苗要有专人采购和专人保管，以确保疫苗的质量。

2. 各类疫苗在运输、保存过程要注意不要受热，活疫苗必须低温冷冻保存，灭活疫苗要求在4～8℃条件下保存。

3. 疫苗的使用按免疫程序有计划地进行，接种疫苗必须由技术人员操作、其他人员协助。

4. 疫苗使用前要逐瓶检查，观察疫苗瓶有无破损，封口是否严密，瓶签是否完整，是否在有效期内，剂量记载是否清楚，稀释液是否清晰等，并记下疫苗生产厂家、批号等，以便备案。

5. 疫苗接种前，应检查猪群的健康情况，病猪应暂缓接种，接种疫苗用的器械（如注射器、针头、镊子等）都要事先消毒好。根据猪场情况，一猪换一个注射针头或一圈换一个注射针头。

6. 接种疫苗时，不能同时使用抗血清。

7. 免疫接种过程，必须注意消毒剂不要与疫苗接触。

8. 疫苗一旦启封使用，必须当日用完，不能隔日再用。

9. 在免疫接种过程，疫苗不要放置日光下暴晒，应置于阴凉处。

10. 对仔猪进行免疫接种前，要特别注意防止母源抗体对免疫效果的影响，因此必须严格按免疫程序进行。

四、免疫失败的原因及对策

在对猪进行免疫接种疫苗后，有时仍不能控制传染病的流行，即发生了免疫失败，引起免疫失败的原因主要有以下几个方面。

1. 猪只本身免疫功能失常，免疫接种后不能刺激猪体产生特异性抗体。

2. 母源抗体的干扰，母源抗体能干扰疫苗的抗原性，因此在使用疫苗前，应该充分考虑猪体内的母源抗体水平，必要时要进行检测，避免这种干扰。

3. 没有按规定免疫程序进行免疫接种，使免疫接种后达不到所要求的免疫效果。

4. 猪只有病，正在使用抗生素或免疫抑制药物进行治疗，造成抗原受损或免疫抑制。

5. 疫苗在采购、运输、保存过程中方法不当，使疫苗本身的效能受损。

6. 在免疫接种过程中疫苗没有保管好或操作不严格，或疫苗接种量不足。

7. 制备疫苗使用的毒株血清型与实际流行疾病的血清型不一致，也不能达到良好的保护作用。

8. 在免疫接种时，免疫程序不当或同时使用了抗血清。

总之，免疫失败原因很多，要进行全面的检查和分析，为防止免疫失败，最重要要做到正确使用疫苗及严格按免疫程序进行免疫。

子任务四　猪用驱虫药的选择及驱虫方案的制订

猪寄生虫病是一个世界性的问题，它不仅在中、小猪场危害严重，即使在管理良好、设备先进的大型猪场也有不同严重程度的存在，但是因它在大多数猪场或猪群没有造成明显大量的死亡，所以对它所造成的不明显损失往往被忽视，这种间接损失可能会占据经济效益的很大一部分，正如人们常说 :“传染病会吃掉老本，寄生虫病会吃掉利润”。据试验，从仔猪到出栏，驱虫良好的猪每头可多得20~40元的回报。现今兽医科学对猪的主要寄生虫病的病原体、生活史、发生和感染规律等已经十分清楚，但许多猪场对寄生虫病仍未能够得到有效的控制。其原因 :一是对猪寄生虫病的危害认识不足或误识，二是对药物的选择不当和防治方案的不完善。只有把猪寄生虫病造成的损失降低到最低限度，才可使猪的生产性能达到理想水平，所以必须做好猪寄生虫病的防制工作。

一、猪寄生虫病的现状及危害

据近年对集约化猪场的数千个粪样进行普查，资料显示，猪的肠道寄生虫仅以感染率统计，结肠小袋纤毛虫和猪球虫的感染率为最高，其次是猪蛔虫和毛首线虫（鞭虫），但以它的危害所造成的经济损失而言，则猪蛔虫占据首位；一般猪群猪蛔虫的感染率达50%~75%。猪的外寄生虫病则以猪疥螨的感染和危害最为严重，我国当前猪疥螨的感染率可以说除SPF猪场或猪群外，已达到100%的严重程度。据田间试验及调查资料显示，猪寄生虫病可使饲料转化率降低4.9%~5.1%，每头肥猪多耗料17.1~17.8 kg，育肥猪晚出栏9~12 d。人们对猪寄生虫危害认识不足的原因，往往是只注意了成虫（如猪蛔虫成虫），而对危害最大的移行阶段的幼虫缺乏了解，并对猪寄生虫的生存、感染和繁殖能力，以及其对外界环境的顽强抵抗力缺乏正确的评估。同时在驱虫药的选择和驱虫方案上，未能从真正切断寄生虫的生活史方面来考虑。再者，对随着外界环境条件的改变，猪寄生虫病的发病和危害形式也发生了某些改变。如近几年我国发生的猪病中很突出的一种称为猪呼吸道病综合征（PRDC）的猪病，它在猪的幼年和青年阶段发病率很高，它的病因虽有多种，但因猪蛔虫幼虫在猪肺脏中移行造成的蛔虫性肺炎的直接损害成为主要病因之一，并还为多种病原体的侵入打开了门户，同时还造成肝脏的严重损伤，使猪的抗病力大为下降，并因造成“乳斑肝”使肝脏不能食用。近些年，有些猪场的哺乳猪和育成猪发生“渗出性皮炎”，死亡率很高，其造成发病原因之一是由于猪感染疥螨引起猪蹭痒致使皮肤损伤，而致发生以猪葡萄球菌（*S.hyicus*）为主的细菌感染而引起的，它在某些猪场已成为仔猪的一种严重皮肤病。

二、猪驱虫药物的种类及选择

目前在我国应用较多的驱虫药主要有以下几类。

1. 有机磷酸酯类

系低毒有机磷化合物，常用做杀虫药和驱虫药，主要有敌百虫、敌敌畏、蝇毒磷等，其中以敌百虫应用较多。

敌百虫为广谱驱虫药，对多种猪消化道线虫如猪蛔虫、毛首线虫、食道口线虫均有驱除作用，外用还可杀灭体外寄生虫，如螨、虱、蚤、蜱等。敌百虫按80~100 mg/［kg（体重）· 次］（混料投服），外用可按1% 浓度涂擦或喷雾。敌百虫毒性较大，安全范围窄，使用时注意勿超量，孕猪及胃肠炎患猪禁用，并不要与碱性药物配合应用。由于此类药物毒性和副作用较大，而且驱虫效果不够理想，所以近些年使用者逐渐减少。此药的停药期为7 d。

2. 脒类化合物

脒类化合物为合成的接触性外用广谱杀虫药，主要使用的是双甲脒，为结晶性粉末，在水中几乎不溶解，所以多制成乳剂应用，如双甲脒乳油（特敌克）。它对各种螨、虱、蜱、蝇等均有杀灭作用，且能影响虫卵活力，对人、畜无害，外用时，可做喷洒、手洒、药浴等。使用时配成为0.05% 溶液，常用于猪体及畜舍地面和墙壁等处。此药停药期为7 d。

3. 咪唑骈噻唑类

目前在兽医临床上应用的主要是左旋咪唑，它属广谱、高效、低毒的驱线虫药，对猪蛔虫、食道口线虫有良好的驱除效果。内服或注射的剂量均为7.5 mg/kg体重，注射于皮下或肌肉。注射液对局部有一定的刺激性，同时常引起精神不振、流涎、咳嗽等症状，但如果猪感染有猪肺丝虫（猪后圆线虫）时，流涎、咳嗽有助于加速虫体的排出。此药的停药期为7 d。

4. 苯骈咪唑类

此类药属于广谱、高效、低毒的驱虫药，此类药物有多种，但在兽医临床使用最广的是阿苯达唑（又名丙硫苯咪唑、抗蠕敏），还有芬苯达唑、甲苯达唑等在临床上应用，并有的制成复合制剂使用。此类药物对许多线虫、吸虫和绦虫均有驱除效果，并对某些线虫的幼虫有驱杀作用，对虫卵的孵化也有抑制作用。阿苯达唑给猪内服量为10~30 mg/kg（体重）。阿苯达唑适口性较差，混饲投药时应每次少添分多次投服，该药有致畸的可能性，应避免大量连续应用。此药的停药期为14 d。

5. 大环内酯类

此类驱虫药属于较新的广谱、低毒、高效的药物，其突出优点在于它对畜、禽体内、外寄生虫同时具有很高的驱杀作用，它不仅对成虫，还对一些线虫某阶段的发育期幼虫也有杀灭作用。这类药物在畜禽驱虫药中以阿维菌素类为代表，主要包括有阿维菌素、伊维菌素及多拉菌素等。由于猪蛔虫及猪疥螨是各猪场感染率最高、危害最重的寄生虫，所以这种对猪首要危害的内、外寄生虫同时具有驱杀和杀灭作用的药物，具有很高的实用价值，但是在许多猪场或养猪户对此药的认识或使用技术、驱虫方案等一些方面，存在认识和技术方面的不足，致使这种较为理想的驱虫药，不能充分发挥它的突出作用。

6. 阿维菌素类

阿维菌素（AvermectinB1或 Abamectin，简称 AVM）是1975年日本北里大学从阿佛曼链霉菌代谢产物中分离出的一种新的抗生素类药物，后由美国默克（Merck）公司重金开发，于1985年投入市场。它是一种混合物，主要含有8个组分，其中阿维菌素 B1a 是主要成分。它驱虫的作用机理是在线虫的神经元及节肢动物的肌肉内增加抑制性神经递质 γ－氨基丁酸（γ－GABA）的释放，γ－GABA 能作用于突触前神经末梢，减少兴奋性递质释放，从而引起抑制虫体麻痹死亡。由于吸虫和绦虫不利用 GABA 作为周围神经递质，因而对它们无作用。经人工将阿维菌素 B1a 的结构进行改造，主要是在它的大环内酯化合物的第22、第23位置上把一个双链打开加氢还原即成为伊维菌素（lvermectin，简称 lVM），从而增强了它的化学稳定性，尤其是抗氧化的能力提高，同时毒性降低为阿维菌素 B1的1/2，可以看出，阿维菌素 B1a 实际是伊维菌素的前体，后者较前者增加了优点。阿（伊）维菌素的停药期口服为7 d；针剂为28 d。在国内销售的此类药物的进口产品有美国默克公司生产的“害获灭”和韩国的“净灭”，以及美国辉瑞公司开发的多拉菌素（Doramectin），商品名为“通灭”，它们的药效维持时间较长，且副作用及注射后对局部的刺激性更小，所以在国内有一定的销售量，但它的市售价格较国产品高出了很多。阿维菌素类药物按推荐量的5倍剂量使用，对母猪的发情、着床、胚胎发育、妊娠、分娩及仔猪存活率等均无不良影响，对公猪射精量、精子浓度及形态也无不良影响。

三、寄生虫控制程序

常见蠕虫和外寄生虫的控制程序：

1. 首次执行寄生虫控制程序的猪场，应首先对全场猪群进行彻底驱虫。

2. 对怀孕母猪于产前1~4周内用1次抗寄生虫药。

3. 对公猪每年至少用药2次，但对外寄生虫感染严重的猪场，每年应用药4~6次。

4. 所有仔猪在转群时用药1次。

5. 后备母猪在配种前用药1次。

6. 新进的猪驱虫2次（每次间隔10~14 d）后，并隔离饲养至少30 d才能和其他猪并群。

任务二　猪常见病的防治技术

子任务一　病毒性猪病的控制与治疗

常见猪病控制和治疗：发生猪病后要及时确诊，并迅速隔离和消毒。对危害性大的疫病如口蹄疫等，应采取封锁、扑杀并紧急疫苗接种；对病猪要合理治疗，死淘猪要进行无害化处理。

一、猪瘟（Hog cholera，classical swine fever）

猪瘟是一种高度接触传染的病毒性疾病，可表现为急性、亚急性、慢性、不典型或不显症状的病程。急性猪瘟由强毒引起，发病率和死亡率高，而弱毒所致感染则可能不被觉察。严重威胁养猪事业的发展。近几十年来，不少国家先后采取了消灭猪瘟的措施，取得显著效果，有的已经消灭，有的很少发生。

（一）病原

猪瘟病毒（HCV）是黄病毒科瘟病毒属的一个成员。病毒粒子直径40~50 nm，基因组为单股RNA，约12 kb长。病毒囊膜有55 kD和46 kD两种糖蛋白，核衣壳则由36 kD蛋白质构成。

猪肾细胞是最常用的培养 HCV 的细胞。病毒复制部位限于细胞质，且不产生细胞病变。在细胞培养中 HCV 通过培养基、细胞质桥传播到相邻细胞，或由母细胞传给子细胞，病毒在细胞质内膜上成熟。

HCV 野毒株毒力差异很大。强毒株引起死亡率高的急性猪瘟，而温和毒株一般会产生亚急性或慢性感染，低毒株的出生后感染只造成轻度疾病，往往不显临床症状，但胚胎感染或初生猪感染可导致死亡。温和毒株感染的后果部分取决于年龄、免疫能力和营养状况等宿主因素，而强毒或无毒 HCV 感染，宿主因素仅起很小作用。

HCV 对环境的抵抗力不强，但存活的时间部分取决于含毒的介质。60 ℃作用 10 min 可使细胞培养液失去传染性，而脱纤血中的病毒在68 ℃ 30 min 尚不能灭活。含毒的猪肉和猪肉制品几个月后仍有传染性，有重要的流行病学意义。乙醚、氯仿和去氧胆酸盐等脂溶剂可很快使病毒失活。2%氢氧化钠仍是最合适的消毒药。

（二）流行病学

猪是本病唯一的自然宿主，病猪是最主要的传染源，易感猪与病猪的直接接触是病毒传播的主要方式。感染猪在发病前即可从口、鼻及泪腺分泌物、尿和粪中排毒并延续整个病程。康复猪在出现特异抗体后停止排毒。因此，强毒株感染在10~20 d 内大量排出病毒，而低毒株出生后感染以排毒期短为特征。强毒比低毒在猪群中传播快，造成的发病率高。慢性的感染猪不断排毒或间歇排毒。

当 HCV 低毒株感染妊娠母猪时，起初常不被觉察，但病毒可侵袭子宫中的胎儿，造成死产或产出出生后不久即死去的弱仔，分娩时排出大量 HCV。如果这种先天感染的仔猪在出生时正常，并保持健康几个月，它们可作为病毒散布的持续来源而很难被辨认出来。因此，这种持续的先天性感染对猪瘟的流行病学具有极其重要的意义，特别是在毒力减弱的 HCV 占优势的地区。

猪群引进外表健康的感染猪是猪瘟暴发最常见的原因。病毒可通过猪肉和猪肉制品传播到远方。未经煮沸消毒的含毒残羹是重要的感染媒介。人和其他动物也能机械地传播病毒。HCV 可在野猪群中形成感染循环，在有些国家和地区是对家猪的严重威胁。

在自然条件下 HCV 的感染途径是口鼻腔，间或也可通过结膜，生殖道黏膜或皮肤擦伤进入。经口和注射感染后，病毒复制的主要部位是扁桃体，然后经淋巴管进入淋巴结，继续增殖，随即到达外周血液，从这时起病毒在脾、骨髓、内脏淋巴结和小肠的淋巴组织繁殖到高滴度，导致高水平的病毒血症。

（三）症状

临床症状和其他特征，猪瘟可分为急性、慢性和迟发性三种类型。

急性型猪瘟由 HCV 强毒引起，开始时群内仅几只显示临床症状，表现为呆滞，被驱赶时站立一旁，呈弓背或怕冷状，或低头垂尾。同时食欲减少，进而停食。病猪体温升高至41 ℃上下，高的可达42 ℃以上。体温上升的同时白细胞数减少，约为9 000个 /mm，甚至低达3 000个 /mm

病猪有眼结膜炎，两眼有大量黏液——脓性分泌物，严重时眼睑完全被封。体温升高之初病猪便秘，随后下痢，有的发生呕吐。少数病猪可发生惊厥，常在几小时内或至多在几天内死亡。

随着病的发展，群内更多的猪发病，最初的病猪则出现步态不稳等衰弱症状，随后通常发生后肢麻痹。病初的皮肤充血到病的后期变为发绀区或出血变化，以腹下、鼻端、耳和四肢内侧等部位为常见。急性型猪瘟大多数病猪在感染后10~20 d 之间死亡。症状较缓和的亚急性猪瘟病程一般在30 d 之内。

慢性型猪瘟的病程可以分为3期。早期即急性期，有食欲不振、精神委顿、体温升高和白细胞减少等症状。几周后食欲和一般状况显著改善，体温降至正常或略高于正常，但仍有白细胞减少，此时进入中期。后期病猪重现食欲不振、精神委顿症状，体温再次升高直至临死前不久才下降。病猪生长迟缓，常有皮肤损害。慢性猪瘟病猪可存活100 d 以上。

迟发性猪瘟是先天性 HCV 感染的结果。胚胎感染低毒 HCV，如产下正常仔猪，则终生有高水平的病毒血症，而不能产生对 HCV 的中和抗体，这是典型的免疫耐受现象。感染猪在出生后几个月可表现正常，随后发生轻度食欲不振、精神沉郁、结膜炎、皮炎、下痢和运动失调。病猪体温正常，大多数能存活6个月以上，但最终不免死亡。

先天性 HCV 感染可导致流产、胎儿木乃伊、畸形、死产、产出有颤抖症状的弱仔或外表健康的感染仔猪。子宫内感染的仔猪常见皮肤出血现象，且初生死亡率高。

（四）病变

慢性的猪瘟常缺乏明显病变。急性和亚急性猪瘟呈现以多发性出血为特征的败血病变化，此外消化道、呼吸道和泌尿生殖道有卡他性、纤维素性和出血性炎症反应。淋巴结和肾脏是病变出现频率最高的部位。淋巴结水肿、出血，呈大理石样或红到近乎黑色外观。所有淋巴结均可受害。组织学变化表现为淋巴细胞缺乏和网状细胞增生。肾脏的出血差异很大，从小到很难发现的针尖状到大的出血斑。出血部位以皮质表面最常见。除肾脏和淋巴结以外，全身浆膜、黏膜和心、肺、膀胱、胆囊均可出现大小不等、多少不一的出血点或出血斑。

脾脏的梗死是猪瘟最有诊断意义的病变，它由毛细血管栓塞所致，稍高于周围的表面，以边缘多见，呈紫黑色。胆囊、扁桃体和肺也可发生梗死。

大多数猪瘟病猪都有脑炎，其主要病变是血管周围袖套，也可见到内皮细胞增生，小胶质细胞增多和局灶坏死。

慢性猪瘟的出血和梗死变化较不明显或完全缺乏，但回肠末端、盲肠和结肠常有特征性的坏死和溃疡变化，呈纽扣状。此外肠胃的变化也很常见，表现为从肋骨、肋软骨联合到肋骨近端有半硬的骨结构形成的明显横切线。

迟发性猪瘟的突出变化是胸腺萎缩和外周淋巴器官严重缺乏淋巴细胞和淋巴滤泡。在慢性猪瘟可看到的浆细胞增多症和肾小球性肾炎在迟发性猪瘟则没有。

HCV 感染可引起胎儿木乃伊化、死产和畸形。死产的胎儿最显著的病变是全身性皮下水肿，腹水和胸水。胎儿畸形包括头和四肢变形，小脑和肺发育不良，肌肉发育不良。在出生后不久死亡的子宫内感染仔猪，皮肤和内脏器官常有出血点。

（五）诊断

典型的急性猪瘟暴发，根据流行病学、临床症状和病理变化可做出相当准确的诊断。在开始出现临床病猪1周后，疾病迅速传播到群内各种年龄的未免疫猪，死亡率很高；病猪常有白细胞减少，剖检时可见淋巴结、肾脏和其他器官出血，脾脏梗死。这些都是猪瘟的特征。

急性猪瘟易与败血型副伤寒、猪丹毒、链球菌病、猪肺疫、弓形虫病和猪嗜血杆菌病等混淆，应进行鉴别诊断。这些病在症状和病变方面虽与急性猪瘟有相似之处，但有其各自的特征，而且在病原、流行特点以及对药物治疗的应答上与猪瘟完全不同，一般情况下不难鉴别。现场诊断以群体为基础，详细调查流行过程，仔细观察发病猪群，多解剖一些病猪，是减少误诊的关键。必要时可进行实验室诊断。

与急性猪瘟不同，亚急性、慢性或迟发性猪瘟，因临床症状和病变存在很大差异，做出临床诊断实际上是不可能的。临床症状通常温和，呈间歇性，或感染数月而不被觉察。而且这种持续感染猪在猪群中可能仅有几只，猪群也可能同时有其他传染性病原体感染时必须采用实验室诊断。在执行消灭猪瘟规划的国家和地区，在一段时间广泛防疫注射后，毒力减弱。HCV 野毒株的感染，越发显得重要。因此，准确、快速的实验室诊断是执行消灭猪瘟规划的先决条件之一。

猪瘟的实验室诊断可分为检查病毒抗原、病毒分离和检查特异抗体。

对冰冻切片作直接荧光抗体（FA）试验是最常用的检查 HCV 抗原的方法。扁桃体是首选病料，因为它是 HCV 最早繁殖的部位。其次是脾、肾和回肠远端。病程长的病例，肠样品常为阳性。应采死猪或病猪的新鲜病料在冰瓶内送检，不加保存剂。FA 法简单快速（2 h）、可靠，很多国家和地区将它作为执行消灭猪瘟规划的法定诊断试验。

作 HCV 分离时可用扁桃体和脾脏的混合匀浆（2%）接种 PK-15细胞系培养24 h 后，用 FA 检查病毒抗原。此法比冰冻切片 FA 更敏感，但需时较长。

抗体检测也是一种有用的诊断工具，尤其是对病毒检查失败的可疑农场和在消灭猪瘟的最后阶段检查亚临床感染猪群。要国际上承认是无猪瘟国家或地区，必须进行血清学试验。检查 HCV 抗体的方法有病毒中和试验和 ELISA 等。病毒中和试验测到的也可能是 BVDV 感染产生的抗体。虽然同时进行 BVDV 中和试验，根据滴度的高低，可判断是否为 BVDV 感染，但仍不能完全排除两种病毒的同时感染。近年来基于单抗的区分 HCV 和 BVDV 抗体的 ELISA 试验已经在猪瘟的诊断和血清学监测中获得了实际应用；用兔化毒（c 系）特异单抗和强毒特异单抗亲和层析提纯的弱毒抗原和强毒抗原进行 ELISA，可以区分疫苗弱毒感染、野毒感染和混合感染所引起的抗体反应。这些研究无疑为控制和消灭猪瘟提供了新的手段。

（六）防制

已消灭猪瘟的国家或地区主要采取禁止从有猪瘟的国家和地区引进生猪、猪肉和未充分加热的猪肉产品等措施，防止重新引进猪瘟病毒。如出现猪瘟病例则立即采取捕灭方法，销毁感染群的全部猪只，追踪传染源和可能的接触物，彻底消毒被污染场所。在猪瘟仅为散发的国家和地区也采用类似的控制和消灭措施。

有猪瘟地方流行的国家和地区，常采用疫苗接种，或疫苗接种辅之以捕灭政策，以控制本病。中国的兔化弱毒苗是全世界使用最广泛也是最优秀的疫苗，接种后免疫期持续1年以上，疫苗接种不仅保护接种猪不发生猪瘟，而且大大减少受 HCV 强毒攻击时强毒的复制，并防止攻击强毒向接触猪传播。该疫苗安全，接种后主要限于在淋巴组织中增殖，虽可通过胎盘屏障，但似乎不会引起感染胎儿任何异常。接种妊娠母猪和新生仔猪无不良反应。新生仔猪从初乳中得到来自免疫母猪的特异抗体，对随后的主动免疫有干扰作用。母源抗体的半衰期约为14 d。为了提高群体免疫力，6周龄初次免疫的仔猪，需在5月龄左右再免疫一次。

世界上有不少国家已消灭了猪瘟，另有一些国家正在实施消灭猪瘟的规划。在猪瘟长期地方流行并依赖疫苗接种进行控制的国家，由于毒力减弱 HCV 毒株的不断出现，慢性病猪、亚临床感染猪和免疫耐受的持续感染猪的存在，使消灭猪瘟的任务十分艰巨。根据美国和荷兰的经验消灭猪瘟可分为：准备、立法阶段；通过强化疫苗接种、隔离封锁和限制猪只流动的其他措施，达到大大减少猪瘟发病数的初级阶段；停止使用疫苗，通过检疫将感染猪群全群捕杀的方法达到消灭感染的阶段；防止 HCV 再传入和保持无猪瘟阶段。

二、猪伪狂犬病

猪伪狂犬病是由伪狂犬病病毒（Swine Pseudorables Virus）引起的多种家畜及野生动物共患的一种急性传染病。该病引起妊娠母猪发生流产，产死胎、木乃伊胎；仔猪感染出现神经症状、麻痹、衰竭死亡，15日龄以内仔猪感染，死亡率可高达100%。除猪以外的其他动物感染发病后，通常具有发热、奇痒及脑脊髓炎等症状，均为致死性感染，常呈散发性传染。

（一）流行病学

所有哺乳类家畜对伪狂犬病都易感，猫高度易感；绵羊敏感性高，在畜群中能重新激活隐性感染动物；犬中度易感；啮齿类动物在传播伪狂犬病中起重要作用。未获得免疫力而第一次感染暴发伪狂犬病的猪群，会带来灾难性的后果。可以在1周内传染至全群，仔猪有90%以上的感染、死亡；老年猪出现呼吸道感染症状；妊娠母猪流产。病毒可经胎盘、阴道黏液、精液和乳汁传播。

伪狂犬病毒抵抗力相对差，在潮湿、pH 6~8的环境中该病毒最稳定；在4~37℃、pH 4.3~9.7时，经1~7 d病毒失去活力。病毒对干燥，尤其是阳光直射具有很高的敏感性。

（二）临床症状

伪狂犬病的症状取决于被感染者的年龄，年龄不同症状也不一样。妊娠母猪感染伪狂犬病主要表现流产，产死胎、木乃伊胎，其中以产死胎为主。

流产：统计33例伪狂犬病流产母猪的胎次，1~7胎次都有流产，其中头胎母猪8头、2胎母猪4头、3胎母猪6头、4胎母猪7头、5胎母猪4头、6胎母猪3头、7胎母猪1头。流产时的胎龄，上述33例流产母猪流产时的胎龄，附植前、胚期和胎期都有流产，但多数发生在胎期，36 d以后流产的30头，占91%；附植前（18 d以前）流产的2头；胚期只流产1头，这两个时期共流产3头，只占9%。值得注意的是，在胚期中，妊娠60 d以上发生流产18头，占54%。流产的胎儿无论大小都很新鲜，胎膜呈灰白色坏死、坏死层逐渐脱落，使胎膜变得很薄，呈现明显的胎盘炎；胎儿表面常见出血斑点；母猪一般无异常表现，体温、食欲正常。另一明显症状是产死胎，一头母猪可以产下不同时期死胎。少数产木乃伊胎，如果所产的木乃伊胎大小都有，小的长度小于17 cm，大的长度大于17 cm以上。全窝都是木乃伊胎，那就在很大程度上与伪狂犬病有关，细小病毒感染所产木乃伊胎长度都小于17 cm，这是细小病毒感染和伪狂犬病毒感染的鉴别点。

新生仔猪发病，多见于生下第2天开始发病，3~5 d内是死亡高峰期，19日龄内仔猪感染后病情较严重，常常死亡。猪龄越小，感染后死亡率越高。病仔猪常表现明显的神经症状、昏睡、鸣叫、呕吐、腹泻。患猪一般无瘙痒症状，偶尔个别病猪出现瘙痒。神经症状是本病的特点，开始常见的兴奋状态是盲目走动、步态失调、继之突然倒地，反复痉挛，口吐白沫，四肢划动，有的角弓反张，有的站立不稳，有的呈游泳姿势，有的因后躯麻痹呈兔子般跳跃。曾发现一头伪狂犬病血清学阳性母猪，产仔12头，不同时期的死胎5头，木乃伊胎2头，5头活仔14日龄先后发病，表现呕吐、转圈、共济失调、倒地呈游泳状、角弓反张等症，体温41.0℃，采集血清，进行伪狂犬病血清学检查为阳性。

断奶以后的仔猪发病症状较轻，常表现厌食、高热、喷嚏、咳嗽、呼吸困难等呼吸道病状，偶尔也出现震颤和共济失调等神经症状，还会发生呕吐和腹泻，死亡率在10%~20%。

公猪患病主要表现睾丸炎。

（三）病理剖检变化

伪狂犬病的病理剖检变化主要见于非化脓性脑炎，脑充血、出血、水肿；肝、肾和心脏上，出现1~2 mm 大小的黄白色坏死点；肺充血、水肿，上呼吸道常见卡他性和出血性炎症，气管和支气管内有白色泡沫状液体；胃肠黏膜常见卡他性、出血性炎症；流产母猪胎盘呈坏死性胎盘炎，胎儿表面有了血斑点。

（四）诊断

临床上母猪发生流产等繁殖障碍和仔猪发生神经症状的疫病有多种，因此，根据临床症状等来诊断仔猪伪狂犬病比较困难。出现疑似病例时诊断方法可以选择下面其中一种。

1. 采集血清做 ELISA 试验

本试验可区分出野毒和基因弱毒苗。

2. 用家兔接种试验

该方法是无菌采集患病猪脑、脾制成1：9生理盐水混悬液，加青霉素500万IU、链霉素1000 IU，置 4~8℃冰箱过夜，离心沉淀，用上清液 1.0 ml 皮下接种健康家兔，2 d 后引起局部奇痒、脱毛、呼吸困难、流涎、四肢麻痹、角弓反张等神经症状可做出诊断。

（五）防制

一是本病无特效疗法，应以预防为主。不从有该病的猪场引种；引种时应严格检疫、隔离观察，防止引入病原。二是对疫区和受威胁区的猪场用伪狂犬病基因缺失苗预防接种，母猪配种前和产前1个月各免一次，仔猪8周龄时免疫。

该病发生时，立即用猪伪狂犬病弱毒苗做紧急预防接种，快速建立猪群的免疫保护，并采用消毒、灭鼠等综合措施，尽快控制疫情。在稳定后，再用基因缺失苗免疫母猪。

三、猪乙型脑炎

猪流行性乙型脑炎简称乙脑，又称日本乙型脑炎。是由日本乙型脑炎病毒引起的、以怀孕母猪流产、产死胎，公猪睾丸肿大和少数猪表现神经症状的一种人畜共患病。

（一）流行特点

猪乙型脑炎以蚊子为媒介而传播，因此，发病有严格的季节性，每年蚊蝇出现以后开始发病，6~9月发病最多。各品种、各年龄和不同性别的猪都易感，但以6月龄左右猪发病较多，尤其是秋季选留、春季配种的母猪常被感染而发生流产、产死胎；种公猪发生睾丸炎。本病除感染猪外，还可感染人及马、牛、羊和禽类。

（二）临床症状

本病人工感染的潜伏期为3~4 d。病猪体温升高稽留，精神萎靡、喜睡，食欲减少，粪便干、呈球状、表面常附有灰白色黏液，小便黄。少数病猪后肢麻痹，步态踉跄；有的关节肿胀，表现出疼痛、跛行；有的视力障碍，摆头，乱冲撞，最后肢体麻痹，倒地不起而死亡。

公猪高热后常发生一侧睾丸肿大，也有两侧都肿大的。患病猪睾丸阴囊皱襞消失、发亮、有热痛感，几天后肿胀稍退，而睾丸萎缩或变小、变硬，性欲减退，精液品质下降。

妊娠母猪流产或分娩时超过预产期数天。同一窝仔猪差别很大，有发育正常的，有弱仔，有的产出不久即死，有的胎儿大脑水肿死亡，有的呈木乃伊胎，也有的呈畸形胎，还有些妊娠母猪整窝仔猪都木乃伊化，长期滞留，造成子宫内膜炎，最后导致繁殖障碍。

（三）病理剖检变化

流产胎儿皮下水肿或红色胶样浸润，脑积水、脑膜充血、切面可见灰质和白质中的血管高度充血、水肿。母猪子宫内膜明显充血，黏膜出血，胎盘水肿或出血。公猪睾丸实质充血、出血，有小坏死灶；硬化、缩小的睾丸实质结缔组织化，常与阴囊粘连。

（四）诊断

根据流行特点、临床症状及剖检变化疑似乙型脑炎时，可做血清学诊断。应用红细胞凝集抑制试验、双份血清检查法，即在猪发病初期和发病后2~4周内采取双份血清，测双份血清的效价，如果发病后2~4周内的血清抗体效价比病初的增高4倍以上，即可诊断本病。

（五）防制

对6月龄以上的后备公母猪，在蚊蝇到来前1~2个月（4~5月份）用乙型脑炎弱毒疫苗免疫接种一次。对流产的死胎、木乃伊胎、胎盘等深埋，污染场地、圈舍认真消毒。

本病无特效疗法，主要是对症治疗，促进康复。原则是选择抗病毒药物治疗；强心利尿，调整大脑机能。例如：肌肉注射利巴韦林、黄芪多糖，静脉注射高渗葡萄糖液、樟脑制剂和40％乌洛托品50 ml 或10% 水合氯醛5~10 ml。

四、猪繁殖与呼吸道综合征（蓝耳病 PRRS）

猪繁殖与呼吸障碍综合征是由繁殖与呼吸障碍综合征病毒（PRRSV）引起的、以母猪的繁殖障碍和仔猪的呼吸困难及高死亡率为主要特征的病毒性传染病，又称“蓝耳病”。由于该病的流行，使许多国家的养猪业蒙受重大经济损失，是当今造成养猪业损失最大的疫病之一。

（一）流行情况

1.1987—1988年，欧美各国的猪群中发生了“流产风暴”，当时称“猪神秘病”，到1991年荷兰 Wensvoort 等分离到病原，1992年国际兽医研讨会把该病正式定为“猪繁殖与呼吸障碍综合征”。1996年年初我国郭宝清等人从国内疑似 PRRS 感染猪群中分离出 PRRSV 病毒，到目前为止，可以说 PRRS 几乎遍及世界主要养猪国家之中。猪是唯一感染 PRRS 并出现临床症状的动物。

2. 蓝耳病多于寒冷季节发病并出现临床症状。其他季节常为隐性感染或表现温和型症状。

3. 蓝耳病通过多种途径感染，其中直接感染、空气传播、呼吸系统感染较为多见，精液和乳汁均可带毒感染。鸟类，特别是鸭子可以隐性带毒，但其本身不发病。

4.PRRSV 感染和接种 PRRS 弱毒苗后，PRRSV 在猪体内能建立起持续性感染，PRRS 的持续性感染是流行病学的一个重要特征，这主要表现为 PRRSV 感染后猪体内病毒的持续存在和污染场的猪只持续感染；新引入的猪只受到感染；感染母猪所生仔猪母源抗体的迅速下降成为易感猪群而造成持续性感染。另外，PRRS 弱毒疫苗的使用对 PRRS 的传播起了一定的作用。PRRSV 会感染并杀害的巨噬细胞，巨噬细胞是免疫系统中最重要的免疫细胞之一，负责疫苗抗原的加工，故一旦被 PRRSV 感染破坏，就会造成免疫淋巴细胞的流失，感染猪的免疫功能失调，而无法产生对疫苗的良好免疫应答。

（二）临床表现

蓝耳病感染后由于继发感染的影响，症状常常变得严重而复杂，从而会表现许多不同的临床症状，在不同国家、不同猪场临床表现差别较大，就是在同一个猪场由于感染时间不同，感染的年龄、阶段、途径不同，所表现的临床症状也有所不同。据多年的观察，PRRS 感染母猪、哺乳仔猪、保育阶段的猪——生长猪、种公猪、育肥猪时，其临床症状有共同点，也有明显差异，按不同猪的阶段来表述临床症状，更易懂，更便于记忆、诊断。

1. 共同症状

所有猪感染 PRRS 以后都出现厌食、精神不振和发热，体温达40.0~41.5℃；体表皮肤发绀、出血。体表皮肤发绀多发生于皮肤远端，如耳、眼、吻突、四肢末端、腹下、阴囊、阴户及臀部等皮肤。皮肤严重发绀呈蓝紫色，出现耳部发绀呈蓝紫色的频率最大，因此，又把 PRRS 称为“蓝耳病”。

皮肤发绀呈蓝紫色是 PRRS 的初期症状。体表皮肤出血是 PRRS 病程发展的一个重要症状阶段，体表皮肤出血一般表现3种情况。①全身皮肤毛孔四周或附近密布针尖状出血点，饲养员和兽医称为“毛孔出血”，这种出血点一直为针尖大，不会扩大，若病情好转，出血点会逐渐消失。②公猪阴囊特有出血，公猪感染 PRRSV 后，最常见的症状是阴囊皮肤出血，阴囊皮肤刚开始出血时是密密麻麻的淡血点，远看似淡血斑；随之（中期）越来越明显、越来越严重，变为蓝紫色；再进一步发展（后期）蓝紫色出血灶坏死、干涸、硬结，类似蓝色球形结痂。③ PRRS 病猪全身出现菜籽粒状出血，这种出血随病程的发展逐渐增大到麻粒大乃至绿豆大，最后增至指头大小，边增大边变成蓝紫色，到了指头大就坏死、干涸、硬结，最后成为一个个蓝紫色凹陷的斑痕。

2. 母猪的症状

妊娠母猪感染 PRRSV 主要造成晚期流产和早产、产死胎、木乃伊胎、产弱仔和弱仔数增多，部分母猪皮肤出现“毛孔出血”。

母猪妊娠早期对 PRRS 感染有一定的抵抗力，一旦受到感染可使妊娠率低下或妊娠中止；母猪感染 PRRSV 后，最先出现的症状是厌食，体温升高达41.5 ℃左右，同时表现呼吸困难、咳、喘，然后就出现流产、早产（妊娠104~112 d）、产死胎、黑仔、木乃伊胎和产弱仔等繁殖障碍症状。少数在妊娠116~118 d 才分娩。发病率平均在13%，产黑仔、死胎、木乃伊的母猪占分娩母猪数的50.3%（18.5%~84.1%），说明本病的危害性之大。

3. 哺乳仔猪的症状

哺乳仔猪发病往往是经胎盘感染后生下的弱仔，这种弱仔多在产后24 h 内死亡。不论是早产、正产、延期产出的仔猪，3 d 后就出现毛焦、消瘦、鼻唇干燥。这些猪表现呼吸困难、体温升高、发抖，四肢做游泳状姿势，站立不起，腹泻，无力吸乳，死亡率高。

4. 保育—生长猪的症状

这个阶段感染 PRRSV 以后，常表现为突然出现厌食，体温升高达40.0~41.5 ℃，眼眶浮肿、发绀呈蓝紫色，吻突发绀呈蓝紫色，耳发绀呈蓝紫色的三蓝现象。皮肤毛孔出血或坏死、干涸。公猪阴囊、母猪阴户也常发绀。还有少数患猪出现贫血、黄疸症状。这一阶段的猪很少出现呼吸困难，经解热和抗病毒治疗，临床症状可以消失，虽增重放慢但也增重，部分病猪症状消失后，过一段时间也会现反复，无继发感染症状者死亡率很低。

5. 成年公猪的症状

PRRS 感染成年公猪一般不出现临床症状，只有在种公猪频繁配种、体质消瘦和有其他继发感染时才会出现厌食、体温升高或阴囊出血发绀、性欲下降、精子数量减少及活力下降等情况。

6. 带毒感染问题

成年公猪感染 PRRS 后虽一般不会表现出临床症状，但从感染后1~4 d 就向外排毒，由于公猪的品种不同，向外排毒的时间也不同。据报道，约克夏公猪的散毒时间短，一般为3~12 d；长白公猪的散毒会感染其他猪，也可通过胎盘垂直感染，造成流产、早产、死胎、木乃伊胎和产下带毒的弱仔。

要特别注意的是：PRRS 弱毒疫苗接种健康猪后，能向外散毒，种公猪可通过精液散毒，妊娠母猪可垂直感染和向外排毒感染仔猪。

（三）病理变化

感染 PRRSV 发生流产、早产的母猪以胎盘大块状出血，胎膜上常有黑红色血疱为主要变化，血疱触之有硬感，切开鲜红色血疱，内为浓稠的血液，黑红色血疱内为糊状的黑红色血。

PRRS 母猪产出的死胎多发生腐败自溶，胎膜上常有黑红血疱。流产胎儿、死胎或母猪死后剖出的胎儿病理变化有三个共同点：①皮下广泛性出血并发生红色胶样变；②心脏冠状沟、纵沟周围出血，红色胶样变；③肾皮质部出血。弱仔或仔猪患 PRRS 死亡后，多见眼四周水肿，肺变为灰白色、间有红色斑块、不塌陷，称“花斑肺”；肾表面有灰白坏死灶或针尖大出点，部分肾间质扩大。

（四）诊断

诊断 PRRS 要特别留意生殖障碍性病史，在一个猪场中若出现下面四种情况，即可疑似为 PRRS 感染：①母猪发生繁殖障碍，流产，早产，产死胎，木乃伊胎、弱仔；②保育一生长猪出现厌食，体温升高达 40~41℃，呼吸困难，耳、阴囊、阴户出血、发钳，皮肤毛孔出血或菜籽粒状出血及发展变化；③哺乳仔猪患病死亡率高；④胎盘大块状出血、胎膜上有血疱，死胎皮下广泛出血并有红色胶样变；⑤病死猪有间质肺炎、肺肿胀、不塌陷，表面有红褐色斑。要确诊可做血清学检验。

（五）防治

1. 预防

A. 免疫接种　目前，预防和控制 PRRS 的主要措施是对猪群免疫接种，市场销售的疫苗有灭活苗和弱毒苗两种。一般认为弱毒活疫苗比灭活苗免疫效力好，但弱毒可能从免疫猪传播给非免疫猪，可能通过胎盘垂直感染，可能通过精液排毒。

从实践的结果看，当猪场发生 PRRS 以后，应用 PRRS 弱毒活疫苗紧急免疫注射，在短时间内病猪会有明显好转，在1年内免疫接种3次，疫情能控制住。如果猪场没有 PRRS，则易使用灭活苗为好。

免疫程序是：种公猪用灭活苗接种2次，第一次接种后，间隔20 d，用同样疫苗、同样剂量再免一次；其他的猪也用灭活疫苗接种。仔猪做常规免疫，3周龄和10周龄各免一次。

B. 人工自然感染产生免疫力　人工自然感染产生免疫力是让健康猪自然接触病猪的粪便、死胎、木乃伊胎、弱仔的内脏等，使猪体产生免疫力，抵抗 PRRS 的发生。这个方法除 PRRS 外还适用于细小病毒病、断奶仔猪多系统衰竭综合征、传染性胃肠炎、轮状病毒等肠病毒感染以及大肠杆菌感染所致的猪病。具体做法是：每10头后备母猪或新母猪用一个死胎或一个弱仔的内脏打浆，加适量冷水，拌料喂猪；收集分娩当天所有木乃伊和胎盘置于后备母猪或新母猪栏中，让其自然感染；从繁殖母猪群中，每天收集粪便，加水拌料喂猪，每头后备母猪或新母猪每次用粪100~200 g，加冷水500 ml，充分混合，拌料饲喂。

2. 治疗

在免疫接种的同时，加强消毒，对病猪进行抗病毒和提高免疫力的治疗还是有希望的。①利巴韦林第1次量为每10 kg 体重15 mg 肌肉注射，第2次、第3次每10 kg 体重10 mg，每日1次，连用3次。也可按此量加入500 mg 5％的糖盐水中，静脉注射。②复方黄芪多糖注射液（含黄芪多糖、甲磺酸培氟沙星、利巴韦林、安乃近），静脉或肌肉注射。

五、猪的圆环病毒病（猪断奶后多系统衰弱综合征，PMWS）

猪断奶后多系统衰弱综合征是由圆环病毒2型（PCV2）感染所致的一种新病毒病，该病已成为危害养猪生产的主要疫病之一。

（一）流行情况

PMWS 最早于1991年在加拿大发生，1996年正式报道，此后世界各地都报道有该病发生和流行。PMWS 多发生于5~12周龄的仔猪，一般于断奶后1周内发病，发病率为20%~50%不等。急性发病猪群最初的死亡率在10%左右，由于继发细菌或其他病毒感染，死亡率会大大提高，可高达30%以上。除病死猪外，影响大的还有猪只增重缓慢，甚至不增重。据华中农业大学琚春梅等人对临床1257例待检血清用 ELISA 方法进行检验，PCV2总阳性率为57.28%，仔猪阳性率为30.83%，肥猪阳性率为64.93%，母猪阳性率71.50%，公猪阳性率为70.27%。这些数据说明，PCV2在我国普遍流行。而且抗体阳性率随猪体年龄增长而升高，但在临床上出现临床症状的主要是断乳前后的仔猪。

（二）临床症状

PMWS 最常见的临床症状是猪只渐进性消瘦和生长迟缓，由于肌肉部分的消耗，整个患猪的背脊变成显著的尖突状；猪的头部、耳部与其变瘦及苍白的躯体几乎显得不成比例。其他症状有呼吸困难、咳嗽、消化不良、腹泻、贫血和黄疸，发病后期还可见腹股沟淋巴结肿大，多数猪体温达40.0℃左右。

（三）病理剖检变化

PMWS 病死猪剖检时最常见的全身淋巴结，特别是腹股沟淋巴结、肠系膜淋巴结、肺门淋巴结、颌下淋巴结等肿大，切面灰白、多汁、质地均匀的外观，后期切面出血。肺肿胀，间质增宽，质地变硬，不塌陷，肺表面有局灶性出血性炎症，呈弥漫性斑驳状；胃变小，肠道纤细，胃黏膜可见溃疡灶，肠壁变薄；肝可从中度黄疸到明显的萎缩；肾髓质部常见散布性或浸润性的白色病灶，并常伴有肾盂周围水肿，至肾明显肿大，有些猪肾脏表面密布点状出血；由于继发感染常发生胸膜炎、腹膜炎和心包炎。

（四）与 PMWS 有关的两种疫病

PMWS 和下列两种病互有影响、互有关系。

1.PRRS在PMWS的病例中，有60％左右与PRRSV同时感染　这两种病均对猪只的免疫系统及免疫细胞造成伤害，最明显的病变为淋巴肿大。目前，造成保育猪大量发病、死亡的主要凶手就是PMWS和PRRS这两个病。PRRSV会增强PMWSV的增殖速度，使病情恶化，更容易遭受第二次细菌感染，而使死亡率增高。

2. 猪皮肤炎及肾病综合征（PDNS） PDNS通常发生于8~18周龄的猪只，患猪皮肤上会出现紫色病灶，有时呈群集状，且大部分在会阴部、臀部及四肢皮肤水肿、发炎、点状出血坏死。食欲不振，有时体温升高。发病猪通常会在3 d内死亡；有些病例在出现症状后2~3周才死亡。

剖检病死猪主要表现坏死性皮肤炎和动脉炎，以及渗出性肾小球性肾炎及胸、腹腔积水。

在大部分病猪的血清中，常有PMWS和PDNS两种病的抗体存在。

（五）诊断

哺乳仔猪很少发病，仔猪在断乳前后，特别是断奶后就出现渐进性消瘦，生长缓慢、贫血、黄疸和腹股沟淋巴结肿大，应该怀疑为仔猪断奶后多系统衰弱综合征。要进一步确诊就须采集血清做PCV2的ELISA试验。

（六）预防和治疗

目前还没有好的商品性疫苗来预防PCV2感染，因此，只有加强仔猪的饲养管理，提高猪群的蛋白质、氨基酸、维生素和微量元素的水平来提高饲料的质量，增强猪的抵抗力；建立、完善猪场的生物安全体系，将消毒卫生工作贯穿于养猪生产的各个环节，最大限度地降低猪场内污染的致病微生物；降低饲养密度，仔猪的寄养应限制在出生后24 h内，防止不同来源，不同胎次及不同日龄的仔猪一起混养，产房和保育室要做到全进全出；减少或杜绝猪群的继发感染，从而控制或减少仔猪感染PCV2的机会。

已发生PCV2感染的猪场，给妊娠90 d以上的母猪采用本书蓝耳病的防治方法。在药物预防上可采用哺乳仔猪在3、7、21日龄时各注射长效土霉素0.5 ml，或仔猪断奶前、后各1周，在饲料中添加林可霉素、金霉素、强力霉素或氟苯尼考等药物，控制继发感染，减少猪只的死亡等办法。如能控制PRRSV的感染及蔓延，就可以减轻PCV2的毒力，因为PCV2单独感染时并不一定会造成伤害。

母猪用药：母猪是很多病原的携带者，或者通过垂直感染，或者通过排毒造成哺乳仔猪的早期感染。已知肺炎支原体可以促进PMWSV感染。并能延长感染的持续时间和母猪排毒的时间。另外，母猪体内还有很多细菌，生产过程中有可能造成早期感染。母猪用药可以降低PMWS造成的危害，并能净化母猪体内的细菌。因此，母猪在产前1周和产后1周用药，在每吨饲料中添加利高霉素1 200 g、金霉素1 000 g、阿莫西林150 g。

做好猪瘟、伪狂犬病、猪细小 病毒、猪气喘病、蓝耳病等疫苗的免疫接种工作。据调查，使用过猪气喘病苗的猪场，PMWS的发病率和死亡率明显低于未用猪气喘病苗的猪场。可见，通过气喘病苗的免疫接种可以提高猪群呼吸道的免疫力，增强肺脏对PCV2的抵抗力，减少呼吸道病原体的继发感染。

六、猪传染性胃肠炎与流行性腹泻的预防、诊断与综合防治

猪传染性胃肠炎与猪流行性腹泻都是由冠状病毒引起的急性、高度传染性的腹泻病。两病的发病机理、流行特点、临床表现和病理剖检变化也极为相似，很难鉴别，所以把两病放在一起论述更简便、易懂。临床以呕吐、腹泻、脱水为特征。

（一）流行特点

两病可发生于各品种、各年龄和不同性别的猪，但主要在仔猪中流行，年龄越小，发病率和病死率越高，2周龄以下仔猪发病死亡率高；3周龄以上仔猪发病死亡率低；断奶猪、育肥猪和成年猪发病多为良性经过，多自然康复。

两病全年均可发生，但以冬、春寒冷时多发，主要在11月至翌年4月，尤其在12月和第二年1月多发，特别是寒冷季节到来之初、气候突然变冷时猪就发病。

在新发病猪群，发病率可达100%，待发过病的猪逐步淘汰，未发过病的猪补群时，可能会有新一轮病暴发。这样一个猪场中两种病会周而复始、延绵不断地发生。在老疫区则呈地方性流行或间歇性地方性流行，常只限于在6日龄到断奶后2周的仔猪发生，而且发病和死亡率都较新疫区低。

病猪和带毒猪是两病的主要传染源，可从粪便、呕吐物、乳、鼻液和呼出

的气体排毒，污染环境。传播途径可能是运输工具、衣服、鞋子等，犬、猫、飞鸟和老鼠也可以传播。

（二）临床症状

两病的潜伏期很短，一般为15~30 h，有时延长到2~3 d。发病时，一般肥育猪首先出现临床症状，传播迅速，很快蔓延到断奶猪、妊娠母猪、产仔母猪和哺乳仔猪，数日可传至全群发病。共同的症状是：发病开始时厌食，以后腹泻，并以水样粪、喷射状泻出，猪舍四周墙上和地面上沾满了水样粪，有一股特别的臭味，患猪口渴。大猪一般7~10 d 自行康复，但抵抗力弱的猪和有并发症的猪会死亡。病猪除腹泻外，往往呕吐。

传染性胃肠炎的症状比猪流行性腹泻要重一些。由于年龄不同，表现的症状也有所不同。

1. 哺乳仔猪

往往在吃乳后突然发生呕吐，接着就出现频繁的腹泻，粪便极稀，为灰黄色、绿色或灰白色，喷射状排出，后期略带褐色，常夹有未消化的凝乳块并带恶臭气。精神萎靡，被毛粗乱，战栗，减少吃乳次数或不吃乳，口渴，迅速脱水、消瘦，衰竭死亡，日龄越小，越易死亡。耐过不死者成为僵猪。

2. 架子猪、育肥猪

发病率高，突然发生水样腹泻，粪便呈灰色或褐色，日渐消瘦，体重减轻，很少死亡，1周左右自然康复。

3. 哺乳母猪

常与仔猪一起发病，食欲不振，有的呈现呕吐、腹泻、体温升高、泌乳量减少或无乳症状。

4. 公、母猪

多为隐性感染，少数感染后排软粪或轻度腹泻，有的母猪因此而流产。

（三）病理剖检变化

剖检哺乳仔猪，主要病变是胃胀满、滞留有未消化的凝乳团块，胃底黏膜充血，小肠内充满黄绿色或灰白色液体，夹有气泡和凝乳块，肠壁变薄呈半透明。肠淋巴结水肿。常见肾脏浊肿、色土黄。猪传染性胃肠炎可能在肺部出现炎症。

（四）诊断

依据所有猪发病、传播迅速，主要表现为水泻和呕吐、大猪一般不死、日龄越小死亡率越高、病变主要在肠道等流行特点、临床症状和病理剖检变化可做出初诊。

注意与轮状病毒病鉴别：7日龄以内猪发病死亡的往往是两病；7日龄以内猪不发病，而在13~39日龄仔猪发病的一般为轮状病毒病。

辅助诊断方法：

1. 绒毛萎缩

在普通显微镜下观察，绒毛缩短，这是特征性病变。

2. 粪便酸性

细菌性腹泻（如大肠杆菌）的粪便一般为碱性，病毒性腹泻的粪便为酸性，可用 pH 试纸检测。

确诊需进行实验室诊断。血清学试验简便、准确，常用方法有间接血凝试验和酶联免疫吸附试验。用发病乳猪的小肠做荧光抗体检查快而准确。

（五）防治

1. 预防两病的原则

实行全进全出，加强饲养管理，提高猪群健康水平，增强猪体的抵抗力；搞好圈舍及环境卫生，防止潮湿，强化消毒，保持舍内空气新鲜，综合预防此病发生。

2. 鸡新城疫 I 系苗500羽，加生理盐水（0.9% 氯化钠溶液）30 ml，大猪1.5 ml、中猪1.0 ml、小猪0.8 ml，所有猪交巢穴注射。

3. 病毒专家（主要成分为盐酸大观霉素、盐酸克林霉素、盐酸利巴韦林）100 g，加口服补液盐60 kg，给所有猪饮水，仔猪每天一粒鞣酸蛋白。

4. 彻底打扫猪舍及环境卫生，用碘类消毒药按发生传染病时的用药浓度，圈舍带猪消毒及环境消毒。

七、猪细小病毒病

本病是由细小病毒引起的繁殖障碍，多发于头胎母猪，夏季尤为明显，以胚胎和胎儿感染引起死亡为特征。

（一）流行病学

猪细小病毒病在全世界的猪群内都有流行，严重的地方在成年母猪中90%以上是血清学阳性。传染源主要是带毒母猪和种公猪，感染母猪经阴道分泌物、粪便及其他分泌物排毒，急性感染期猪的分泌物和排出物中其病毒的感染力可保持几个月，所以，病猪污过的猪舍，若消毒不彻底，在空舍4个月后仍可感染健康猪。病毒通过胎盘传染给胎儿，胎儿、死胎带毒，垂直感染的仔猪可带毒9周以上，某些具有免疫耐受的仔猪，可能终身带毒；带毒公猪精液含毒，通过精液传播病原。本病一般通过口、鼻和交配感染。本病的发生无季性，有时呈地方性流行，本病多发于初产母猪，在猪群中同一时期有多头母猪发病，特别是头胎母猪群初次感染时，可呈急性暴发，造成相当数量的头胎母猪流产、产死胎等现象。母猪首次感染后可获得强大的免疫力。猪在感染后3~7日开始经粪便排毒，1周以后可测出血凝抗体，21日内抗体滴度可达1∶15 000，并能持续数年。

（二）临床症状

猪感染细小病毒的主要表现，通常也是唯一的临床表现，就是母猪繁殖障碍，其特征是感染母猪，特别是初产母猪产出死胎、木乃伊胎、畸形胎、弱仔，以木乃伊胎为主，偶有流产，而母猪本身通常无临床症状表现。母猪在不同的妊娠期受到感染，临床表现不同。在妊娠早期感染时，胚胎、胎儿死亡，死亡胚胎被母体迅速吸收，母猪有可能再度发情；在妊娠30~70 d感染，胎儿死亡，胎儿死亡后胎水被吸收，母猪腹围逐渐缩小，出现假妊娠，形成木乃伊胎，形成的木乃伊只有17 cm以下，产出的是黑色枯样木乃伊；妊娠70 d以后感染，胎儿多为弱仔，也能正常出生，但产出的仔猪带毒，有的甚至终身带毒而成为重要的传染源。此外，本病还可引起母猪发情不正常、久配不孕。公猪受感染，一般情况下性欲和精子无明显异常。

（三）病理变化

病理剖检时肉眼可见主要变化：母猪子宫内膜有轻度炎症，胎盘部分钙化，胎儿在子宫内有被溶解吸收的现象。受感染的胎儿表现不同程度的发育障碍和生长不良，有时胎重减轻、胎体变小，有时出现溶解、腐败过程中的黑仔、木乃伊胎、畸形胎、死胎。胎儿可见出血、水肿、体腔积液等变化。

（四）诊断

由于本病的主要临床症状是繁殖障碍，能引起母猪繁殖障碍的病又比较多，因此，临床确诊比较困难，在母猪群中出现以下4个方面的临床症状可疑为细小病毒感染：①母猪，特别是头胎母猪配种30 d以内反情率高；②反情母猪发情周期不规则；③母猪的窝产仔数少；④母猪产仔时木乃伊胎多。

细小病毒多感染70日以下的胎儿，所产木乃伊胎长度都小于17 cm，这是细小病毒感染和其他繁殖障碍性疫病感染的木乃伊胎鉴别点。

最终确诊要靠实验室检验。血清学诊断一般采木乃伊胎、死胎组织浸出液和初生仔猪的心血，快速检验方法以乳胶凝集试验准确、方便。

（五）防治

1. 目前，对本病没有有效治疗方法，预防是防制本病最根本的措施。首先采用自繁自养，严防将本病带入猪场，对引进猪必须隔离40 d，两次血清学检验为阴性才能并群饲养。

2. 禁用带毒公猪配种，一旦有发病猪坚决淘汰，用血清学方法普查猪群，淘汰阳性猪，做彻底消毒。

3. 疫苗免疫程序，后备母猪配种前30 d内进行两次免疫，以后每6个月免疫一次；公猪半年免疫一次。

4. 人工自然感染产生免疫力。见本书蓝耳病的防治。

5. 在本病流行区，将母猪配种时间延长到9月龄后，让大多数母猪建立主动免疫，若要早于9月配种，可进行抗体监测，当猪群具有高滴度的主动免疫抗体时才能进行配种。

八、猪流感

猪流感是猪的一种急性、传染性呼吸器官疾病。其特征为突发，咳嗽，呼吸困难，发热及迅速转归。本病的病程、病性及严重性随病毒毒株、猪的年龄和免疫状态以及并发感染的不同而不同。

（一）病原

猪流感病毒属 A 型流感病毒，A 型流感病毒可以感染多种不同的动物和人。1918年全世界流感大流行时，估计有2 000万人死亡，同时猪中也流行流感，并成为猪流感的首次报道。猪感染人的 H3N2病毒已于1970年被证实；猪源 H1N1病毒不仅能传播到禽中并引起火鸡发病，还可以感染人；1989年春，禽流感病毒在黑龙江和吉林两省马中引起了流感流行，造成数万匹马生病，死亡数百匹。

2004年年初亚洲十几个国家突然暴发由 H5N1病毒引起的高致病性禽流感，在越南、泰国等国家高致病性禽流感还传给人，并致人死亡。候鸟也能发生禽流感，禽流感病毒很容易在农场间互相传播，大量的病毒存于禽、鸟的排泄物，污染的灰尘和土壤中，鸟与鸟之间又可由吸入含有病毒微粒的空气传染。禽流感可以通过接触、雨水、禽类粪便等途径在禽类之间，或向其他动物甚至向人传播。流感病毒可以附着在受污染的装备、容器、饲料、鸟笼或是衣物上，尤其是鞋子上，使得禽流感在农场间散播。

感染猪的流感病毒具有感染人的能力，猪发生流感能在人—猪之间互相感染。猪是人流感病毒与禽流感病毒基因重组的主要场所。猪在新的流感大流行毒株传给人的过程中起着重要作用。因此，猪流感是重大传染病，在公共卫生中有重要意义，必须引起高度重视。

（二）流行特点

①不同年龄、性别和品种的猪对本病都易感。病猪、带毒猪和患流感的病人，特别是甲3型流感病人是主要传染源。一般通过呼吸道感染。②本病的流行有明显的季节性，多发生在晚秋、冬季和早春，在这些季节里，气候突变时极易发生流行。③本病发生快速、流行面广、发病率高、死亡率低。

（三）临床症状

本病的潜伏期很短，一般几小时，平均为4 d。发病突然、常全群发生。体温多在40~42℃之间，厌食或一点都不吃食。呼吸急促，夹杂阵发性、痉挛性咳嗽，鼻和眼有浆性、黏液性分泌物，粪便干硬。无继发感染时，多数猪在1周左右康复，继发肺炎、胸膜炎时，病情加重或死亡。个别病例转为慢性，发生肠炎和大叶性肺炎，长期不愈，慢慢死亡。

（四）病理剖检变化

剖检时多数见到鼻、喉、气管及支气管黏膜充血，表面有泡沫状黏液；肺有紫红色如鲜牛肉状病灶，触之坚实、发硬；颈、纵隔和肺门淋巴结水肿；有时见胃肠卡他性炎症。

（五）诊断

根据流行病学特点、临床症状及剖检变化可作出初步诊新，确诊须做血清学诊断或分离鉴定病毒。

1. 流行特点

各个年龄、性别和品种的猪对猪流行性感冒病毒都有易感性，本病的流行有明显的季节性，天气多变的秋末、早春和寒冷的冬季易发生。本病传播迅速，常呈地方性流行或大流行。本病发病率高，死亡率低（4%~10%）。病猪和带毒猪是猪流感的传染源，患病猪痊愈后带毒6~8周。病毒存在于病猪或带毒猪的鼻液或气管、支气管渗出液以及肺和肺淋巴结内。呼吸道是主要的传播途径，猪或人经由呼吸道感染。猪也可由于食下含病毒的肺丝虫的幼虫而感染。

2. 临床特征

本病潜伏期很短，几小时到数天，自然发病时平均为4 d。发病初期病猪体温突然升高达40.3~41.5℃，厌食或食欲废绝，极度虚弱乃至虚脱。精神极度委顿，常卧地。呼吸急促，腹式呼唤、阵发性咳嗽。从眼和鼻流出黏液性分泌物，鼻分泌物有时带血。病猪挤卧在一起，难以移动，触摸肌肉僵硬、疼痛出现膈肌痉挛，呼吸顿挫，一般称之为打呃。如果病猪体况良好，在发病期间始终处于干燥、温暖并多铺垫草的环境中，则本病所致的主要损失仅为生长停滞和体重减轻，如有继发感染，则病势加重，发生纤维素性出血性肺炎或肠炎。母猪在怀孕期感染，产下的仔猪在产后2~5 d发病很重，有些在哺乳期及断奶前后死亡，存活的则转为慢性病，表现为持续性咳嗽、消化不良、瘦弱，可拖延1月以上。

类症鉴别：由于猪的流行性感冒不一定总是典型的形式出现，并且与其他呼吸道疾病又很相似，所以，临床诊断只能是假定性的。在秋季或初冬，猪群中发生呼吸道疾病就可怀疑为猪流行性感冒。

暴发性地出现上呼吸道综合征，包括结膜炎、喷嚏和咳嗽以及低死亡率，可以将猪流行性感冒与猪的其他上呼吸道疾病区别开。在鉴别诊断时，应注意猪气喘病和本病的区别，二者最易相互混淆，但前者的发作比较隐性，病程缓慢，组织学变化有明显的不同；猪瘟的死亡率高，病变在全身各组织器官广泛存在，呼吸道受损程度小；仔猪包涵体鼻炎的暴发可能与猪流行性感冒相似；而萎缩性鼻炎的病程则要长得多，并伴有面部骨骼的严重变形。

（六）防治

一是加强饲养管理，搞好环境卫生，做好防寒保暖，保持空气清新；二是对病猪用安乃近、复方氨基比林等解热镇痛药和利巴韦林、复方吗啉胍、板蓝根、柴胡等抗病毒药治疗，并选用抗生素防止继发感染。

九、口蹄疫

口蹄疫是由口蹄疫病毒引起的偶蹄类动物共患的急性、热性、高度接触性传染病。临床特征为口腔黏膜、蹄部和乳房发生水疱和烂斑。主要感染牛、猪、羊、骆驼、鹿等家畜及其他野生动物，人也能被感染，但罕见。

（一）病原

口蹄疫病毒（FMDV）属于小核糖核酸（RNA）病毒科口疮病毒属。现已知本病毒有7个血清型，即O、A、C、SAT1、SAT2、SAT3（南非1、2、3型）和Asia-1型（亚洲1型），61个亚型。各型之间的临床表现基本相同，但彼此均无交叉免疫性。

1. 口蹄疫病毒的毒力和抗原性

口蹄疫病毒的毒力和抗原性这两个方面特别容易发生变异，病毒使动物致病种类发生变化。有时也出现病毒对某种特定动物种的适应并对其他正常高度易感的动物种致病力可能减弱，还出现专门侵害猪的口蹄疫病毒；有的毒株对牛的致病力很强，而对猪较弱；而有的毒株对牛、猪的致病力都很强；在同一地区流行的毒株，也有强弱之分。1997年台湾流行的口蹄疫就只感染猪，不感染牛。

口蹄疫病毒毒力变异与在宿主体内生长复制的能力密切相关。其表现是田间分离的强毒株通过细胞、乳鼠、鸡胚等传代使其毒力减弱，但对本动物和实验动物的毒力却逐渐增强。同一毒株对不同动物的致病力有明显差异，如对牛安全的弱毒疫苗给猪接种，常常引起猪发病，甚至死亡。

2. 口蹄疫病毒的理化特性及抵抗力

（1）口蹄疫病毒粒子对酸、碱特别敏感　pH 7.0~7.5对口蹄疫病毒最适宜保存；在 pH5.0~5.5时，经1分钟就有90% 的病毒死亡；在 pH3.0时，口蹄疫病毒瞬间即丧失感染力；当 pH 大于9.0以上，口蹄疫病毒迅速死亡。如1%~2% 氢氧化钠或4% 碳酸氢钠溶液能在1min 内杀灭口蹄疫病毒。

（2）在低温下口蹄疫病毒十分稳定，但对热敏感　温度愈低，病毒存活时间愈长，反之亦然。在4~7 ℃下可存活数月，−20 ℃以下可存活数年之久。在一小块猪肉中的病毒，60 ℃下煮30 min 能杀死，70 ℃可存活10 min，85 ℃时1 min 即可杀死病毒。

（3）阳光对口蹄疫病毒的影响　在自然条件下，阳光照射，温度升高以及阳光中的紫外线共同作用可杀死口蹄疫病毒。

（二）流行病学

1. 口蹄疫

一年四季都可能发生，但以夏季少见　由于口蹄疫病毒怕热不怕冷，所以每年6、7、8月炎热季节少发，11月、12月及来年的1月、2月寒冷季节多发。如果运输往来频繁，检疫不严，消毒不力，口蹄疫发生的季节性可能被打破。流行周期从20世纪的10年一次变为5年一次，3年一次，1年一次。流行规律相对无序，给防治工作带来极大困难。

2. 口蹄疫病毒主要感染偶蹄动物

口蹄疫病毒主要感染偶蹄动物，引起发病，但也感染其他动物，易感动物有牛、猪、羊、鹿和骆驼。仔猪越小，发病率越高，患病越重，死亡越多。人也能感染口蹄疫，但罕见。

口蹄疫病毒能感染许多动物，无论是感染发病或是隐性感染的动物均能长期带毒和排毒。口蹄疫病毒在动物体内可以存活数月、数年甚至终身，并在群体中能世代传递。康复猪带毒时间为70 d。动物携带口蹄疫病毒可以成为传播者，在口蹄疫流行中起着重要作用。有学者认为：羊是“保毒器”，保存病毒，常常无症状表现，即使有表现，病状也轻；猪是“放大器”，可将弱毒变为强毒，病猪的排毒量远远超过牛和羊，是牛的20倍；牛是“指示灯”，对口蹄疫病毒最敏感，只要受到病毒感染就发病，临床症状就表现了出来。

鸭子可以带口蹄疫病毒，但其本身不发病，是一个重要疫源库。

3. 口蹄疫病毒

该病毒可以通过发病动物呼出的空气、唾液、乳汁、精液、眼鼻分泌物、粪、尿以及母畜分娩时的羊水等排出体外。急性感染期屠宰的动物及污水可以排放大量病毒；病畜的肉、内脏、皮、毛均可带毒成为传染源；被污染的圈舍、场地、水源和草场等亦是天然的疫源地。饲养和接触过病畜人员的衣物、鞋帽，运输车辆、船舱、机舱、猪笼，被病畜污染的圈舍、场地、饲槽、饲料、饲用工具、屠宰工具、厨房工具、洗肉水、兽医器械等等都可以传播病毒 。

随着市场经济和国际贸易的发展，进出境动物及其产品流通量不断增加，加之检疫不严、消毒不彻底、兽医法规执行不力等原因，可能造成口蹄疫更多的传播机会，特别要警惕从国外和外地区输入病原。

4. 口蹄疫的流行受多种因素的影响

易感动物的抵抗力、病毒的毒力、带毒物品的感染力、自然环境、经济和社会等因素都影响着该病的流行形式，流行形式一般可以分为4种：偶发或散法；流行性暴发；流行性大暴发和地方性流行，地方性流行又可分为经常性地方性流行（具有流行高峰）、间断性地方性流行（流行高峰与无病期交替出现）。

口蹄疫流行的最大特点是传播速度快，某一地区一旦进入疫原，从少数动物突然发病开始，疫情可迅速传开，短短几天内，就可以在该地区牧场、农户中同时出现牛、羊、猪大量发病，疫情好似野火烧山，一个火种很快就向四周燃烧、蔓延开来，这就是流行性暴发；疫情迅速扩散蔓延，在短期内传至其他县、市、省，乃至全国，引起牛、羊、猪等动物大批发病，这就是流行性大暴发。

引起口蹄疫突然暴发的疫原有两种：一种是内源性的，又叫地方性疫源；第二种是外源性的，即从毗邻国家和地区传入。气候、自然环境、地理、经济、社会因素等对口蹄疫的流行有很大影响，从最早的疫点快速传播，空气和风力起着重要作用。此外，通过各种传播媒介和途径也可以引起流行暴发。

猪口蹄疫的流行有其特点，主要为接触传染，在农村农户分散圈养的情况下，多为点状发生，而在集中饲养的猪场一旦发生，即很快传开造成暴发；随着仔猪、育肥猪的长途运输，往往把口蹄疫带到很远的地方，造成新的疫点。

（三）临床症状

被口蹄疫感染的牛、羊、猪，潜伏期一般为2~7 d，最短的12 h就发病，最长的达21 d。在潜伏期内，病畜还未表现临床症状就已经在排毒，只要和病畜同群的牲畜，一般都已感染。发病后牛、羊、猪的症状大体一样，也略有不同。猪口蹄疫最早的症状是吻突、唇上发生水疱、烂斑，此时，偶见口内有白色泡沫。最典型的症状是蹄冠、蹄叉出现局部红肿，手触有热感，站立不稳、跛行，蹄上有水疱，蹄冠边缘、蹄踵、蹄叉、附蹄等处都会发生水疱，蹄冠边缘的水疱常融合成长条；蹄后的水疱常呈“T”形，严重者蹄部破溃、蹄壳脱落，肉蹄鲜血淋漓，跛行或前肢跪地而行、卧地不起。出现水疱时，体温一般升高达40.0~41.5℃，水疱液呈灰白色，水疱刚破溃时出现红色的烂斑，烂斑边缘附有破碎的水疱皮；哺乳母猪的乳房上也易发生水疱。

（四）病理剖检变化

口蹄疫病、死畜的剖检变化除口、鼻、蹄上的水疱和烂斑外，最常见到的变化是心肌疲软，幼畜心内、外膜上有出血斑点和淡黄色或灰白色点状、带状及不规则的斑纹，形似虎皮上的斑纹，故称“虎斑心”。

（五）诊断

对口蹄疫的诊断要求快速、准确。一般分为临床诊断、鉴别诊断和实验室诊断定型。这里着重讲临床诊断和病料的采集、保存、送检。

1. 临床诊断

临床诊断是根据口蹄疫发生的流行病学资料（疫病来源、患病动物种类、传播速度、流行特点），病畜的临床表现及病理剖检变化进行综合分析后得出的初步诊断。在老疫区，只要诊断人员牢记以下几个要点，一般临床诊断结果都不会错。

（1）口蹄疫病毒主要感染偶蹄动物，传播速度很快，在成年动物中呈高发病率、低死亡率，在仔猪等幼畜中死亡率则很高，可达90%以上。

（2）从临床症状上看，猪口蹄疫最典型的症状是蹄部、吻突、唇上产生水疱和烂斑，出现水疱时体温高达 40.0~41.5℃，蹄壳脱落、肉蹄鲜血淋漓，跛行。

（3）从剖检变化看，患口蹄疫的幼畜心肌疲软，心内、外膜上常出现出血斑点或浅黄色、灰白色虎斑。

2. 病料采集、保存及运送

口蹄疫病料是否合格直接影响到快速、准确地诊断与鉴定结果，采集病料的种类和方法如下。

（1）水疱皮　在舌、蹄、乳房或鼻上采集新鲜水疱皮5~10 g（不采集腐败、溃烂的皮痂等表皮组织），装于灭菌瓶内，加50%甘油生理盐水或50%甘油磷酸缓冲液（pH 7.2~7.6），置于 −20 ℃以下冰箱冻存。

（2）水疱液　用消毒注射器吸取未破裂水疱的水疱液 l~5 ml，装于灭菌瓶内，加青霉素（1 000 IU/ml）、链霉素（500 μg/ml），不加保存液，冷冻保存。采集的上述病料装好后，用蜡封口，贴标签和附详细说明，标明采集动物种类、病料名称、采集时间和地点、送检单位等。将病料装于冷藏瓶内，密封后立即派专人或航空寄到鉴定单位。

（六）综合防制措施

世界上防制口蹄疫的办法大体分为3种：第一种扑杀；第二种扑杀和免疫相结合；第三种疫苗免疫。我国对口蹄疫实行预防为主的方针，一旦有口蹄疫传入、发生，扑灭的原则是“早、快、严、小”四个字，“早”即早发现可疑畜、病畜。可疑畜、病畜发现愈早，愈能尽快启动口蹄疫防控预案，把病扑灭在萌芽时期，减少损失，是消灭蹄疫的关键举措。“快”是防疫工作行动要快。快确诊、快隔离、快封锁、快消毒、快处理感染畜、快通报等。“严”是严格执行口蹄疫防控案的一切措施，防止口蹄疫传播蔓延。“小”是根据疫情发生地的实际情况，划定疫点的范围要小，减少工作量和工作阻力，努力使损失降到最低程度。具体的综合防制措施是五个强制，两个强化：强制免疫、强制封强、强制扑杀、强制检疫、强制消毒，强化疫情报告、强化防疫监督。

1. 实行强制免疫，提高牲畜抗病能力

预防性免疫接种是成功控制口蹄疫的方法之一，也是最经济的措施。我国目前预防口蹄疫的疫苗主要有：猪 O 型口蹄疫灭活疫苗，猪 O 型口蹄疫灭活疫苗（Ⅱ）；牛、羊口蹄疫灭活疫苗，牛、羊口蹄疫 O-A 型双价灭活疫苗，亚洲Ⅰ型口蹄疫灭活苗。

（1）预防接种 是在健康动物群中尚未发生口蹄疫之前，定期有计划地对健康动物进行免疫接种。

（2）紧急接种 在已发生疫病的地区，为了迅速扑灭疫情而对尚未发病的动物进行临时性免疫接种，以保护受威胁的动物免受传染。

2. 实行强制封锁，严防疫情扩散

按照《中华人民共和国动物防疫法》规定，发生一类动物传染病时，要对疫点、疫区实行强制封锁。封锁是迅速扑灭口蹄疫，防止大范围传播的有效措施。

3. 实行强制扑杀，彻底消除疫源

强制扑杀病畜和同群畜，发生口蹄疫后，为防止扩大传染、蔓延，应立即对病畜及同群畜进行扑杀处理，扑杀后的尸体在动物防疫监督人员的监督下，进行1.5 m以下深埋或焚烧等无害化处理。

4. 实行强制检疫，限制病畜及其产品流动

口蹄疫是法定检疫对象，为防止口蹄疫传进、传出，必须严把检疫关。禁止从有口蹄疫的国家、地区引进偶蹄动物及其产品，对有可能来自疫区的动物及产品必须进行严格检疫。应做好产地检疫、屠宰检疫和动物及动物产品的运输检疫，不让染疫动物及动物产品流动。

5. 实行强制消毒，全面净化环境

消毒是防制口蹄疫的关键措施之一，为了防止疫源扩散，要制定防疫消毒制度，定期消毒，使消毒工作经常化、制度化。特别要抓好疫点、疫区的畜舍、排泄物、污染物品及环境的消毒，牲畜市场、屠宰场、养殖场的消毒及牲畜运输工具的消毒。口蹄疫病毒对酸、碱、氧化剂都敏感，可选择其中一两种按说明书使用，但要注意的是不可同时、同地使用酸和碱相拮抗的药剂。

6. 强化疫情报告制度

根据《动物疫情报告管理办法》，发生口蹄疫时应逐级快报，确认疑似口蹄疫疫情时，应在2 h内报告当地防制口蹄疫指挥部办公室，并在24 h内逐级快报到全国防制口蹄疫指挥部办公室。任何单位和个人不得瞒报、谎报、阻碍他人报告疫情。要树立依法制疫思想，克服地方保护主义，相邻的县、市互通疫情，

不要隐瞒疫情，更不能把疫区内的病、死畜贩卖、调运出疫区。

7. 强化疫情监测、强化防疫监督

对可疑动物的迅速识别是消除口蹄疫的先决条件，动物防疫监督部门应对非疫区和解除封锁后的原疫区，定期、不定期地进行口蹄疫疫情监测。还应使广大农民和基层兽医工作者充分认识口蹄疫的危害性、特征症状及防制措施，对口蹄疫的传入保持高度警惕性。

十、猪水疱病

本病是由猪水疱病毒引起猪的一种接触传染性的病毒病。表现为在蹄、鼻、口腔黏膜和母猪的乳头周围出现水泡。

（一）症状

只是猪感染，一年四季均可发生，尤其在潮湿天气、密度大、卫生条件差的情况下更易感染。表现为病初体温升高到40~42℃，在蹄冠、蹄叉、蹄踵出现水泡，经1~2 d 破溃，露出红色的破溃面，跛行。若有细菌感染，局部化脓严重的可使蹄壳脱落，病猪趴卧。另外，有5%~10% 的病猪的鼻盘、口腔黏膜、齿龈有水泡和溃疡，部分母猪乳房有水泡出现。本病一般经10~15 d 多趋自愈恢复。

（二）防治

1. 严禁从疫区调入猪只和猪肉产品。

2. 定期进行免疫接种。

（1）猪水疱肾传代细胞弱毒疫苗，对大小猪均可在股部深部肌肉注射2 ml，注疫苗后3~5 d，可产生强大免疫力，免疫期为6个月。该疫苗也可在发病疫区进行紧急接种，可迅速控制疫情。

（2）猪水疱细胞毒结晶紫疫苗，对健康断奶猪、育肥猪均可肌注2 ml，免疫期可达9个月。

3. 对病猪隔离，加强护理，对症治疗，防止继发感染，大多可自愈。

十一、猪痘

猪痘是由痘病毒引起猪皮肤发生痘疹为特征的一种急性、热性传染病。

（一）病原

猪痘的病原有猪痘病毒和痘苗病毒两种，两种病毒均属于痘病毒科，两病毒无交叉中和作用。猪痘病毒仅能感染猪；痘苗病毒既能感染猪，也能感染牛和绵羊。痘病毒对热、直射阳光、碱等常用消毒药敏感，15~20 min 即可杀灭该病毒。

（二）流行特点

猪痘一年四季都可发生，但多见于温暖季节。各种年龄的猪都可感染发病，但以4~6周龄仔猪和断奶仔猪多发。猪痘病毒只能感染猪，痘苗病毒可感染猪、牛、绵羊、山羊以及其他动物。病猪和康复猪是本病的传染源。病猪皮肤及黏膜上的痘疹、痘痂以及唾液、眼分泌物病毒含量很高。猪痘病毒可以通过猪虱和蚊蝇传播，痘苗病毒可直接和间接传染。

（三）临床症状及病理剖检变化

潜伏期一般为2~3周，短时4~7 d。患猪体温稍高，鼻黏膜和眼结膜潮红、肿胀，有黏性分泌物。在鼻、眼、下腹、股内侧等皮肤无毛或少毛的部位上发生痘疹，痘疹开始为红斑，在红斑中间再发生丘疹样结节，2 d 后转为水疱（或不经过水疱），然后变为脓疱，整个病灶好似脐状突出于皮肤表面，最后变成棕黄色结痂。这种有规律的病变是本病的特征性症状，其发病率可达30%~50%。多数患猪取良性经过，痂块脱落，留下白色斑块而痊愈，病程10~15 d。少数严重病猪可发生出血型或融合型痘，在口、咽喉、气管黏膜上发生痘灶，或发生腹泻、全身感染、败血症而死亡。

（四）诊断

根据流行特点和临床症状表现出的规律性特征可做出诊断。

（五）防制

①加强饲养管理，搞好猪舍和环境卫生，灭虱、灭蚊蝇对防治此病发生有重要作用。②当猪群中有猪痘发生时，立即用鸡新城疫 I 系苗紧急干扰接种全群猪（含病猪），按50～100倍稀释，每头猪接种10～15羽剂量。该苗接种后诱导猪体产生干扰素，干扰猪痘病毒繁殖。③患部用5%碘甘油、1%龙胆紫液涂擦。继发感染时配合抗生素治疗。

子任务二　细菌性传染病的控制与治疗

一、猪丹毒

本病是由猪丹毒杆菌引起的一种急性、热性传染病。临床表现主要是急性败血型和亚急性疹块型，有时表现为慢性多发性关节炎、慢性心内膜炎和皮肤坏死。人可被感染，称为类丹毒。

（一）病原

丹毒杆菌属于丹毒杆菌属，是一种纤细的小杆菌，在感染动物的组织触片或血片中，呈单个，成对或小丛状。在慢性心内膜炎病例的心瓣膜疣状物中分离的本菌常呈不分枝的细丝状。本菌不运动，不产生芽孢，无荚膜。革兰氏染色阳性。目前已确认有25个血清型，我国主要为1a 和2型。

丹毒杆菌对环境抵抗力强。肝、脾经4 ℃、159 d 仍有毒力，深埋1.5 m 经231 d 的尸体仍分离出本菌，腌肉经4 ℃、148 d 仍有活菌。本菌对石炭酸抵抗力较强，对热敏感。常用消毒剂1％漂白粉、1％氢氧化钠等均可很快杀死本菌。丹毒杆菌对青霉素、四环素类敏感，对磺胺类、卡那霉素不敏感。

（二）流行病学

本病主要发生于猪，尤其以3~6月龄猪多发，其他动物，如马、牛、羊及禽类等也有发病报道。病猪和带菌猪是本病的传染源。有35%~50％的健康猪扁桃体和其他淋巴组织中存在此菌。病猪和带菌猪以及其他带菌动物排出病菌污染饲料、饮水、土壤、用具等，经消化道传染给易感猪。本病也可通过皮肤损伤、蚊虫叮咬等传播。丹毒杆菌在弱碱性土壤中可存活90 d，最长可达14个月，土壤污染在本病的流行病学上有重要意义。3~6月龄猪多发此病，可能由于母源抗体存在3月龄以下的很少发病；可能由于隐性感染后获得免疫，而使超过6月龄的猪发病率也较低。但年龄的影响并非绝对，也有1岁以上的猪或哺乳仔猪发病死亡的报道。

北方地区，本病的流行有明显的季节性，在7~9月份发病率高，秋季以后逐渐减少；南方地区，发病无季节性。环境条件的改变以及各种应激因素（如饲料突然改变、气温变化、运输等）可以诱发本病。本病常发生在闷热和暴风雨之后。本病常为散发或地方性流行，有时也发生暴发流行。

（三）临床症状

潜伏期为3~5 d，短的为1 d，长的可达7 d以上。根据其病程长短可分为最急性型、急性型、亚急性疹块型和慢性型。在我国以急性型和亚急性疹块型多见。

1. 最急性型

最急性型常见于流行的初期，有一头或数头猪没有表现出任何症状而突然死亡。常是晚上吃食正常，第2天早晨发现猪已死亡。

2. 急性型

急性型又称急性败血型。病猪体温升高，达42~43 ℃，高热稽留，常发生寒战。病猪虚弱，强行驱赶也不愿走动，步态僵硬。食欲废绝，有时呕吐。眼结膜充血，很少有分泌物。粪便干硬附有黏液，后期可能出现腹泻。呼吸和心跳加快。在发病后1~2 d或死前病猪出现皮肤潮红，继而发紫，以耳、颈、背等部位常见。病程3~4 d。病死率80%左右，未死者转为亚急性疹块型或慢性型。

哺乳仔猪和刚断奶仔猪，一般突然发病，表现神经症状，抽搐、倒地而死，病程不超过1 d。

3. 亚急性疹块型

该型其特征是皮肤表面出现疹块。病初食欲不振，饮水增加，便秘，有时可见呕吐，体温升高，达41 ℃以上。发病后2~3 d，在胸、腹、背、肩、四肢等处的皮肤出现疹块，疹块呈方形、菱形、圆形、不规则形。疹块突出于皮肤表面。疹块在初期充血，指压褪色；后期淤血，呈蓝紫色，指压不褪色。在疹块出现后1~2 d，体温下降，病势减轻，几天后疹块部位的皮肤下陷，颜色减退，表面结痂，经7~14 d痊愈。如果病猪极度虚弱，也可转为败血型而死亡。

4. 慢性型

慢性型一般是由急性型或亚急性疹块型转变而来，也有原发性的。在临床上表现为慢性心内膜炎、慢性关节炎、皮肤坏死等。

（1）慢性心内膜炎　病猪表现食欲时好时坏，消瘦、不愿活动，呼吸加快。体温正常或稍高。听诊心脏有杂音，心律不齐、心跳加快。常由于心衰而死亡。

（2）慢性关节炎　初期表现为四肢关节（腕、跗关节较膝关节常见）的炎症肿胀，患肢僵硬，疼痛。急性炎症消失后，以关节变形为主，表现为一肢或两肢的跛行或卧地不起。临床表现因受害部位和损害程度而异。病猪食欲正常，但生长缓慢，体质虚弱，消瘦。病程数周至数月。

（3）皮肤坏死　皮肤坏死常发生于背、肩、耳、蹄部位。局部皮肤肿胀、隆起、坏死、色黑、干硬似皮革样，随病程的发展，坏死皮肤与其下层的新生组织分离，犹如一层甲壳。坏死区有时范围很大，可以占整个背部皮肤；有时可部分耳壳、尾巴末梢发生坏死。经2~3个月坏死皮肤脱落，留下一片无毛色淡的疤痕而愈。如有继发感染则病情复杂，病程延长。

（四）病理变化

1. 最急性型

最急性型由于死亡急剧，剖检常不见特征性肉眼变化。有时可见心外膜出血、胃出血等。

2. 急性型

急性型呈明显的全身败血症变化，鼻、唇、耳及腿内侧等处皮肤和可视黏膜呈不同程度的紫红色。全身淋巴结外观肿大，潮红或紫红，淋巴结切面多汁，有出血斑点。肝肿大，暗红色。脾显著肿大，樱桃红色，质地柔软，切面隆起。肾外观肿大，被膜易剥离，呈弥漫性暗红色。心内外膜出血，心冠脂肪出血。有时可见心包积液和纤维素性心包炎。肺常见淤血水肿，表面有斑点状出血，肺小叶间质增宽，肺切面气管内有泡沫状液体。有时可见纤维素性胸膜炎。消化道常见卡他性、出血性炎症，尤其在胃底部和十二指肠，黏膜呈弥漫性出血。

3. 亚急性疹块型

亚急性疹块型多呈良性经过，与急性型病变相似，但程度较轻，其特征为皮肤的疹块，疹块与生前无差异。

4. 慢性型

慢性心内膜炎常发生于二尖瓣，其次是主动脉瓣、三尖瓣和肺动脉瓣。在瓣膜上有溃疡性或菜花样赘生物，牢固地附着于瓣膜上，使瓣膜变形。

5. 慢性关节炎

慢性关节炎初期为浆液纤维素性关节炎，关节囊肿大变厚，充满大量浆液纤维素性渗出物，呈黄色或红色。后期滑膜增生肥厚，继而发生关节变形，成为死关节。

（五）诊断要点

根据流行病学、临床症状和病理变化可做出初步诊断。猪丹毒多发生在炎热多雨的夏季，常见于3~6月龄猪。病猪体温可达42 ℃以上，有的猪在高热之后出现特征性皮肤疹块，运动障碍。病变呈急性败血症变化，肝、脾等贮血器官暴露于空气后由暗红变为鲜红。用青霉素治疗有明显效果。根据以上可初步做出诊断。必要时进行实验室诊断。

1. 病原学诊断

猪丹毒病原学诊断是可靠的诊断方法，既可用于生前诊断又可用于死后检查。无菌采取发病猪的耳静脉血液、切开疹块挤出血液或渗出液，对于病死猪可采取心血、肝、脾、肾及淋巴结，慢性病例采取心瓣膜赘生物和关节液，作为病原检查的病料。

（1）涂片镜检　将病料涂片革兰氏染色镜检，可见革兰氏阳性的小杆菌，单个存在、成对或成丛排列。

（2）细菌培养　将新鲜病料接种于血液琼脂培养基，培养48 h，可形成直径1~2 mm 边缘整齐的菌落，表面光滑有蓝绿荧光。明胶穿刺，细菌呈试管刷状生长，不液化明胶。

（3）动物接种试验　采取病料接种于小鼠、鸽子和豚鼠。如果小鼠和鸽子在接种后2~5 d 死亡，体内组织器官触片镜检，发现猪丹毒杆菌，而豚鼠无反应。则为猪丹毒。

根据以上的试验结果可以确诊。

2. 血清学诊断

用于猪丹毒诊断的血清学方法很多，如血清生长凝集试验、琼扩试验、荧光抗体试验、平板试管凝集试验。

（六）防制措施

1. 预防接种

（1）疫苗种类及使用方法　常用的疫苗有 GC42和 GT（10）弱毒苗以及

猪丹毒氢氧化铝甲醛疫苗。免疫期均为6个月。猪丹毒氢氧化铝甲醛疫苗注射后14~21 d 产生强大免疫力。GC42弱毒苗既可注射又可口服，7 d 后产生免疫力。GT（10）弱毒苗只能用于注射，注射后7 d 产生免疫力，注射后7 d 内，可出现食欲减退，体温升高等反应，一般经2~3 d 可自行恢复。现在还有猪瘟—猪肺疫—猪丹毒三联疫苗，肌肉注射，免疫期为6个月。

（2）免疫程序

①仔猪在45~60日龄进行第一次免疫接种，在常发地区或猪场，3月龄时进行二免。哺乳仔猪避免接种。

②种猪应每隔6个月一次免疫接种，一般在春秋两季进行。配种后20 d 以内的母猪、妊娠后期母猪和哺乳母猪暂不接种。

③在接种疫苗前3 d 和后7 d 内严禁使用猪丹毒杆菌敏感的抗菌药物。

2. 药物防制

猪场发生猪丹毒时，应首先做好综合防疫措施，加强消毒，隔离病猪。对同群未发病猪进行预防性用药。可在饲料中添加强力霉素、泰乐菌素，或注射青霉素。治疗首选青霉素，对于急性病例，每千克体重3万 ~5万 IU 静脉注射，同时使用相同剂量肌肉注射，以后每日两次肌肉注射。治疗时药物剂量一定要足，疗程要够，在病猪食欲、体温恢复正常后，再巩固治疗2~3 d。在使用青霉素无效时可改用四环素类药物。

二、猪水肿病

猪水肿病是由致病性大肠杆菌引起的断奶仔猪的一种急性散发性肠毒血症。其特征为突然发病、头部水肿、共济失调、惊厥和麻痹，剖检胃壁和肠系膜水肿。引起本病的大肠杆菌血清型主要是 O_{138}：K_{81}、O_{139}：K_{82}、O_{141}：K_{85}等。

（一）流行病学

本病主要发生于断奶仔猪，常突然发病迅速死亡，体格健壮、生长快的仔猪最为常见。发生过黄痢的仔猪一般不发生本病。一般多见于春季和秋季。传染源主要是带菌母猪和仔猪，病菌随粪便排出体外，污染饮水、饲料、环境、用具，通过消化道感染。饲料突变，仔猪过量采食，饲料中维生素、矿物质缺乏，环境应激等可诱发本病。

（二）临床症状

仔猪断奶后1~2周内，突然发病，其病程短的为数小时，一般为1~2 d，有时可达7 d以上。病猪精神沉郁，食欲不振，体温一般正常。病猪独卧一隅，时有抽搐，步态不稳，有的前肢跪地，后肢直立，有的则站立不起，有的倒地四肢呈游泳姿势。有的病猪表现感觉过敏、触摸时惊叫。常见叫声嘶哑。病猪常见眼睑肿胀，严重时可波及整个头颈部。

（三）病理变化

眼睑水肿，切开皮肤可见皮下呈胶冻样。胃壁的水肿是本病的证病性病变，水肿主要发生在胃大弯，严重的可蔓延到食道部和整个胃底部。有的病例水肿面积很小，仅五分硬币大小或更小。水肿胃壁厚度可达1~2 cm，切开可见水肿液浸润于黏膜和肌层之间，使胃黏膜与肌层之间显著增宽，呈灰白色或黄白色透明胶冻样。结肠间肠系膜明显水肿，透明胶冻样。全身淋巴结充血水肿，肠系膜淋巴结水肿最为明显。心包和胸腹腔有较多积液，暴露于空气中则凝成胶冻样。肺水肿常见。有些病例肾包膜水肿，积有红色液体，接触空气后凝成胶冻样。部分病例不见水肿变化，而表现明显的出血性胃肠炎。

（四）诊断要点

依据断奶后1~2周的健康仔猪突然发病，神经症状，眼睑肿胀，体温正常；剖检可见胃壁、结肠肠系膜水肿基本可做出诊断。确诊要进行细菌学诊断。

（五）防制措施

加强断奶前后仔猪的饲养管理。提早补料；不要突然更换饲料；饲料量应逐渐增加，少喂勤添；饲料日采食量不超过体重的5%；注意补充维生素和矿物质。

在断奶猪饲料中添加抗菌药如新霉素、大蒜等效果较好，也是目前常规防治方法。对于发病猪治疗，收效甚微。采用综合治疗措施，病初可投放盐类泻药，以促进肠内容物排出；使用强心利尿药；使用抗大肠杆菌药，对于病程较长者有一定疗效。

三、仔猪黄痢与白痢

仔猪黄痢、白痢内因是由大肠杆菌引起，天气突变，环境阴冷潮湿、脏，仔猪喝了尿和脏水等是外因，外因是仔猪黄痢、白痢的诱发因素。

（一）病因与病原

本病多发生于封闭式集中饲养猪场中，生后1周龄以内的新生仔猪易感，其中1~3日龄发病和病死率最高。本病一旦发生，常是一窝一窝地出现。其病原菌为不同血清型大肠杆菌，经消化道感染而发病。其他诱因主要是由于平时饲养管理不当，猪舍卫生条件差，天气骤变，猪舍阴冷潮湿，饲养人员缺乏防疫意识等因素都为本病的发生提供了条件。

（二）症状

黄痢多发于1周以内的哺乳仔猪，2~3 d便发病，3~7 d内猛烈腹泻，粪便外观可见黄白色水样气泡、恶臭，仔猪精神不振、消瘦、脱水、畏寒。7 d后排出浆状、糊状、乳白色或灰白色黏性、腥臭而稀薄的粪便，称为白痢。患白痢的病猪被毛粗糙无光，行动缓慢，发育迟滞，易继发肺炎，病程1周左右，死亡率极高。

（三）病理变化

主要病变为急性肠炎和败血症。外观尸体严重脱水，干瘦，黏膜苍白发绀，肛门及腹部周围有黄白色稀粪污染。剖检见肠黏膜充血、水肿，肠道内充满腥臭的黄白色内容物，以十二指肠黏膜病变最为严重，多处呈红色或暗红色。肝呈紫红色和红黄相间纹样色调。肾色淡，表面有数量不等针尖大的出血点。心脏扩张，心房、心室充满凝血块，心冠部有少量出血点，肺明显水肿。

（四）防制

仔猪黄白痢均是由大肠杆菌所引起，在防治上可采取共同的措施。由于大肠杆菌菌株变异比较大，而且容易产生抗药性，有时用抗菌药物治疗收效甚微，因此必须在管理上下功夫，采取综合防治措施，方能奏效。

1. 预防

①加强对猪舍、栏舍、场地、饲料、饮水、环境的清洁卫生和消毒工作，及时清除粪便，特别注意产房用具和母猪乳头、胸部、腹部、阴部的清洁卫生和消毒工作，并做好仔猪的保暖防寒防潮工作。

②给母猪在临产前2~3周注射大肠杆菌性腹泻三价苗或MM−3基因工程苗；规模化猪场使用本场病料制作的自家苗，效果更佳；(母猪免疫后，其血清和初乳中有较高水平的抗大肠杆菌的抗体，能使仔猪获得很高的被动免疫的保护率。)

③加强怀孕母猪的饲养管理，保证母猪吃上含蛋白质、维生素、微量元素丰富的饲料，提高初生仔猪的抗病力。

④仔猪出生后要尽早吃足初乳，并适时补充铁质和微量元素硒；生后12 h内给仔猪口服抗生素，之后每12 h服用1次，连用3 d。

⑤用微生态制剂等预防仔猪下痢能取得较好的效果。

⑥采用全进全出和早期隔离断奶饲养管理模式，减少病原菌的感染。

2. 药物预防

①母猪产前7~10 d口服中药方剂：党参50 g、黄连45 g、黄芩45 g、黄柏45 g、马齿苋40 g、栀子40 g、大青叶30 g、银花30 g、甘草25 g，以扫胎毒。

②母猪产前产后3~5 d，每日土霉素拌料喂服，或饲料中添加氟哌酸100 mg/kg。

③母猪产后注射青霉素320万 IU，链霉素200万 IU，可预防子宫炎，也可预防乳房炎、仔猪腹泻。

④在哺乳仔猪饲料中添加抗菌药物，例如硫酸抗敌素等。

药物治疗：

由于大肠杆菌容易产生抗药性，用药治疗时，最好先做药敏试验，选择对本场大肠杆菌敏感的药物治疗。

黄痢：可用黄连素、庆大霉素、壮观霉素、新霉素、青链霉素、喹诺酮类，照说明口服或肌注，一窝内一头拉黄痢，需全窝治疗。

白痢：可用庆大霉素＋阿托品肌注，痢菌净或氟哌酸＋维生素 B_2口服，也可用强力霉素、氯霉素、磺胺类、喹诺酮类药物，按照说明进行口服或肌注治疗。

在治疗的同时要进行补液，补液方案为：10% 安钠咖5 ml，2.5% 维生素 B_1 3 ml，10% 维生素 C 5 ml，1% 硫酸阿托品2 ml，5% 葡萄糖100 ml，生理盐水85 ml，用上述混合液加温至39 ℃腹腔注入，每头仔猪每日用5 ml，每天1~2次。

对发病窝中所有仔猪不论大小一律口服0.1% 亚硒酸钠1 ml。及时扑杀无治疗价值的仔猪，尸体进行无害化处理。

四、猪痢疾（猪血痢）

猪痢疾由猪痢疾密螺旋体引起致病，表现为血痢、黑痢。一般感染7 d 以上猪只，2~3周龄最易感。

（一）症状

潜伏期10~14 d，病始发烧，精神欠佳、厌食，腹泻开始为黄色或黄灰色软粪，最后拉水样便。有的病猪拉出灰褐色粪便。病情严重时，排出红色糊状粪便，含有大量黏液、血液和脓性物，夹有血斑，恶臭，形似豆腐渣的稀粥状，进而变黑，似高铜中毒粪便，病猪常拱背排便。剖解，大肠卡他性、出血性肠炎，结肠和盲肠黏膜肿胀，肠内容物较稀，并混有黏液或血液，肠系膜淋巴结肿胀。

（二）诊断

根据流行病学、临床症状及病理变化可做出初步诊断。必要时可采取大肠黏液或粪便抹片染色镜检，或暗视肝检查。

（三）防治

1. 坚持自繁自养，千万不要到疫区引猪。引进种猪要隔离1个月以上，确属健康，方能合群。

2. 做好饲养管理和卫生防疫，对猪舍、饲槽和用具要经常消毒，尽量减少和防止一切应激因素的影响。

3. 发病场及时隔离病猪，并积极进行药物治疗和全群预防投药。

（1）痢菌净，剂量3 mg/kg（体重），连服3 d，停药7 d 后再服3 d，或用注射液，也用3 d，配合维生素 B_2治疗效果更佳；预防量50 g/t 饲料。

（2）痢特灵300 g/t 饲料，连用14 d，预防量100 g/t 饲料。

（3）四环素100~200 g/t 饲料，喂3~5 d。

（4）二甲硝基咪唑，治疗250 g/t 饲料，预防量100 g/t 饲料。

（5）氯霉素、红霉素、杆菌肽锌、泰乐菌素等均有一定疗效。

4. 种猪感染此病后，绝不可再作种用。

五、仔猪副伤寒（猪沙门氏杆菌病）

猪副伤寒又称猪沙门氏菌病，是由沙门氏菌属细菌引起的仔猪的一种传染病。急性型表现为败血症；亚急性型和慢性型以顽固性腹泻、回肠和大肠发生固膜性炎为特征，有时可发生肺炎。

（一）病原

本病原为沙门氏菌，革兰氏染色阴性，一般无荚膜，有鞭毛能运动。属于肠杆菌科的沙门氏菌属。引起仔猪副伤寒的沙门氏菌血清型复杂。主要有猪霍乱沙门氏菌、猪霍乱沙门氏菌 Kunzendorf 变型、猪伤寒沙门氏菌、猪伤寒沙门氏菌 Voldagsen 变型、鼠伤寒沙门氏菌、德尔卑沙门氏菌、肠炎沙门氏菌等。

沙门氏菌为需氧或兼性厌氧菌，适宜生长温度为35~37 ℃，适合 pH6.8~7.8。本菌对营养要求不高，能在普通琼脂培养基生长，但猪伤寒沙门氏菌生长贫瘠。

沙门氏菌对干燥、腐败、日光等因素具有一定抵抗力，在外界环境可存活数周至数月。在60 ℃经1 h，72 ℃经20 min，75 ℃经5 rain 死亡。对化学消毒药的抵抗力不强，常用的消毒药均能将其杀死。

（二）流行病学

病猪和带菌猪是本病的主要传染源。通过粪便排出病菌污染环境、饲料和饮水，主要经消化道传播。健康带菌现象也很常见，当由于各种应激因素而使猪抵抗力下降时引起发病。本病一年四季都可发生，但在多雨季节多发，一般呈散发性或地方流行性。本病主要发生于6月龄以下的猪，以1~4月龄多发，哺乳仔猪一般不发病。环境污秽、潮湿、拥挤、粪便堆积，长途运输、饥饿、疲劳等均可促使本病的发生。

（三）临床症状

潜伏期由2 d 至数周不等，临诊上可分为急性型、亚急性和慢性型。

1. 急性型

该型发病时体温突然升高至41~42℃，精神不振，食欲废绝。先便秘，后期下痢呼吸困难，耳根、胸前和腹下皮肤有紫红色斑点。多数病程为2~4 d，少数在出现症状后24 h 内死亡。通常此类型发病率不超过10%，而病死率很高。

2. 亚急性和慢性型

该型是本病临诊上多见的类型。病猪体温升高至40.5~41.5 ℃精神不振，寒战，喜钻垫草，常堆叠在一起。眼有黏性和脓性分泌物，上下眼睑常被黏着，少数发生角膜混浊，严重者发生溃疡。病猪食欲减退，初便秘，后下痢，粪便为淡黄色或灰绿色，恶臭，粪便中混有血液、坏死组织或纤维絮片，有时排几天干粪后又下痢，可以反复多次。病猪由于下痢、脱水而很快消瘦。在病的中、后期皮肤出现弥漫性湿疹，特别是在腹部皮肤，有时可见绿豆大、干涸的浆性覆盖物，揭开可见浅表溃疡。病程2~3周甚至更长，最后极度消瘦，衰竭死亡。有时病猪症状逐渐减轻，状似恢复，但以后生长缓慢或又复发。病死率较急性型低。

有的猪群发生所谓潜伏性“副伤寒”，小猪生长发育不良，被毛粗乱、污秽，体质较弱，偶尔下痢。体温和食欲变化不大。一部分患猪发展到一定时期突然病情恶化而引起死亡。

（四）病理变化

1. 急性型

该型由于发病急、死亡快而一般体况良好。病猪耳、胸下、腹下皮肤有蓝紫斑点。全身浆膜与黏膜以及各内脏有不同程度的点状出血。全身淋巴结肿大、出血，尤其是肠系膜淋巴结索状肿大。脾脏肿大，呈蓝紫色，硬度似橡皮，被膜上可见散在出血点。肝肿大、充血、出血，有时肝实质可见针尖至小米粒大黄灰色坏死点。肾皮质可见出血斑点。心包和心内、外膜有点状出血。肺常见淤血和水肿，小叶间质增宽，气管内有白色泡沫。胃黏膜瘀血。病程长者在结肠可见坏死性肠炎，与亚急性和慢性病例相同。

2. 亚急性和慢性型

该型病猪尸体极度消瘦，在胸腹下部、腿内侧等皮肤上可见绿豆大小的痂样湿疹。特征性病变为在回肠、盲肠、结肠发生固膜性炎。可见肠壁增厚，黏膜上覆盖一层弥漫性、坏死性和腐乳状物质，剥开可见底部红色，边缘不规则的溃疡面。少数病例滤泡周围黏膜坏死，稍突出于表面，有纤维蛋白渗出物积聚，形成隐约可见的轮环状。肠系膜淋巴结肿胀，切面灰白色似脑髓样，并且常有散在灰黄色坏死灶，有时形成大的干酪样坏死物。脾肿大，色暗带蓝，似橡皮样。肝有时可见黄灰色坏死点。

（五）诊断要点

依据流行病学、临诊症状、病理变化，可做出初步诊断。本病仅发生在6月龄以下的猪，哺乳仔猪一般不发病。一般为散发性，在环境污秽、潮湿、气候恶劣、长途运输等应激因素存在时可诱发地方流行性；急性病猪以发热、皮肤发绀、高病死率为特征，肠系膜淋巴结索状肿大。亚急性和慢性以顽固下痢，生长发育不良为特征；剖检可见脾为蓝紫色，硬似橡皮，肝有小坏死灶，回肠、盲肠、结肠发生弥漫性纤维素性坏死性肠炎。

应注意和猪瘟、弓形虫病、坏死性肠炎等病鉴别。

确诊本病应进行实验室检查。

1. 病料采集

无菌采取死亡后12 h以内病猪的心血、肝、脾、肠系膜淋巴结，放置30%甘油盐水中送检。

2. 细菌分离培养

如果病料新鲜未被污染，可直接在普通琼脂平板或血液琼脂平板接种，37 ℃经24 h培养，在普通琼脂平板上，形成圆形、半透明、光滑、湿润、边缘整齐的灰白色菌落。如果病料污染，可用增菌培养基进行增菌培养，如用四硫磺酸钠煌绿培养液37 ℃培养18~24 h，用亚硒酸盐亮绿培养液37℃培养12~16 h，然后将培养物接种于鉴别培养基。在SS琼脂上，沙门氏菌的菌落呈灰色，菌落中心为黑色；在去氧胆脂酸盐枸橼酸琼脂上，沙门氏菌的菌落为蓝绿色，中心为棕色或黑色；在亚硫酸铋琼脂上，菌落呈黑色；在HE琼脂上，菌落为蓝绿色或蓝色，中心黑色；在麦康凯琼脂、远藤氏琼脂、伊红美蓝琼脂上，形成无色菌落。

3. 纯培养及生化特性检查

钩取鉴别培养基的菌落进行纯培养，同时在三糖铁培养基斜面上做划线接种并向底部穿刺接种。37 ℃培养24 h，如为沙门氏菌，则在穿刺线上呈黄色，斜面呈红色，产生硫化氢的菌株可使穿刺线变黑。将上述培养物革兰氏染色镜检，并接种生化管，以鉴定生化特性，做出判断。沙门氏菌属能还原硝酸盐，能分解葡萄糖产酸产气，在三糖铁培养基上能产生硫化氢。赖氨酸和鸟氨酸脱羧酶反应阳性，尿素酶试验阴性。不发酵蔗糖、水杨苷、肌醇和苦杏仁苷。猪霍乱沙门氏菌不发酵阿拉伯糖和海藻糖，对卫茅醇缓慢发酵且无规律；猪伤寒沙门氏菌不发酵甘露醇，偶尔有发酵蔗糖和产生吲哚的菌株。

4. 血清学试验

将沙门氏菌 A~F 群多价血清1滴置玻片上，挑取三糖铁斜面培养物做玻片凝集试验，如发生凝集，再分别用单因子血清做玻片凝集试验，鉴定出特定菌型。

（六）防制措施

本病防制的要点是搞好平时的综合兽医卫生措施，消除本病的诱因，搞好饲养管理工作，增强仔猪抵抗力。在本病的常发地区或猪场，对仔猪应做好疫苗接种。目前使用的仔猪副伤寒疫苗，适用于1月龄以上的仔猪。采用 C500弱毒菌株生产的疫苗可口服也可用于注射。如果采用口服法，按说明头份数用凉开水稀释后拌入饲料中，让猪自由采食；也可以逐头灌服。如采用注射法，用铝胶盐水稀释为每头份 1ml，每头注射 1ml。具体免疫程序，可于仔猪30日龄首免，50日龄二免。仔猪副伤寒疫苗口服一般无明显反应。注射本疫苗后 1~2 d 内有的猪出现体温升高、减食、呕吐、腹泻等症状，一般经1~2 d 可自行恢复。在使用本疫苗前3 d 和接种后7 d 内禁止使用抗生素药，以免影响疫苗的免疫力。

在本病常发地区或猪场，在猪的多发日龄进行药物预防也是行之有效的措施。对发病猪采用注射治疗，同群猪口服给药预防。常用的药物有磺胺类、喹诺酮类以及氨基糖苷类抗生素等。有条件的可通过药敏试验选择最佳药物。

六、猪传染性萎缩性鼻炎

猪传染性萎缩性鼻炎（简称萎鼻）主要是由第1相支气管败血波氏杆菌，产毒 D 型、A 型多杀性巴氏杆菌引起猪的一种慢性呼吸道传染病。以鼻炎，鼻梁、颜面变形或歪斜和鼻甲骨萎缩为主要特征。

（一）流行特点

各种年龄的猪都易感，外来种猪比本地猪易感。随猪龄增长，发病率下降。

本病多散发。病猪和带菌猪是主要传染源，一般情况下，母猪传给仔猪，再由仔猪扩大传染，健康猪群若不引进病猪或带菌猪，一般不会发病。饲养管理不良、猪舍潮湿，饲料中缺乏蛋白质、矿物质等可促进本病发生。

（二）临床症状

最先表现的症状是打喷嚏，喷嚏呈连续性或间隔性，在饲喂、运动和气候变化时加剧。因为鼻炎，患猪表现不安，鼻部瘙痒、摇头、拱地、搔抓或摩擦鼻部，鼻孔流出浆性或脓性鼻液，严重时鼻孔流血由于鼻炎导致鼻泪管阻塞，结膜炎，泪液分泌增多而不能从鼻泪管往内流，而是往外流，以致在眼角下的皮肤上形成灰黑色泪斑，泪斑形状多为半月形。继续发展，大多数患猪有鼻甲骨萎缩变化，经过2~3个月，鼻和面部发生变形。若一侧鼻腔病损严重时，则两侧鼻孔大小不一，鼻歪向病损严重的一侧，上颌也会随之往一侧歪；若两侧鼻腔的损伤大致相等，则鼻腔变得短小、鼻端向上翘起，鼻背部皮肤粗厚，形成较深的皱褶，下颌伸长，上下门齿错开而不能咬合；部分病猪发生肺炎。病猪体温一般正常，生长缓慢，并发肺炎的患猪，死亡率增高。

（三）病理剖检变化

病理剖检变化主要见于鼻腔和邻近的组织，特征变化是鼻甲骨萎缩，尤其是鼻甲骨下卷曲最为常见。从两侧上颌第1、第2臼齿间横断鼻部，可见到鼻中隔弯曲、变形或消失，两侧鼻孔大小不一，鼻甲骨萎缩、卷曲，特别是下卷曲变小而钝直，甚至消失，使鼻腔变成一个鼻道，甚至形成空洞。

（四）诊断

根据流行特点、典型症状和病理剖检变化可做出临床诊断。进一步诊断可进行乳胶凝集试验。

（五）防制

①预防本病就要不从有该病的猪场引进种猪，引进猪时应隔离观察40 d，用血清学方法检验，阴性猪才能并群。发现病猪和阳性猪时应隔离淘汰，根除病原。②用猪传染性萎缩性鼻炎疫苗免疫猪群。③本病病原对抗生素和磺胺类药物敏感，如阿莫西林、氟苯尼考、长效土霉素等都有效可用此类药物进行治疗。

七、猪传染性胸膜肺炎

本病是由胸膜肺炎放线杆菌引起猪的一种呼吸道传染病，表现为猪急性纤维素性胸膜肺炎或慢性局灶性坏死性肺炎，急性者病死率高，慢性者常能耐过。

（一）病原

本病的病原是胸膜肺炎放线杆菌，以前曾称为胸膜肺炎嗜血杆菌。本菌是有荚膜的革兰氏阴性小杆菌，具有典型的球杆菌形态。胸膜肺炎放线杆菌分为两个生物型，Ⅰ型和Ⅱ型。生物Ⅰ型毒力强，生物Ⅱ型毒力弱。生物Ⅰ型分12个血清型，分别是1~12型；生物Ⅱ型分两个血清型，分别是13型和14型。我国以血清7型为主，2、3、4、5、8型也存在。各血清型之间交叉免疫力不强。本菌为兼性厌氧菌，最适宜生长温度为37℃，最适宜培养基为巧克力琼脂或用葡萄球菌划线的鲜血琼脂。在10% CO_2条件下，培养24 h后，巧克力琼脂上可见不透明淡灰色直径1~2 mm的菌落，在鲜血琼脂可见在葡萄球菌生长线周围有溶血型菌落。

本菌抵抗力不强，易被一般消毒药杀死。

（二）流行病学

各种年龄的猪都可发生本病，3月龄猪最为易感。本病的传染源是病猪和带菌猪，无症状有病变和无症状无病变带菌猪很常见，猪场和猪群之间的传播多数是由于引进带菌猪引起。病菌存在于病猪的肺、支气管和鼻液中，主要通过近距离的飞沫传播和直接接触传播。人工授精不会传播本病，一是不能通过生殖道感染，二是稀释液中的青霉素可以起到抑制本菌的作用。环境相对湿度大、通风不良、气温急剧变化等应激因素可加速本病的发生和传播，使发病率和死亡率升高。本病发生有明显季节性，多在4~5月和9~11月发生。

（三）临床症状

潜伏期因病菌毒力和感染量而异，自然感染1~2 d，人工感染4~12 d。本病根据病程经过可以分为最急性型、急性型、亚急性型和慢性型。

1. 最急性型

该型发病时有一头或几头猪突然发病，体温升高至41.5 ℃，食欲废绝，沉郁，可见短时的腹泻和呕吐。病初无明显呼吸道症状，但心跳加快，心脏和循环发生障碍，耳、鼻、腿、体侧皮肤发绀。后期呼吸高度困难，张口呼吸，犬坐姿势。临死前从口、鼻中流出大量淡红色泡沫样液体。病程24~36 h。有的猪毫无先兆突然死亡。病死率达80% ~100%。

2. 急性型

该型发病时有很多猪发病，表现体温升高，沉郁，食欲废绝，呼吸困难，咳嗽，张口呼吸。受到饲养管理水平和环境因素影响，可以转为亚急性和慢性，病程长短不定。

3. 亚急性型和慢性型

该型多数由急性型转来。不发热，有不同程度的间歇咳嗽，食欲不振，增重减慢。慢性感染猪群亚临床发病多见，其他病原微生物（支原体、巴氏杆菌等）继发感染，可以使临床症状加重。首次暴发本病时，妊娠猪可能流产。

（四）病理变化

病变主要见于呼吸系统。肺炎病变大多为双侧性，病变最常见于膈叶，病变部与健部界限明显。在最急性和急性病例，肺炎区色深且质地坚实，切面易碎。胸腔内有血色液体。气管和支气管内有带血色的泡沫状黏液。慢性病例，在肺膈叶有大小不一的脓肿样结节，有的在肺内部，有的突出于肺表面，胸膜和肺发生粘连。病原如为血清3型，病猪可见关节炎、心内膜炎和不同部位脓肿。

（五）诊断要点

依流行病学、临诊症状、病理变化可做出初步诊断。本病发生受应激因素影响明显；以呼吸系统症状为主症；典型的胸膜肺炎病变。据此可做出初步诊断。确诊本病应进行病原诊断，使用改良补体结合试验、酶联免疫吸附试验能检出隐性感染猪。

（六）防制措施

防止购进病猪和带菌猪，必须引进种猪需经隔离饲养并进行血清学检查，阴性猪方可入场。感染猪群可用血清学检查，清除带菌猪，重建健康猪群。加强饲养管理，减少应激因素。

国内有本病的灭活疫苗可供使用，对2月龄猪使用有较好的效果。须注意的是血清型之间交互免疫性不强。当地有本病发生时，应该进行血清型分型，以确定使用商品疫苗还是使用分离菌株制备灭活苗。

对于发生本病的猪群可以使用药物防治并淘汰病猪。使用抗菌药物治疗可降低死亡率并可提高平均日增重，但是经治疗的猪常持续带菌，成为其他猪的传染源。另一个问题是经常出现耐药菌株。常用药物有氟苯尼考、恩诺沙星、阿莫西林等，目前首选氟苯尼考。胸膜肺炎放线杆菌对链霉素、林可霉素、卡那霉素可耐受很高的浓度。在实际治疗时应注意药物选择。

八、猪肺疫（锁喉风）

猪肺疫又叫猪巴氏杆菌病，是由多杀性巴氏杆菌引起猪的一种急性、散发性传染病。急性病例以败血症和器官、组织出血性炎症为主要特征。

（一）病原

多杀性巴氏杆菌为一种两端钝圆的革兰氏阴性短杆菌或球杆菌，瑞氏或美蓝染色，菌体呈两极浓染，这一特征对本菌的鉴定具有重要价值。本菌为需氧及兼性厌氧菌，对干燥、日光、热和常用消毒剂的抵抗力不强，但在腐败的尸体中可存活 l~3个月；1%氢氧化钠和2%来苏儿等能迅速将其杀灭。

（二）流行特点

本病一年四季均可发生，但多发于5~9月。对多种动物均有致病性，在一定情况下各种家畜间互相感染，黄牛、水牛等互相感染；鸡、鸭等禽间互相感染；至于畜、禽间的感染还不是很明显。发病猪无年龄、性别的明显差异，但4月龄以上猪易感性大些。病猪、健康带菌猪是主要传染源。病原随分泌物和排泄物排出，污染环境，又通过消化道、呼吸道、皮肤和黏膜的伤口感染。带菌猪因受寒冷、闷热、气候剧变、长途运输等因素刺激而使机体抵抗力降低时，也可发病。本病多呈地方性流行，也常与猪瘟、气喘病等混合感染或继发感染。

（三）临床症状

潜伏期 l~5 d。猪肺疫的临床症状有最急性、急性和慢性之分，但与流行方式有关，流行性猪肺疫常表现最急性和急性。

1. 最急性型

最急性型多发于流行初期，突然发病，发热达 41.5 ℃以上，呼吸困难，数小时死亡。

2. 急性型

急性型最初体温升高达41.0℃以上，甚至达42.0℃，表现为咽喉炎症状，颈、咽部高热、红肿、坚硬。常呈犬坐，伸长头颈“呼啦”呼吸，发出喘鸣声，或干而短的痉挛性咳嗽，因此，又把该病称为“响脖子”“锁喉风”。此时，若出现口、鼻流泡沫样物，患猪很快死亡。

3. 慢性型

慢性型主要表现为慢性肺炎和慢性胃肠炎症状，体温时高时低，食欲不振，常有下痢现象，发病初期呼吸困难，间有咳嗽，随呼吸鼻孔流出黏液，病程经2周以上，多数猪死亡。

（四）病理剖检变化

最急性型猪肺疫的眼观病变主要有咽喉部及其周围结缔组织有出血性浆液样浸润，喉头、气管内充满白色或淡红色泡沫样分泌物；全身黏膜、浆膜和皮下组织有大量出血点；全身淋巴结肿大、切面多汁、出血；心包膜和心外摸有出血点；肺急性水肿、出血。急性型病例主要病变是纤维素性肺炎，肺有不同程度的肝变病灶，其周围常有水肿和气肿，切面呈大理石样纹理，有的在肺叶上有较大的局灶性化脓灶。慢性病例可见肺肝变区大，常有较大坏死区，外面有结缔组织包囊，内有干酪样物；心包、肺胸膜、肋胸膜发生纤维素炎和粘连性变化。

（五）诊断

根据流行特点、临床症状和病理剖检变化可做出临床诊断。确诊可采集心包液、局部水肿液、淋巴、肝、脾等组织涂片或触片，革兰氏染色镜检，如有巴氏杆菌即可确诊。

（六）防制

①健康猪群每年定期进行两次猪肺疫苗免疫接种；②一旦发现病猪应立即隔离，清圈消毒，改善饲养管理；③巴氏杆对青霉素、链霉素及广谱抗生

素和磺胺类药物都敏感，可用于治疗，但该菌可产生抗药性，使用中应及时更换药物。

九、猪喘气病（猪地方性肺炎，支原体肺炎）

本病又称为猪地方流行性肺炎或猪支原体肺炎，是由猪肺炎支原体引起的猪的一种慢性呼吸道传染病。症状表现为咳嗽和气喘，病变的特征是肺的尖叶、心叶、中间叶和隔叶的前缘呈对称的“肉样”或“虾肉样”病变。

本病分布广泛。患病猪长期生长发育不良，饲料转化率低，一般病死率不高。经常被忽视，但所造成的经济损失很大。

病原体为猪肺炎支原体，无细胞壁，因而呈多形态，有环状、球状、杆状等。猪肺炎支原体可以在无细胞的人工培养基上生长，生长要求很严格，江苏Ⅱ号培养基可提高病原体的分离率。猪肺炎支原体对自然环境抵抗力不强，猪舍内的支原体经2~3 d 死亡。支原体对青霉素和磺胺类药物不敏感，对卡那霉素、土霉素、北里霉素以及喹诺酮类敏感。常用消毒剂均可很快将其杀死。

（一）流行病学

本病自然病例仅见于猪，不同年龄、品种、性别的猪均可感染。哺乳仔猪和断奶仔猪易感性高，发病率和病死率高；其次是妊娠后期和哺乳母猪；育肥猪发病较少，病情轻；成年猪隐性感染多。地方猪种猪易感性高。

本病的传染源是病猪和带菌猪。未发生过本病的猪场主要是由于引进带菌猪而引起本病暴发。哺乳仔猪从患病的母猪受到感染。病猪在临床症状消失后半年至一年多仍可排菌感染健康猪。本病一旦传人，如不采取严格措施，很难将本病扑灭。

病猪与健康猪直接接触，通过病猪咳嗽、气喘和喷嚏将含有支原体的分泌物喷出，形成飞沫，经呼吸道传染。通过肌肉、皮下、静脉注射或胃管投服均未能引起人工发病。

本病一年四季均可发生，但在寒冷、潮湿、气候剧变时较多见。饲养管理和卫生条件对本病的发生影响很大，拥挤、潮湿、营养缺乏可使发病率及病死率上升；而圈舍卫生干燥、营养全面可减轻本病的危害。

（二）临床症状

以 X 线检查发现肺炎病灶为标准，潜伏期一般为11~16 d，最短的潜伏期3 d，最长可达1个月以上。主要症状为咳嗽和气喘，根据病的经过，大致可分为急性、慢性和隐性三个类型，而以慢性和隐性居多，这些类型可以随外界条件而转化。

1. 急性型

急性型主要见于新疫区和新感染的猪群，病初精神萎靡，独立一隅，呼吸次数增加，每分钟可达60~120次。病猪张口呼气，严重者发出喘鸣音，有明显腹式呼吸。咳嗽次数少而低沉，偶尔有痉挛性阵咳。体温正常，由于呼吸极度困难，病猪不食或少食。在发生继发感染时体温可升至40℃以上。病程为1~2周，病死率也较高。

2. 慢性型

慢性型常见于老疫区的生长猪、育肥猪和后备母猪，由急性转来，或一开始就取慢性经过。主要症状是咳嗽，在清晨、晚间、采食时或运动后发生咳嗽，咳嗽时站立不动，背拱、颈伸直、头下垂，用力咳嗽多次，严重时呈连续的痉挛性咳嗽。常出现不同程度的呼吸困难，呼吸增数和腹式呼吸。这些症状时而缓和、时而明显。食欲变化不大，如果病势向严重发展则可能少食或不食。饲养管理和卫生条件好，无继发感染时病死率很低，可以较快康复；如果饲养和卫生条件差，则病程很长，可拖延至2~3个月甚至半年，严重影响生长发育；有继发感染时病死率升高。

3. 隐性型

隐性型可由急性或慢性转变而成，有的猪在较好的饲养管理条件下，感染后不表现症状，但肺内存在不同程度的肺炎变化，通过 X 线检查或剖检可以发现。在老疫区，本型在猪只中占相当大的比例。如果加强饲养管理，则肺炎病变可逐渐消退而康复，反之则病情恶化出现急性或慢性症状，甚至引起死亡。

（三）病理变化

主要病变只见于肺、肺门淋巴结和纵隔淋巴结。当病程处于炎症的发展期时，肺脏膨大，有不同程度的水肿和气肿。当炎症消散时，肺小叶间结缔组织增生，硬化，表面下陷，其周围组织膨胀不全。肺脏病变主要见于心叶、尖叶、中间叶和膈叶的前下缘。常呈间质性肺炎变化，两侧肺病变大致对称。病变部呈实变外观，颜色为淡红色或灰红色，半透明状，切面湿润、平滑，似肉样，俗称肉变。随病程延长或病情加重，病变部位颜色呈淡红色、灰白色和灰红色。半透明状态不明显，坚韧度增加，状似胰脏组织，习惯称为胰变或虾肉样变。肺门淋巴结和纵隔淋巴结肿大，呈灰白色、切面湿润稍外翻，脑髓样。边缘有时见到轻度充血。

（四）诊断要点

根据流行病学、临床症状和病变的特征可做出诊断。本病仅发生于猪，以妊娠母猪和哺乳猪症状最为严重，在老疫区多为慢性和隐性经过；症状以咳嗽、气喘为特征，体温和食欲变化不大；特征性病变是肺的心叶、尖叶、中间叶及膈叶的前下缘有对称实变区，肺门和纵隔淋巴结肿大。

诊断本病时应以一个猪场整个猪群为单位，当猪群中发现一头病猪，就可以认为是病猪群。

X 线检查对本病的诊断有重要价值，对隐性或疑似患病猪通过 X 线透视阳性可做出诊断。在 X 线检查时，猪以直立背胸位为主，侧位或斜位为辅。病猪在肺野的内侧区以及心膈角区呈现不规则的云絮状渗出性阴影。

血清学诊断常用间接血凝试验，病原分离成功的概率不高。

应注意和肺丝虫病的鉴别诊断，肺丝虫病能引起猪咳嗽，主要病变是支气管炎，炎症多位于膈叶后端，切开病变部可发现肺丝虫。另外可试用治疗性诊断，气喘病用卡那霉素、强力霉素、喹诺酮类有效，而肺丝虫病用这些药治疗无效。

（五）防制措施

我国现已研制成功弱毒苗，免疫接种猪2个月内 X 线检查，肺部无反应率83.8%~100%，同居猪不感染，不影响增重，无副作用；攻毒保护率80%左右；注射疫苗后2个月产生免疫力，免疫期8个月。使用疫苗应注意以下两点：一是在使用疫苗前15 d、后60 d 内不要使用对支原体有抑制作用的药物；二是疫苗一定要注入胸腔内，注射在肌肉内无效。目前也有灭活疫苗，效果不及弱毒苗，但使用方便可采用肌肉注射。

对于本病的防治主要在于坚持采取综合性措施。实行自繁自养，全进全出。对必须引进的种猪应做好检疫，阴性者才可购进。由于自然感染猪的感染时间不尽相同，一般猪只感染后第26天，血清抗体效价可达到阳性反应阶段，所以引进的猪在第一次检疫后4周必须复查一次。如果两次检查结果均为阴性的猪，则判为无气喘病，才可混群。

对于存在本病的猪场以培育健康猪群为目标。主要措施：在母猪产前15~20 d使用对支原体有效的药物，如使用强力霉素200 mg / kg 拌料连用5 d 或泰乐菌素200 mg / L 饮水连用5 d。对仔猪使用弱毒苗15日龄首免，在3个月时确定留作种用的猪进行二免。仔猪使用灭活苗7日龄首免，21日龄二免，在3个月时确定留作种用的猪进行三免。对母猪进行免疫未见母源抗体有保护作用。对断奶仔猪、架子猪、肥育猪要严格隔离饲养。

健康猪群鉴定标准：观察3个月以上，未发现气喘症状的猪群，放入易感小猪2头同群饲养，也不被感染。一年内整个猪群未发现气喘病症状，所宰杀的猪未发现肺部有气喘病病变。母猪连续生产2窝仔猪，从哺乳期、断奶后直至架子猪，无气喘病症状，1年内 X 线检查全部无气喘病病变。

治疗时，20%~25 % 土霉素碱花生油剂，每千克体重用0.1 ml，肌肉注射，每两天1次，连用5次为一疗程。卡那霉素每千克体重用3万 ~5万 IU，每日1次，肌肉注射，连用5 d。北里霉素330 mg / kg 拌料，自由采食，连用7 d。喹诺酮类药物治疗本病效果也很好，可以选用，但有些喹诺酮类药物口服可引起猪减食，使用时应注意。

十、猪李氏杆菌病

李氏杆菌病是由李氏杆菌引起的多种动物和人共患的传染病。在猪主要表现脑膜脑炎、败血症和流产。

（一）病原

本病的病原是单核细胞增多李氏杆，革兰氏阳性小杆菌，在血片中单个分散或呈“V”形排列。本菌有7个血清型，1型见于猪、禽和啮齿类动物，4型见于畜、禽，各型对人都可致病。本菌对热的耐受性强，常规巴氏消毒法不能杀灭，

65 ℃经30~40 min 才能杀灭，一般消毒药都易使它灭活。

（二）流行特点

本病多为散发，发病率很低，死亡率较高，冬、春季多发，气候剧变等因素可促进发病。各种年龄猪均可感染，患病动物是主要传染源，消化道和呼吸道是主要感染途径。

（三）临床症状

本病的典型症状是脑炎症状：表现兴奋不安、运动失常、做圆圈运动；或无目的地呆走；或扭头，以头抵地、抵墙，呆立不动；有的头、颈后仰，呈望天姿势，肌肉震颤，口吐白沫，后肢麻痹，不能站立。病程一般 l~4 d，长者可达7~9 d，多以死亡为转归。

仔猪发病多产生败血，体温显著升高，口渴，呼吸困难，腹泻，耳和腹部皮肤发绀，多在1~3 d 内死亡。

（四）病理剖检变化

败血死亡的仔石特征性病变是局灶性肝坏死，在脾、淋巴、脑组织等中也可出现小的坏死灶。有神经症状的猪可见脑充血、瘀血、水肿，脑脊液增多、稍浑浊，有时脑组织变软，有小化脓灶，肝上也可能有小坏死灶。

（五）诊断

根据流行特点、临床表现和剖检变化可疑为本病，确诊可进行血液学检查：白细胞总数升高、单核细胞增多达 8%以上；血、肝、脾、脑等涂片或触片，革兰氏染色，发现阳性小杆菌、有的呈“V”形排列时可做出诊断。确诊需做细菌分离鉴定。

（六）防制

预防本病在于加强饲养管理，提高猪体的抗感染力。一旦发病，立即隔离治疗病猪，加强猪舍环境消毒，防止该病传播。

抗生素和磺胺类药物对李氏杆菌有很好疗效，可根据当地药物情况选用。对于有神经症状的猪，可用镇静剂。

十一、猪钩端螺旋体病

猪钩端螺旋体病是由致病性钩端螺旋体（简称钓体）引起的一种人畜共患传染病。猪感染钩体后，大多数呈隐性感染，少数感染猪呈急性经过，出现发热、贫血、血红蛋白尿、黄疸等症状。母猪患病可发生流产，产死胎、木乃伊胎、弱仔。

（一）病原

钩体呈细长丝状，具有紧密而规则的螺旋，菌体两端弯曲呈钩状，用姬姆萨染色呈淡红色。有17个血清群，170个以上血清型，猪的病原主要是波摩那型。钩体在潮湿、弱碱性的条件下，生存时间最长；在水田、池塘、沼泽及淤泥中可以生存数月或更长。一般常用消毒药均易将其杀死。

（二）流行特点

本病多在南方发病，夏秋季节呈散发或地方性流行。可发生于各个年龄段的猪，但以幼猪发病较多。病猪和鼠类是主要传染源，主要通过损伤的皮肤，黏膜和消化道感染。猪钩体可以传染人，犬型钩体对人更易感。

（三）临床症状

1. 急性黄疸型

急性黄疸型多发生于中、大猪，表现为体温升高，厌食，皮肤干燥，1~2日内可视黏膜和皮肤发黄尿呈茶褐色或血尿，病死率高。母猪患病可发生流产，产死胎、木乃伊胎、弱仔。

2. 亚急性、慢性型

亚急性、慢性型多发于断奶前后的仔猪，病初体温升高，眼结膜潮红、苍白、发黄，眼睑浮肿；皮肤发红、瘙痒、有的轻度发黄；有的头、颈部出现水肿，俗称“大头瘟”，甚至全身水肿；尿呈黄色或茶色，甚至血尿。病程10多天至1个月以上。病死率50%~90%。

（四）病理剖检变化

大多数病例的皮下组织、浆膜、黏膜有不同程度的黄疸；心内膜、肠系膜出血，膀胱内积有浓茶样胆色素尿，黏膜有出血；胸腔、心包积液；肝、肾肿大，肝呈棕黄色。水肿型病例头、颈及胃黏膜水肿。

（五）诊断

疑似本病时可采集血或尿液，离心集菌，用暗视野镜检，钩体细长弯曲、可做旋转式运动。亦可涂片，用改良镀银法染色、镜检。血清学检查常用乳胶凝集试验、酶联免疫吸附试验。

（六）防制

①预防本病必须灭鼠、搞好圈舍卫生、消毒（用漂白粉、石灰）等综合性措施；②常发病地区用钩体多价苗免疫接种，每年1次；③发现病猪要即时隔离治疗或淘汰，并对圈舍、污染场地严格消毒。对可疑猪群投服土霉素，每吨饲料加入土霉素750~1 500 g，连喂7 d；④治疗病猪可用链霉素、青霉素，3~5 d一个疗程，补液、强心加用维生素 C 等对症治疗。

十二、猪附红细胞体病

猪附红细胞体病是由附红细胞体引起的一种人畜共患病，以贫血、黄疸和发热为特征。本病于1932年在印度首次报道。过去因其对非摘脾动物很少有致病性而长期被人们忽视，直到1950年确定猪的黄疸性贫血是由附红细胞体引起，才逐渐被重视起来。目前本病已广泛分布于世界许多国家和地区。我国于1981年首先在家兔中发现附红细胞体，相继在牛、羊、猪等家畜中检查到附红细胞体，以后在人群中也证实了附红细胞体感染的存在。近年来本病在我国有蔓延的趋势。

（一）病原

附红细胞体属于立克次氏体目，无浆体科，附红细胞体属。在不同种动物体内寄生的附红细胞体各有其名，实际上可以认为是其种名，如绵羊的绵羊附红细胞体，猪的猪附红细胞体和小附红细胞体，牛的温氏附红细胞体等。猪附红细胞体和绵羊附红细胞体致病力较强，温氏附红细胞体致病力较弱，小附红细胞体基本上没有致病性。但近年研究发现，猪附红细胞体和小附红细胞体并不是两种致病力不同的病原，而是猪附红细胞体在成熟过程中形状和大小发生了改变，所谓没有致病力的小附红细胞体实际是猪附红细胞体的未成熟阶段和前体。

附红细胞体是一种多形态微生物，多数为环形、球形和卵圆形，少数呈顿号形和杆状。在红细胞的表面单个或成团寄生，少数游离于血浆中。猪附红细胞体直径在0.8~2.5 μm，也有球状、杆状等形态；小附红细胞体较小，多呈球形，直径平均0.5 μm。附红细胞体对苯胺色素易于着染，革兰氏染色阴性，姬姆萨染色呈紫红色，瑞氏染色为淡蓝色。

附红细胞体对干燥和化学消毒剂敏感，常用消毒剂可在几分钟之内将其杀死，但是对低温冷冻抵抗力很强，可存活数年之久。

（二）流行病学

附红细胞体可感染多种动物，但有相对的宿主特异性，感染牛的附红细胞体不感染羊，感染绵羊的附红细胞体山羊不易感。各个年龄段猪均易感。病猪及隐性感染猪是主要传染源。免疫防御功能健全的猪，附红细胞体和猪之间能保持一种平衡，附红细胞体在血液中的数量保持相当低的水平，猪受到强烈应激时才表现出明显的临床症状。血清学阴性的猪仍可能携带猪附红细胞体并传给其他猪。

本病的传播途径尚不完全清楚。报道较多的有接触性传播、血源性传播、垂直传播及媒介昆虫传播等。动物之间、人与动物之间长期或短期接触可发生直接传播。用被附红细胞体污染的注射器、外科手术器械等器具进行人、畜注射，或因打耳标、阉割、剪毛等经血液传播。母猪经子宫可以传染仔猪。

本病多发生于夏、秋雨水较多季节。此期正是各种吸血昆虫活动频繁的高峰时期，如虱子、蚊、螫蝇等可能是传播本病的重要媒介。对一个被感染的猪群来说，附红细胞体病只会发生于那些抵抗力下降的猪，许多应激因素可引起猪抵抗力下降，尤其是分娩后易发病。如发生其他慢性传染病时，猪群可能暴发本病。

（三）临床症状

猪感染附红细胞体后，多数呈隐性经过，在少数情况下受应激因素刺激可出现临床症状。潜伏期6~10 d。猪发病后的主要表现：断奶仔猪，特别是被阉割后几周的仔猪易被感染。急性期表现体温升高至40~42 ℃，呈稽留热。食欲减退甚至废绝。精神沉郁，不愿活动。贫血、黏膜苍白，有时有黄疸。背腰及四肢末梢淤血，特别是耳廓边缘发绀，耳郭边缘的浅至暗红色是其特征性症状。病程长的病例耳廓边缘甚至大部分耳廓可能会发生坏死。急性感染后存活的猪生长缓慢，并可能发生再次感染。慢性病例表现消瘦、皮肤苍白，有时出现荨麻疹型或病斑型皮肤变态反应。病斑型皮肤变态反应有大量瘀斑。

感染母猪在进入产房和分娩后3~4 d出现临床症状。急性期母猪表现厌食，体温高达42 ℃，乳房或外阴的水肿可持续1~3 d。母猪产奶量下降。临床症状持续整个产期，很难与产科病区分。继发细菌或病毒感染时，以及有诸如疥螨、不良环境、缺食等应激因素时都会加重本病。母猪也可能出现繁殖障碍，表现受胎率低，不发情，流产、产弱仔。贫血母猪所产仔猪，即使未被感染也表现贫血、生长缓慢。化验检查表明，红细胞数减少，血红素下降，血红蛋白尿，血浆白蛋白、β－蛋白、γ－球蛋白均下降，淋巴细胞及单核细胞上升等。急性病例出现严重的酸中毒和低血糖。

育肥猪感染时皮肤潮红，仔细观察可见毛孔处有针尖大小的红点，尤以耳部皮肤明显，体温高达40 ℃以上，精神沉郁，食欲减退甚至废绝。

成年猪发病率高，病死率低。哺乳仔猪和断奶仔猪发病后症状加剧，病死率高。一旦有继发和混合感染损失更加严重。

（四）病理变化

皮肤、黏膜、浆膜苍白黄染，皮下组织弥漫性黄染。血液呈水样，不黏附试管壁。将收集在含抗凝剂试管中的血液冷却到室温后倒出来，可见试管壁有粒状的微凝血。将血液冷却时，这种现象更明显，当血液加热到37℃时这种现象几乎消失。全身淋巴结肿大、潮红、黄染，喉头黏膜、气管外膜、心包膜、肺浆膜、胸腔浆膜、胃肠浆膜黄染。胃黏膜黄染，有散在的出血斑。肠黏膜有不同程度的卡他性出血性炎症。肺瘀血水肿。心肌苍白松软。肾肿大，质地脆弱，外观黄染。肝脾肿大，肝呈土黄色或棕黄色。胆囊内有浓稠胆汁。

组织学病变为弥漫性血管炎症，有浆细胞、淋巴细胞和单核细胞等聚集于血管周围，肺、心、肾等都有不同程度的炎性变化。

（五）诊断要点

根据症状和病变可初步诊断，确诊要依靠实验室检查。

1. 直接镜检

采用直接镜检诊断猪附红细胞体病是当前主要的手段，包括鲜血压片和涂片染色镜检。

2. 动物接种

用疑似本病猪的血液接种小鼠，然后采血检查附红细胞体。应用切除脾的健康猪进行人工感染试验，被认为是诊断本病的最有效方法。切除脾脏后3~20 d，被感染猪表现急性发病，并可检到附红细胞体。此法费时较长，但有一定辅助诊断意义。

3. 血清学试验

用血清学方法不仅可诊断本病，还可进行流行病学调查和疾病监测，尤其是1986年 Lang 等建立了将附红细胞体与红细胞分开，用以制备抗原的方法以后，更加推动了血清学方法的发展。

（1）补体结合试验　本法首先被用于诊断猪的附红细胞体病。病猪于出现症状后1~7 d 呈 lsH 性反应，于2~3周后即行阴转。本试验诊断急性病猪效果好，但不能检出耐过猪。

（2）间接血凝试验　用此法诊断猪的附红细胞体病的报道较多。滴度 >1，40为阳性，此法灵敏性较高，能检出补反阴转后的耐过猪。

（3）荧光抗体试验　本法被最早用于诊断牛的附红细胞体病，抗体于接种后第4天出现，随着寄生率上升，在第28天达到高峰。也曾被用于诊断猪、羊的附红细胞体病，取得较好的效果。

（4）酶联免疫吸附试验　1986年 Lang 等用去掉红细胞的绵羊附红细胞体抗原对羊进行酶联免疫吸附试验，认为此法比间接血凝试验的敏感性高8倍。有人用此法检查猪，认为比补体结合试验敏感，而且猪附红细胞体抗原与猪因其他疾病感染的血清无交叉反应，但不适用于小猪和公猪的诊断。

（5）DNA 技术　为了克服上述方法的局限性，20世纪90年代开始有人用分子生物学方法建立 DNA 探针技术和聚合酶链式反应（PCR）技术。例如 Oberst 等从红细胞体感染高峰期放血，分离猪附红细胞体，取 DNA，以32P 标记制成探针，证明能区别猪附红细胞体感染的猪和非感染的猪，并且不与猪感染其他疾病血清中的 DNA 发生杂交反应。后来他们又采用 PCR 技术检查猪附红细胞体感染，证明其敏感性可查出≥1 pg 的 DNA，并证明猪被猪附红细胞体感染后24 h 即可出现 PCR 阳性。

由于本病在流行病学、临诊症状、病原体形态等方面与猪巴贝斯虫病等类似。需注意鉴别。

（六）防制措施

预防本病应采取综合措施。着重抓好驱除节肢动物，实践证明，在疥螨和虱子不能控制的情况下要控制猪附红细胞体病是不可能的。做好针头、手术器械消毒，防止由于污染针头、手术器械传播本病。消除各种应激因素。饲料当中添加砷制剂或四环素、土霉素等预防本病。

在发生本病时可以选用以下药物治疗：①贝尼尔，在发病初期使用效果较好，每千克体重7 mg，肌肉注射，每天1次，连用3 d；②土霉素或四环素，按每千克体重10 mg，肌肉注射，每天1次，连用3~5 d；③对于病猪群，可使用阿散酸拌料，添加量180 mg / kg，连用7 d，以后添加90 mg / kg，连用1个月。

子任务三　猪场寄生虫控制

一、猪蛔虫病

猪蛔虫病由蛔科蛔属的猪蛔虫寄生于猪的小肠所引起的一种常见寄生虫病，仔猪最易感染。本病分布广泛，特别在不卫生的猪场和营养不良的猪群中感染率很高，可达50％以上。据调查，我国猪只的感染率为17%~80％，平均感染强度20~30条。仔猪常因感染蛔虫而生长发育不良，形成“僵猪”，猪出栏期推迟，饲料浪费，甚至死亡等，造成较大的经济损失。

病原蛔虫是一种大型线虫，呈圆柱形，淡红色或淡黄色，口孔周围有3片唇。雄虫长15~25 cm。尾端呈钩状向腹面弯曲，泄殖腔开口在尾端附近，有一对小的交合刺。雌虫比雄虫粗大，长20~40 cm，尾直。虫卵为椭圆形，大小为50~80 μm × 40~60 μm，卵壳厚，呈黄褐色，最外一层为凹凸不平的蛋白质膜，内为真膜，其内为卵黄膜。经粪排出的卵尚未分裂。

（一）流行特点

寄生在猪小肠中的雌虫产卵，每条雌虫平均每天可产卵10万 ~20万个，产卵旺盛时每天可达100万 ~200万个，虫卵表面有一层厚厚的蛋白膜，具有很强的黏附性，并可增强对外界环境的抵抗力。虫卵随粪便排出，在适宜的条件下，经11~12 d发育成具有感染性的幼虫卵。感染性虫卵对外界环境具有很强的抵抗力，随同饲料或饮水被猪吞食后，在小肠中孵出幼虫，并进入肠壁的血管，随血液进入肝脏，再继续经心脏而移行至肺脏。幼虫由肺毛细血管进入肺泡，以后再沿呼吸道上行，后随黏液进入会厌，经食道而至小肠。从感染开始到在小肠发育为成虫，共需2.0~2.5个月。

猪蛔虫病流行十分广泛，不论是规模化饲养的猪，还是散养的猪都有发生，这与猪蛔虫产卵量大、虫卵对外界抵抗力强及生活史简单有关。

（二）症状与病

变幼虫移行至肺脏时，引起蛔虫性肺炎。临床表现为咳嗽、呼吸加快、体温升高、食欲减退和精神沉郁。病猪趴卧在地，不愿走动。幼虫移行时还可导致荨麻疹和某些神经症状。

成虫寄生在小肠时可引起小肠卡他性炎症，争夺宿主大量的营养，病猪表现食欲不振或时好时坏，消瘦贫血、生长缓慢，有异食癖。蛔虫数量多时常聚集成团，堵塞肠道，引起腹痛，严重时因肠壁破裂而致死。有时蛔虫可进入胆管，造成胆管堵塞，病猪剧烈腹痛。

幼虫移行至肝脏时，引起肝组织出血、变性和坏死，形成云雾状的蛔虫斑（或称乳斑）。幼虫移行至肺脏时，可见肺炎病变，局部肺组织致密，表面有大量出血点或暗红色斑点。成虫寄生时可在小肠发现虫体；肠破裂时伴发腹膜炎及腹腔出血；胆道蛔虫症死亡的猪，可见蛔虫钻入胆管。

（三）诊断要点

根据仔猪多发，表现消瘦贫血、生长缓慢；初期有肺炎症状，抗生素治疗无效时可怀疑本病。主要诊断方法是生前粪便虫卵检查和死后尸体剖检。肝脏和肺脏的病变有助于诊断，用贝尔曼法或凝胶法分离肝、肺内的幼虫，小肠发现大量虫体，可确诊。

幼虫寄生期可用血清学方法诊断，目前已研制出特异性强的ELISA检测法。

（四）防治措施

1. 预防

规模化猪场，首先要对全场的猪定期进行驱虫；以后公猪每年至少驱虫2次；妊娠母猪产前1~2周驱虫1次；空怀猪在配种前驱虫1次；对于断奶仔猪，选用抗蠕虫药进行驱虫，并且在4周后再驱虫1次；新引进猪要驱虫后方可合群饲养。注意猪舍的清洁卫生，并加强仔猪的饲养管理。

潮霉素 B，12 mg/kg 作为饲料添加剂可用于预防猪蛔虫感染。

为减少蛔虫卵对环境的污染，尽量将猪的粪便和垫草在固定地点堆积发酵。日本已有报道，猪蛔虫幼虫能引起人的内脏幼虫移行症，因此杀灭虫卵不仅能减少猪的感染，而且对公共卫生也十分有益。

2. 治疗

（1）伊维菌素，每千克体重0.3 mg，一次皮下注射；口服，20 mg/kg，连喂5~7 d。

（2）阿维菌素，用法同伊维菌素。

（3）左旋咪唑，每千克体重10 mg，喂服或肌注。

（4）甲苯达唑，每千克体重10~20 mg，混在饲料内喂服。

（5）氟苯咪唑，按每千克体重30 mg，混饲，连用5 d；或每千克体重5 mg，一次性口服。

（6）丙硫苯咪唑，每千克体重10 mg 口服。

二、猪弓形虫病

猪弓形虫病由肉孢子虫科的刚地弓形虫寄生于猪的细胞内，引起发热、呼吸困难、腹泻、皮肤出现红斑、妊娠母猪表现流产或分娩虚弱小猪及死胎等症状的一种寄生虫病。广泛流行于人、畜及野生动物中，是人畜共患病。

（一）病原

弓形虫在整个发育过程中分5种类型，即滋养体、包囊、裂殖体、配子体和卵囊。其中滋养体和包囊是在中间宿主（人、猪、狗、猫等）体内形成的，裂殖体、配子体和卵囊是在终末宿主（猫）体内形成的。其中滋养体、包囊和感染性卵囊这三种类型都具感染能力。

各型虫体形态：滋养体呈新月形，大小为4~7 μm × 2~4 μm，胞核位于中央偏钝端。见于急性病例的肝、脾、肺和淋巴结等细胞内或腹水中。包囊呈球形直径20~40 μm，见于慢性或耐过急性期的病例的脑、眼和肌肉组织中。卵囊呈圆形，直径为10~12 m，淡绿色，见于终末宿主的肠细胞或粪便中。

（二）流行特点

当人和动物摄食含有包囊或滋养体的肉食和被感染性卵囊污染的食物、饲草、饮水而感染，滋养体还可经口腔、鼻腔、呼吸道黏膜、眼结膜和皮肤感染，母体还可通过胎盘感染胎儿，各种年龄的猪均易感。

（三）症状与病变

许多猪对弓形虫都有一定的耐受力，故感染后多不表现临床症状，在组织内形成包囊后转为隐性感染。包囊是弓形虫在中间宿主体内的最终形式，可存在数月，甚至终生。故某些猪场弓形虫感染的阳性率很高，但急性发病却较少。

弓形虫病主要引起神经、呼吸及消化系统的症状。急性猪弓形虫病的潜伏期为3~7 d，病初体温升高，可达42 ℃以上，呈稽留热，一般保持3~7 d，精神迟钝，食欲减少，甚至废绝。便秘或腹泻，有时带有黏液和血液。呼吸急促，可达60~80 次 /min，咳嗽。视网膜、脉络膜炎，甚至失明。皮肤有紫斑，体表淋巴结肿胀。妊娠母猪还可发生流产或死胎。耐过急性期后，病猪体温下降，食欲逐渐恢复，但生长缓慢，成为僵猪，并长期带虫。

全身淋巴结肿大，切面多汁有灰黄色坏死灶和出血点。肺间质水肿。肝有出血点和坏死灶。脾肿大。胸腔、腹腔及心包有积液。

（四）诊断要点

1. 直接镜检

取肺、肝、淋巴结做涂片，用姬姆萨氏液染色后检查；或取患畜的体液、脑脊液做涂片染色检查；也可取淋巴结研碎后加生理盐水过滤，经离心沉淀后，取沉渣做涂片染色镜检。此法简单，但有假阴性，必须对阴性猪做进一步诊断。

2. 动物接种

取肺、肝、淋巴结研碎后加10倍生理盐水，加入双抗后，室温放置1 h。接种前摇匀，待较大组织沉淀后，取上清液接种小鼠腹腔，每只接种0.5~1.0 ml。经1~3周，小鼠发病时，可在腹腔中查到虫体。或取小鼠肝、脾、脑做组织切片检查，如为阴性，可按上述方式盲传2~3代，可能从病鼠腹腔液中发现虫体也可确诊。

3. 血清学诊断

国内外已研究出许多种血清学诊断法供流行病学调查和生前诊断用。目前国内常用的有 IHA 法和 ELISA 法。间隔2~3周采血，IgG 抗体滴度升高4倍以上表明感染处于活动期；IgG 抗体滴度不升高表明有包囊型虫体存在或过去有感染。

4.PCR 方法

提取待检动物组织 DNA，以此为模板，按照发表的引物序列及扩增条件进行 PCR 扩增，如能扩出已知特异性片段，则表示待检猪为阳性，否则为阴性。但必须设阴、阳性对照。

（五）防治措施

1. 预防

（1）定期对种猪场进行流行病学监测，用血清学检查，对感染猪隔离，或有计划淘汰，以清除传染源。（2）饲养场内灭鼠、禁止养猫，被猫食或猫粪污染的地方可用热水或7% 氨水消毒。（3）保持猪舍（栏）卫生，经常及时清除粪便，发酵处理。猪场定期消毒。（4）已流行的猪群，可用磺胺类药物连服数天，有预防效果。

2. 治疗

磺胺类药对本病有较好的疗效。

（1）常用磺胺嘧啶 + 甲氧苄氨嘧啶或二甲氧苄嘧啶，磺胺嘧啶每千克体重70 mg，甲氧苄氨嘧啶或二甲氧苄氨嘧啶每千克体重14 mg，每天2次口服，连用3~5 d。

（2）磺胺氨苯砜，每天每千克体重10 mg，给药4 d，对急性病猪有效。

（3）磺胺六甲氧嘧啶，每千克体重60~100 mg，单独口服，或配合甲氧苄氨嘧啶，每千克体重14 mg，口服，每天1次，连用4 d。

三、猪疥螨病

猪疥螨病由疥螨科的猪疥螨寄生于猪的皮肤内引起皮肤发生红点、脓疱、结痂、龟裂等的外寄生虫病。该病分布很广，是猪最重要的一种外寄生虫病。

（一）病原

疥螨成虫呈圆形，浅黄色或灰白色，长约0.5 mm，在黑色背景下肉眼可见。解剖镜下可见螨虫爬向远离光线处。成虫有4对短粗的腿，其中有些长有不分节的柄，柄的末端有吸盘样结构。雌虫前2对腿末端有具柄吸盘，而雄虫第1、第2和4对腿末端为具柄吸盘。疥螨的发育过程包括虫卵、幼虫、若虫和成虫4个阶段。整个发育周期为8~22 d，平均为5 d。

（二）流行特点

猪疥螨的幼虫、若虫和成虫均寄生于皮肤内，生活史都是在皮肤内完成的。从卵发育为成虫需8~22 d。雌虫的寿命为4~5周。我国100％的猪场均有猪疥螨感染，感染率极高。在阴湿寒冷的冬季，因猪被毛较厚，皮肤表面湿度较大，有利于疥螨发育，病情较严重。在夏季，天气干燥，空气流通，阳光充足，病势即随之减轻，但感染猪仍为带虫者。

（三）症状与病变

猪疥螨感染通常起始于头部、眼下窝、面颊及耳部，以后蔓延到背部、躯干两侧及后肢内侧，尤以仔猪的发病最为严重。患猪局部发痒，常在墙角、饲槽、柱栏等处摩擦。可见皮肤增厚、粗糙和干燥，表面覆盖灰色痂皮，并形成皱褶。极少数病情严重者，皮肤的角化程度增强、干枯，有皱纹或龟裂，龟裂处有血水流出。病猪逐渐消瘦，生长缓慢，成为僵猪。

（四）诊断要点

根据症状可做初步诊断。确诊需进行实验室诊断，对有临床症状表现的猪只，刮取病变交界处的新鲜痂皮直接检查，或放入培养皿中，置于灯光下照射后检查。虫体较少时，可将刮取的皮屑放入试管中，加入10％氢氧化钠（或氢氧化钾）溶液，浸泡2 h，或煮沸数分钟，然后离心沉淀，取沉渣镜检虫体。

（五）防治措施

1. 预防

要定期按计划驱虫。规模化养猪场，首先要对猪场全面用药，以后公猪每年至少用药2次，母猪产前1~2周应用伊维菌素、多拉菌素或阿维菌素进行驱虫。仔猪转群时用药1次，后备猪于配种前用药1次，新引进的猪用药后再和其他猪并群。分娩舍及其他猪舍在进猪前要进行彻底清扫和消毒。

2. 治疗

伊维菌素或阿维菌素，每千克体重0.3 mg，一次皮下注射；口服：20 mg/kg，连用5~7 d。

四、猪球虫病

球虫病是由寄生于猪肠道上皮细胞内的球虫引起的一种原虫病，主要发生于仔猪，引起下痢和增重降低，临床以小肠卡他性炎为特征。成年猪多呈隐性感染。

（一）病原

猪球虫病的病原包括艾美耳球虫和等孢球虫，其中等孢球虫毒力较强。

1. 流行特点

猪球虫病一般多为数种混合感染，被球虫感染的猪从粪便中排出卵囊，在适宜的条件下发育成为孢子化卵囊，经口感染猪。仔猪感染后是否发病取决于摄入的卵囊的数量和种类。仔猪圈舍内过于拥挤和卫生条件恶劣时，会提高发病率。孢子化卵囊在胃肠消化液的作用下释放出子孢子，子孢子侵入肠壁进行裂殖生殖及配子生殖，大、小配子在肠腔内结合为合子，再形成卵囊随粪便排出体外。

猪球虫病在规模化和散养猪场都有发生。球虫病主要流行于初生仔猪。5~10日龄猪最易感，并可伴有传染性胃肠炎、大肠杆菌和轮状病毒的感染。潮湿有利于球虫的发育和生存，故此病多发生于潮湿多雨的季节。饲料、垫草和母猪乳房被粪便污染时常引起仔猪感染。

2. 症状及病变

猪球虫感染以水样或脂样的腹泻为特征，排泄物从淡黄到白色，恶臭。病猪表现衰弱、脱水，发育迟缓，时有死亡。小肠有出血性炎症，淋巴滤泡肿大突出，有白色和灰色的小病灶，常出现直径4~15 mm 的溃疡灶，其表面覆有凝乳样薄膜。肠内容物呈褐色，带恶臭，有纤维素性薄膜和黏膜碎片。肠系膜淋巴结肿大。

（二）诊断要点

从流行病学、临床症状和病理变化进行综合分析，并以饱和盐水漂浮法进行粪便检查或小肠刮取物涂片镜检发现卵囊即可做出诊断。

（三）防治措施

1. 预防

采取隔离、治疗、消毒的综合性防治措施，成年猪多为带虫者，应与仔猪分开饲养，放牧场也应分开。仔猪哺乳前母猪乳房要擦拭干净，哺乳后母猪、仔猪要及时分开。猪圈舍要天天清扫，粪便和垫草等污物集中无害化处理。每周用沸水或3%~5%热碱水对地面、猪栏、饲槽、饮水槽等进行消毒一次。最好用火焰喷灯进行消毒。

对于工厂化养猪场应采取全进全出的生产模式，定期对猪舍消毒。饲料和饮水要严禁猪粪污染。变换饲料种类时，注意逐步过渡。加强营养，饲料多样化，增强机体抵抗力，同时还应进行药物预防。

2. 治疗

氨丙啉，每千克体重15~40 mg，混饲或混饮，每天1次，连用3~5 d。

林可霉素，每天每头猪1g 混饮，连用21 d。并结合应用止泻，强心和补液等对症疗法。

磺胺二甲嘧啶（SM2），每千克体重100 mg，口服，每天1次，连用3~7 d；如配合使用酞酰磺胺噻唑（PST）每千克体重100 mg，内服，效果更好。

五、旋毛虫病

猪旋毛虫病由毛形科的旋毛形线虫成虫寄生于小肠、幼虫寄生于横纹肌引起的重要人畜共患寄生虫病。

（一）病原

最常观察到的为骨骼肌纤维中的包囊形幼虫（第1期幼虫）。包囊长

400~600 μm，宽25 μm。在进入骨骼肌之前，可在循环系统中发现第1期幼虫。成虫寄生于肠管，雌虫大小为3~4 mm。很少能发现雄虫，其大小为雌虫的一半。

（二）流行特点

旋毛虫发育史比较特殊，成虫与幼虫同寄生于一个宿主，但完成发育史必须更换宿主，成虫在小肠内交配，幼虫随血液循环到全身肌肉，进入肌纤维内。旋毛虫为多宿主寄生虫，存在着广大的自然疫源，目前已知有100多种哺乳动物可以感染；其中以肉食兽、杂食兽、啮齿类等最常见。

（三）症状与病变

猪有很大耐受力，少量感染时无症状。严重感染时，通常在3 d后体温升高，腹泻，腹痛，有时呕吐，食欲减退，后肢麻痹，长期卧睡不起，呼吸减弱，发声嘶哑，有的眼睑和四肢水肿，肌肉发痒、疼痛，有的发生强烈性肌肉痉挛，死亡很少，多于4周后康复。血液检查嗜酸性粒细胞显著增多。

成虫在胃肠道引起急性卡他性肠炎，病变轻微，可见黏膜肿胀，充血，出血，黏液分泌增多。幼虫寄生部位可见肌纤维肿胀变粗，肌细胞横纹消失，萎缩。组织学检查可见与肌纤维长轴平行的具两层囊壁的幼虫包囊，眼观呈白色针尖状。

（四）诊断要点

生前诊断困难，常在宰后检出。死后膈肌脚取小块肉样，去掉肌膜和脂肪，在不同肉样处取24个麦粒大小的肉块，用玻板压片镜检或旋毛虫投影器检查，如有包囊即可做出诊断。

目前国内外用 EIISA、IFAT 等方法作为猪的生前诊断手段之一。

（五）防治措施

（1）预防

①灭鼠，扑杀野犬。对狩猎动物的废弃物经充分热处理后，方可作饲料。②改变猪的饲养管理习惯，管好粪便，保持圈舍清洁，严禁用洗肉水喂猪。③加强屠宰场及集市肉品的兽医卫生检验，严格按《肉品卫生检验试行规程》处理带虫肉（高温加工、工业用或销毁）。

在旋毛虫病多发地区要改变生食肉类的习俗，对制作的一些半熟风味食品的肉类要做好检查工作。

（2）治疗

各种苯丙咪唑类药物对旋毛虫成虫、幼虫均有良好作用，且对移行期幼虫的敏感性较成虫更大。

①噻苯达唑，每千克体重50 rag，口服，治疗5 d或10 d，肌肉幼虫减少率分别为82％和97％。

②甲苯咪唑，对旋毛虫成虫和各期幼虫效果分别较噻苯达唑大10倍和2倍。

③丙硫咪唑，按0.03％比例加入饲料充分混匀，连喂10 d，有良好的驱虫效果。

子任务四 其他临床病的控制与治疗

一、仔猪先天性震颤（跳跳或抖抖病）

猪先天性震颤是由先天性震颤病毒引起初生仔猪全身或局部肌肉阵发性震颤的一种症候群，俗称“抖抖病”

（一）病原

1979年德国科学家从先天性震颤的病猪中分离获得先天性震颤病毒，该病毒的分类地位目前尚未确定。

（二）流行情况

1854年德国首次报道疑似病发生，1979年分离获得病原。1962年罗清生首次报道我国有本病，世界上很多国家都有本病报道。

从流行病学看，本病有以下特点：①本病一般由引进种猪带入，各种品种的猪都易感，其中初产母猪比经产母猪易感；②本病主要由带毒公猪传播，造成垂直感染；③带入本病的猪场，在某一段时间内（一般为1周至2月）生产的几窝乃至几十窝仔猪中出现抖抖病，然后该病又消失，相邻的猪场一般也不受感染。产出抖抖病的母猪，下一胎也很少再出现抖抖病猪，因此，该病一般不会形成地方性流行。猪群中出现抖抖病以后，只有经4个月以上时间再没有病例出现，才可能被看作安全，否则存在潜伏感染危险。

有一个猪场2004年4月跨省引进种猪（约克、长白、杜洛克），当年12月11日引进的猪开始产仔，到2005年2月16日的67 d内，引进猪和本场的产仔母猪中都未出现抖抖病，2月17日引进的一头母猪产出的门头仔猪全部出现抖抖病，从此，在引进猪和本场的产仔母猪中开始断断续续地出现抖抖病，2月17日至5月3日共产仔145窝，其中有20窝仔猪出现抖抖病，占产仔窝数的13%。这 20窝仔猪共有178头活仔，有148头出现抖抖病，占总仔猪数的83%。这20窝抖抖病仔猪父系记录 清楚的有18窝，其中有16窝是由引进公猪配的，占88%，这16窝中有10窝又是同1头公猪的后代。

（三）临床症状

患病仔猪一般是刚生下、擦干身上的黏液后就出现震颤，骨骼肌阵挛性收缩，轻者头部、肋部或后躯局部震颤，重者全身猛烈性震颤，全身震颤的猪，总有某一部位（头、后躯）震颤得特别厉害，震颤的最高频率达到每分钟180次之多。仔猪震颤时常常发出尖叫声，特别是听到母猪放乳时发出的呼唤声、仔猪抢乳时的叫声，震颤频率会大大加快，全身震颤加剧，不能迈步，尖叫声更惨烈，震颤似跳跃。头部剧烈震颤时，仔猪无法含住乳头，人为地把乳头塞进口里也含不住，随着震颤乳头又会从口中脱离；后躯震颤特别厉害时，仔猪站着，如同在快速地跳“踢踏舞”，坐着，由于强烈的震颤，阴部、尾部与保温箱和产床底部频频摩擦，会变得通红、发紫，甚至坏死。只有仔猪在睡觉时，震颤会轻微些。

由于震颤仔猪无法吃乳，特别是无法吃到初乳，如果饲养员不精心护理，没有让仔猪吃上或没有把初乳和常乳挤出灌服的话，仔猪2~3 d 内就会饿死。如果仔猪能吃上初乳和常乳，随着时间的推移，震颤会由强逐渐变弱，10 d、15 d，最多1个月震颤就会消失。

（四）病理剖检变化

震颤仔猪或饿死的震颤仔猪病理剖检时一般无特别的眼观病变。

（五）诊断

根据发病经过和独特、典型的临床症状，可做出诊断。

（六）防治

本病无特异性防治方法，只有在引种时多加注意，不从有抖抖病的种猪场引进种猪。有抖抖病的种猪场，不应在抖抖病猪的一窝仔猪中选留公、母猪。

仔猪发生抖抖病时，最重要的是对患猪精心护理，当患猪无法含住乳头、不能吃乳时，要挤乳（特别是初乳）灌服。也可适当加喂10%葡萄糖、多维、人工乳，只要不让仔猪饿着，随着病程的延长，震颤会减轻、消失。

使用多种镇静剂对症治疗抖抖病猪都没有效果。

二、乏情

乏情俗称不发情，是指青年母猪6~8月龄或经产母猪断奶15 d后仍不发情。

防治：

（一）加强管理，注重种猪营养，防止种猪过肥或过瘦，维持良好体况。

（二）对青年母猪初情期延迟，采用转移到其他的圈舍或地方，增加与公猪的接触，并喂些青绿饲料。还可一次皮下或肌注孕马血液（怀孕40~80 d马的血）10~20 ml或PMSG（孕马血清促性腺激素）生物制剂400~600 IU，诱导发情和排卵。另外也可静脉或肌肉注射HCG（绒毛膜促性腺激素）300~500 IU。

（三）对断奶母猪皮下或肌肉注射孕马血清或全血15~25 ml，或者肌注PMSG制剂1 000~1 500 IU1~2次。另外，也可静脉或肌肉注射HCG500~1 000 IU，间隔1~2 d重复1次。

（四）静脉或肌肉注射FSH（促卵泡激素）100~300 IU，隔日1次，一般3~4次，不但能促进母猪发情和排卵，而且有提高受胎率、产仔率的作用。

三、流产

引起母猪流产的病因较多且复杂，最常见的是传染性的（细小病毒、伪狂犬病、猪繁殖呼吸综合征、乙型脑炎、猪瘟等），引起群发性流产；其次是寄生虫性病（弓形体病等）、霉菌毒素、营养性、中毒性、有害环境以及机械性损伤等原因造成流产。

防治：

（一）对猪群定期监测传染性病流产和寄生虫性病流产，以便及时进行疫苗的防疫注射和掌握注苗后的保护率情况。

（二）猪舍夏天要通风、干燥，防止高温高湿；冬天要保温防寒。

（三）由于种猪对霉菌毒素比较敏感，严禁饲喂霉变和有毒的饲料混入。建议在种猪饲料中添加脱霉素（霉菌毒素吸附剂）。

（四）对有流产先兆的母猪，先用黄体酮注射液15~25 mg一次肌注保胎，若保胎无效的可选用苯甲酸雌二醇3~10 mg或已烯雌酚3~10 mg肌注，以促其流出，防死胎停滞。

四、难产

母猪难产发生率比其他家畜低，其难产有产力微弱、产道狭窄、胎儿异常三类。

防治：

（一）若产力微弱可选用垂体后叶素或催产素10~20 IU，每小时肌注1次，一般应用1~3次即可。要防止大剂量应用，尤其子宫颈口未开放时禁止应用。

（二）向产道内灌注大量润滑剂，便于矫正和拉出胎儿。矫正异常胎势时，要在母猪阵缩的间歇期将胎儿推回子宫，以利操作。胎儿过大，可徒手拉或用产科绳套往后拉出。

（三）延误助产、畸形胎过大，又不能碎胎的情况下，应及时采用剖腹手术。

五、产后缺乳

本病又叫子宫炎—乳房炎—缺奶综合征。发生此病的主要原因：过早配种，头胎母猪乳房发育不良；妊娠期运动不足，妊娠中、后期营养不足，母体较瘦弱；母猪精料过量，过于肥胖；猪舍卫生差，管理不当，造成乳房炎；酷热、高寒、高湿、应激造成。

防治：

（一）科学饲养好妊娠母猪，防止过瘦或过肥，尤其要防治便秘和产后不食。

1. 妊娠母猪饲喂全价饲料

一般在怀孕初、中期喂日粮1.8~2.2 kg，后期（产前一个月）喂2.5~3.0 kg，并喂给适量青绿饲料；对过肥胖母猪，产前2~3周减少精料给量，若大便不畅还可喂硫酸镁20~40 g和大黄苏打片20片缓泻；对膘情差的母猪，一定要在怀孕中、后期加强营养，促膘保健康。

2. 清洗、消毒母猪和产房

母猪进入产房后，每天减少0.5 kg日粮，临产当天不喂精料，只喂适量麸皮盐水。产后及时消毒母猪，并按摩乳房，把每个乳头的第1、第2把奶挤掉。产后第1~第2天，可饮适量麸皮汤（加食盐），每天喂3~5次，防止过食，多喂青绿饲料，第3天起逐渐增加配合饲料至5~7 kg。若有炎症，则要对症治疗，确保泌乳系统正常。

（二）搞好母猪分娩接产消毒工作，环境要安静，产后注射一针青链霉素，用以预防乳房炎。

（三）产前1个月和产后当日，给母猪各肌注1次亚硒酸钠维生素E注射液（每毫升含亚硒酸钠1 mg，维生素E 50 IU）10 ml。

（四）对少乳者用催乳灵10片内服，连用3~5 d。

（五）在母猪产仔期间或产后，可皮下或肌注垂体后叶素或催乳素10~30 IU，用药15 min后，再把隔离的乳猪放回来，让乳猪吃奶。此药可每小时注射1次，一般3~5次即可见效。

（六）青年母猪产仔后异常兴奋，也可引起缺乳或无乳，需要肌注安痛定注射液10~20 ml，或安奶近10 ml。

（七）将胎衣、死产仔洗净，加水、盐适量煮熟，分数次拌料内服。

（八）口服取乳方。

1. 王不留行65 g，天花粉55 g，漏芦50 g，僵蚕40 g，猪蹄两对，熬汤喂服。

2. 王不留行30 g，通草30 g，山甲珠20 g，白术20 g，黄芪20 g，党参20 g，当归20 g，共研成末拌料喂。

3. 黄芪40 g，党参40 g，王不留行40 g，冬葵子40 g，蒲公英30 g，路路通20 g，扁豆20 g，此方产前15~20 d煎熬口服。

六、产后瘫痪

本病是母猪产后数小时至5 d内突然发生的一种营养代谢病，表现为病猪站立困难，后躯摇摆，肌肉有疼痛敏感反应，食欲减退，大便干燥，缺奶或无奶。

防治：

（一）妊娠母猪应喂全价饲料，尤其是怀孕后期必须供足维生素和矿物质等营养物质。

（二）防治便秘，多喂些青绿饲料，或每天拌料内服硫酸镁或硫酸钠30~100 g。

（三）静脉注射10% 氯化钙30~50 ml，或10% 葡萄糖酸钙100~150 ml。

（四）肌注维丁胶性钙注射液4~8 ml，隔天1次，连用10~15次。

（五）选用乳酸钙或石粉10~15 g，拌料内服，每天1次，连用1周。

七、仔猪低血糖症

本病是新生仔猪由于血糖（正常值为90 mg/100 ml）低于正常值而引起的中枢神经系统机能障碍的营养代谢疾病。主要是由母猪妊娠后期营养水平不足而造成胎儿发育受阻所致。仔猪出生后表现出体弱，无力吮奶，毛色发暗，四肢绵软无力，卧地不起，有时阵发性痉挛，角弓反张，四肢伸直呈游泳样运动，口吐白沫，体温下降到35℃左右造成死亡。

防治：

（一）科学饲养怀孕后期母猪，保证其全价日粮，临产前对乳房进行消毒和按摩，使母猪在产后有大量的奶水。

（二）保护乳仔猪不受寒冷，这一点尤其对3日龄以内的乳猪及病猪更为重要。

（三）治疗以补充糖为主，辅以可的松制剂，促进糖原异生。

1. 腹腔注射5%~20% 葡萄糖液10~20 ml，每隔4~6 h 一次，连用几天，仔猪能哺乳或吃食人工配料为止。

2. 口服50% 葡萄糖水15 ml，每天3~6次。

3. 地塞米松磷酸钠注射液，按每千克体重1~3 mg 放入葡萄糖注射液内，腹腔注射；也可肌注，每天1~3次，4 d 为一疗程。

以上治疗期间，可辅以口服补液盐内服，以及其他对症治疗。

八、仔猪白肌病

本病是仔猪以骨骼肌和心肌发生变性、坏死为主要特征的营养代谢病。以20日龄到3月龄的仔猪发病为多见，多于3~4月份发病。可能主要是微量元素硒和维生素 E 缺乏所致。

（一）症状

1. 运动机能障碍，表现为喜卧、起立困难、跛行、四肢麻痹。

2. 心力衰竭，表现为心跳加快，呼吸不匀。

3. 消化机能紊乱，腹泻，粪便水样恶臭。

4. 贫血，黄染，生长缓慢，严重的有渗出性素质。

（二）防治

1. 给妊娠母猪合理搭配饲料，尤其要适量添加硒和维生素 E，也要给哺乳母猪适量添加。

2. 亚硒酸钠维生素 E 注射液（每毫升含亚硒酸钠1 mg、维生素 E50 IU）5~10 ml，给妊娠母猪于临产前1个月肌注1次，必要时隔半个月再肌注1次。

3. 亚硒酸钠维生素 E 注射液1~2 ml，给病仔猪深部肌肉注射有明显疗效。

九、异食癖

本病是由营养代谢病、味觉异常和饲养管理不当等引起的一种非常复杂的多种疾病的综合征，而不是一个独立的病，表现为咬耳朵、尾巴，舔食墙壁，啃食槽、泥土、尿碱或有咸味的异物。

造成这种现象的原因是多方面的，主要有：①日粮中缺乏某些矿物质、微量元素或配合不当；②猪舍饲养密度大，湿度过大，温度过高，空气中二氧化碳、氨气量过大，又不通风，或新合群猪打斗等；③继发于内外寄生虫，或消化不良；④猪群内有亚临床症状的猪产生异味，猪的嗅觉非常敏感，会群起攻击有异味的猪。

防治：

（一）加强饲养管理，防止猪舍过热、湿度大、密度高等不利因素的应激。

（二）饲喂全价配合饲料，并可喂给青绿饲料，防止营养缺乏。

（三）若发生异食癖现象，采取适当的方法进行控制。

1. 及时将咬架群内的进攻者或受伤者挑出，另圈饲养。

2. 在咬架群内喷洒来苏水，让其分辨不出其他猪的异味。

3. 用50度的白酒喷到猪的口、鼻上，每天上午1次，下午2次，连喷2 d，对控制咬尾有作用。

4. 在猪身上涂抹黄油苦参擦剂。配方：黄油（机动轴承润滑油）1 kg+ 苦参100 g 混匀，苦参有杀虫、杀真菌、止痒功效；黄油不好吃，在同群咬猪和被咬猪耳边缘、耳尖部和尾部抹此剂，可制止咬架、咬耳、咬尾。

5. 嗜好咬尾、耳的猪，注射氯丙嗪0.05 g/kg（体重），或服适量安眠酮、安定等药物，用以镇静。

6. 在圈舍内悬挂铁链、胶皮管供猪戏咬，调节神经兴奋度和注意力。

十、猪慢性胃肠卡他

病猪精神不振，食欲下降，有时异食，重者呕吐、咬尾、打斗，被毛粗糙，先便秘后下痢，黏膜苍白或呈黄色，病程长短不一。

治疗

（一）洗胃

用人工盐或硫酸钠（镁）30~80 g，鱼石脂2~5 g，食油100 ml，清水适量。

（二）助消化

乳酶生、酵母、大黄苏打片或龙胆各8 g，加碳酸氢钠16 g，共分4包，每次1包喂猪。

（三）消炎

用庆大霉素1.0~1.5 mg/kg 体重肌注，或磺胺脒0.1~0.2 g/kg 体重，日喂3次用量。

（四）平胃散

苍术15 g，厚朴15 g，陈皮15 g，焦三仙45 g，干姜5 g，甘草10 g，灌服。

十一、黄曲霉毒素中毒

本病是猪采食了被黄曲霉毒素污染的饲料所引起的以损害肝脏为主要特征的中毒症。

（一）症状

急性多发于2~4月龄的仔猪，未出现明显症状突然死亡。亚急性和慢性，食欲减退，粪便干燥呈球状，表面附有黏液与血液，被毛粗糙，皮肤苍白，生长发育缓慢，消瘦，眼睑肿胀。

（二）防治

1. 主要在于预防，在饲料原粮或饲料中加入防霉剂，根本措施在于不喂发霉饲料。

2. 饲料若有发霉现象，在饲料中加入脱霉素（霉菌毒素吸附剂）可缓解毒素的毒害作用。

十二、赤霉菌毒素中毒

本病是由于猪吃食赤霉病的小麦或玉米所致。

症状：

1. 玉米赤霉烯酮（F−2）毒素中毒，小母猪呈现发情症状，乳腺增大，阴户红肿；成年母猪不孕，胎儿干尸化，胎儿被吸收和流产；公猪睾丸萎缩，性欲减退，呈现雌性化。

2.T−2（单端孢霉烯族化合物）毒素中毒，大多呈现拒食和呕吐，急性的有腹泻等出血性胃肠炎症状；慢性的有生长发育迟缓，消化不良和再生不全性贫血等症状，母猪的受胎率和产仔率降低，有的发生流产、早产或产死胎。有的病猪伤口流血不止，凝血时间延长。

防治：基本上同黄曲霉毒素中毒。

项目四　猪场经营管理技术

知识目标：理解养猪业行业特点，猪场管理特殊要求；掌握现代养猪生产工艺流程；掌握现代养猪生产各生产单元、生产环节中常见的问题及解决途径；掌握猪场资金的核算与管理方法。

技能目标：能制定各种规模化猪场人员编制方案；能利用实训基地或实训室进行模拟管理操作；能制定各生产单元的生产指标、奖惩办法、管理制度；能按现代化猪场操作规程进行日常管理。

职业岗位：饲养工、行政管理

任务一　现代化猪场的建设

内容提要：主要阐述现代猪场的场址正确选择和合理布局，在此基础上根据不同性别，不同饲养和生理阶段的猪对环境及设备的要求科学设计猪舍的特点。

子任务一　猪场场址选择

场址选择应根据猪场的性质、规模和任务，考虑场地的地形、地势、水源、土壤、当地气候等自然条件，同时应考虑饲料及能源供应、交通运输、产品销售、与周围工厂、居民点及其他畜牧场的距离、当地农业生产、猪场粪污处理等社会条件，进行全面调查，综合分析后再做决定。

一、地形地势

猪场地形要求开阔整齐，有足够面积。地形狭长或边角多都不便于场地规划和建筑物布局；面积不足会造成建筑物拥挤，给饲养管理、改善场区及猪舍环境及防疫、防火等造成不便。猪场生产区面积一般可按繁殖母猪45~50 m^2/ 头或上市商品育肥猪3~4 m^2/ 头考虑，猪场生活区、行政管理区、隔离区另行考虑，并须留有发展余地。

猪场地势要求较高、干燥、平坦、背风向阳、有缓坡（但坡度以不大于25°为宜）。地势低洼的场地易积水潮湿，夏季通风不良，空气闷热，易使蚊蝇和微生物滋生，而冬季则阴冷。有缓坡的场地便于排水，但坡度不能过大，以免造成场内运输不便，坡度应不大于25°。在坡地建场宜选背风向阳坡，以利于防寒和保证场区较好的小气候环境。

建场土地面积依猪场的任务、性质、规模和场地的具体情况而定，一般一个年出栏万头育肥猪的大型商品猪场，占地面积30 000 m^2（3 hm^2）为宜。

二、水源水质

要求水量充足，水质良好，便于取用和进行卫生防护，并易于净化和消毒。

表 4–1 猪群需水标准

单位：（L/ 头 · d）

类别	总需水量	饮用量
种公猪	25~40	10
空怀及妊娠母猪带	25~40	12
仔母猪	60~75	20
断奶仔猪	5	2
育成猪	15	6
育肥猪	15~25	6

三、土壤特性（砂壤土）

一般情况下，猪场土壤要求透气性好，易渗水，热容量大，这样可抑制微生物、寄生虫和蚊蝇的滋生，并可使场区昼夜温差较小。

为避免与农争地，少占耕地，选址时不宜过分强调土壤种类和物理特性，应着重考虑化学和生物学特性，注意地方病和疫情的调查。应避免在旧猪场场址或其他畜牧场场地上重建或改建。

四、周围环境

交通方便，供电稳定，有利于防疫。一般来说，猪场距铁路、国家一、二级公路应不少于300 m，距三级公路应不少于150~200 m，距四级公路不少于50 m。

与居民点间的距离，一般猪场应不少于300 m，大型猪场（如万头猪场）则应不少于1 000 m。猪场应处在居民点的下风向和地势较低处。与其他畜禽场间距离，一般畜禽场应不少于150 m，大型畜禽场应不少于1 000 m。此外，还应考虑电力和其他能源的供应。

子任务二　猪场场地规划和建筑物布局

场地选定后，须根据有利防疫、改善场区小气候、方便饲养管理、节约用地等原则，考虑当地气候、风向、场地的地形地势、猪场各种建筑物和设施的尺寸及功能关系，规划全场的道路、排水系统、场区绿化等，安排各功能区的位置及每种建筑物和设施的朝向、位置。

一、场地规划

1. 场地分区

猪场一般可分为四个功能区，即生产区、生产管理区、隔离区、生活区。为便于防疫和安全生产，应根据当地全年主风向和场址地势，顺序安排以上各区。

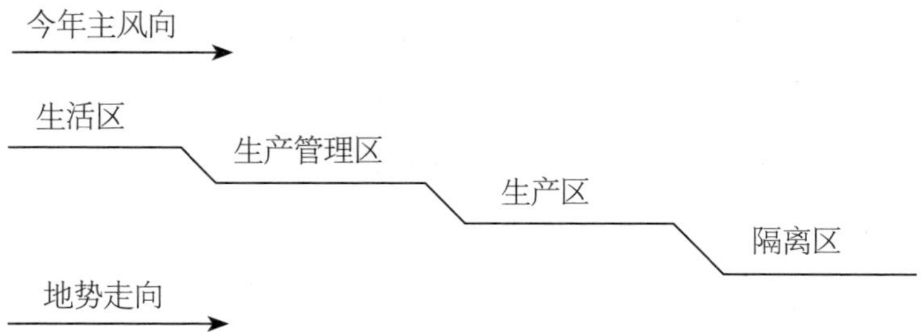

图4-1 猪场场地规划示意图

2. 场内道路和排水

场内道路应分设净道、污道，互不交叉。净道用于运送饲料、产品等，污道则专运粪污、病猪、死猪等。场内道路要求防水防滑，生产区不宜设直通场外的道路，而生产管理区和隔离区应分别设置通向场外的道路，以利于卫生防疫。

排水设施为排除雨水而设。一般可在道路一侧或两侧设明沟排水，也可设暗沟排水，但场区排水管道不宜与舍内排水系统的管道通用。

3. 场区绿化

绿化可以美化环境，更重要的是可以吸尘灭菌、降低噪声、净化空气、防疫隔离、防暑防寒。

场区绿化可按冬季主风的上风向设防风林，在猪场周围设隔离林，猪舍之间、道路两旁进行遮阴绿化，场区裸露地面上可种花草。

场区绿化植树时，需考虑其树干高低和树冠大小，防止夏季阻碍通风和冬季遮挡阳光。

二、建筑物布局

猪场建筑物的布局在于正确安排各种建筑物的位置、朝向、间距。布局时需考虑各建筑物间的功能关系、卫生防疫、通风、采光、防火、节约用地等。

1. 生活区和生产管理区

宜设在猪场大门 附近，门口分设行人和车辆消毒池，两侧设值班室和更衣室。

2. 生产区

各猪舍的位置需考虑配种、转群等联系方便，并注意卫生防疫，种猪、仔猪应置于上风向和地势高处。妊娠猪舍、分娩猪舍应放到较好的位置，分娩猪舍要靠近妊娠猪舍，又要接近仔猪培育舍，育成猪舍靠近育肥猪舍，育肥猪舍设在下风向。商品猪置于离场门或围墙近处，围墙内侧设装猪台，运输车辆停在围墙外装车。

3. 隔离区

病猪和粪污处理应置于全场最下风向和地势最低处，距生产区宜保持至少50 m 的距离。

4. 猪舍的朝向

一般以冬或夏季主风与猪舍长轴有30°~60°夹角为宜，应避免主风方向与猪舍长轴垂直或平行。以利防暑和防寒，猪舍一般以南向或南偏东、南偏西45°以内为宜。

5. 猪舍的间距

猪舍之间的距离以能满足光照、通风、卫生防疫和防火的要求为原则。猪舍间距一般以3~5 H（H 为南排猪舍檐高）为宜。

子任务三　不同猪舍的要求及内部布置

不同性别、不同饲养和不同生理阶段的猪对环境及设备的要求也不同，设计猪舍内部结构时应根据猪只的生理特点和生物学习性，合理布置猪栏、走道和合理组织饲料、粪便运送路线，选用适宜的生产工艺和饲养管理方式，充分发挥猪只的生产潜力，同时提高饲养管理工作者的劳动效率。

一、公猪舍

公猪舍多采用带运动场的单列式，单圈饲养，给公猪设运动场，保证其充足的运动，可防止公猪过肥，对其健康和提高精液品质、延长公猪使用年限等均有好处。公猪栏要求比母猪和肥猪栏宽，隔栏高度为1.2~1.4 m，面积一般为7~9 m^2，采用不过滑或过粗的水泥地面及高压水泥砖地面（强固且可防滑），栅栏结构可以是混凝土或金属，便于通风和管理人员观察和操作。

二、空怀、妊娠母猪舍

空怀、妊娠母猪舍可为单列式（可带运动场）、双列式、多列式等几种，空怀、妊娠母猪可群养也可单养。栏体多采用限位栏，限位栏设计如下：栏长1.9 m，高1.1 m。栏的地面布局为：栏体头部外侧为砖结构料水槽，1.3 m 的水泥地面，0.6 m 的漏粪栅，粪栅下面是清粪斜坡与0.3 m 宽的粪尿沟相连。限位栏按照宽度分为60 cm 和65 cm 两种，其中60 cm 为初产母猪用，65 cm 为经产母猪用。 移动栅栏：限位栏头部内则安装可向左或向右移动1/2个栏宽度的移动栅栏，平时移动栅栏的直管位于头部的中线位置而挡住猪头，使头不能伸出；母猪采食饮水时，将栏移动1/2个栏位，使头部伸出。长条形料水槽：料水槽净宽25 cm，底部呈弧形，倾斜度0.5%，槽深20 cm，外侧比内侧高5 cm，内侧在头部下面向内7 cm 处。在最后一个栏底部的最低处附近做一个约10 cm 高的水泥挡水小坝，小坝外侧的底部做一个与地面小明沟相通的排水小孔，小明沟与粪尿沟相连。为便于夏天通风，限位栏的尾部墙上离地约15 cm 处开一排45 cm × 45 cm 的移门小窗。 限位栏尾部开门用1.95 cm 钢管，立柱及侧管用2.54 cm 钢管，粪栅用直径12 mm 的钢筋。焊接均为满焊，一般焊缝厚为3 mm。抽风设备根据实际需要安装在猪舍两端墙壁上，高度在离地1.7 m 左右的位置。近年来，南方流行装配式空怀、妊娠母猪舍：一般为框架结构，跨度在12~15 m 之间，多设两列三通道，长度为100 m 左右，侧墙上装有轴流式风机，两边为卷帘幕，舍内湿帘降温，集约化程度高，一栋猪舍饲养规模在3 000~5 000头，配套设施先进，有的采用机械刮粪、自动饲喂等机械化程度比较高。此类猪舍适合5 000头以上的大型猪场，投资额多在150万元以上。

三、分娩舍及分娩栏

根据分娩舍的特点，设计依据的主要技术参数是：舍温20~30 ℃，相对湿度为40%~80%，调温风速为0.2~1.5 m/s，换气率为每分钟1.00~1.25个猪舍容积空气量，透光角 $\alpha \geqslant 25°$ ，$\beta \geqslant 5°$ 。

1. 猪舍采光

分娩舍采光通常采用自然采光方式。自然采光的效果常用窗地比（门窗等透光构件和有效透光面积与舍内地面面积之比，亦称采光系数）来衡量。

一般情况下，妊娠母猪和育成猪窗地比为1∶12~1∶15，育肥猪为1∶12~1 ∶15，其他猪群为1 ∶1 ∶ 10~1∶1∶12。南北窗面积比，炎热地区为1∶1~2∶1，夏热冬冷地区和寒冷地区为2∶1~4∶1。

①窗户位置　根据窗口的入射角、透光角的要求，并考虑纵墙高度等来确定。入射角是指窗上沿到猪舍跨度中央一点的连线与地面水平线之间的夹角。透光角是指窗上、下沿分别至猪舍跨度中央一点的连线之间的夹角。自然采光猪舍入射角要求不小于25°，透光角要求不小于5°。

②窗的形状　“立式窗”（竖长方形）在进深方向光照均匀，在舍内纵向方向较差；“卧式窗”（横长方形）则正好相反，在猪舍纵向光照均匀，跨度方向光照较差；方形窗居中。

2. 猪舍的通风

排除猪舍中多余的水汽，降低舍内湿度，防止围护结构内表面结露，同时可排除空气中的尘埃、微生物、有毒有害气体（如NH_3、H_2S、CO_2等），改善猪舍空气的卫生状况。

（1）自然通风　自然通风的动力是靠自然界风力造成的风压和舍内外温差形成的热压，使空气流动，进行舍内外空气交换。

（2）机械通风　一种为负压通风，即用轴流式风机将舍内污浊空气抽出，使舍内气压低于舍外，则舍外空气由进风口流入，从而达到通风换气的目的。另一种是正压通风，即将舍外空气用离心式或轴流式风机通过风管压入舍内，使舍内空气压力高于舍外，在舍内外压力差作用下，舍内空气由排气口排出。

①横向通风　风机可设在屋顶风管内，两纵墙上设进风口；或风机设在两纵墙上，屋顶风管进风；也可在两纵墙一侧设风机，另一侧设进风口。

②纵向通风　风机设在猪舍山墙上或靠近该山墙的两纵墙上，进风口则设在另一端山墙上或远离风机的纵墙上。

3. 舍内设计

（1）舍长的设计　舍长度主要与换气率相关，过长的猪舍，在0.2~2.0 m/s的气流速度范围内达不到应有的换气率，故一般认为舍长不能大于120 m。如设猪舍长度为L（m），横截面积为S（m^2），气流速度为V（m/s），则参数间服从以下公式：

$60SV = 1-125SL$

$L = 60V/1-1.25(V=0.2-2)$

$L \leqslant 120$ m

因此，研究表明，舍长不宜长于120 m 。

（2）舍宽的设计　舍宽与舍高、舍内自然透光角相关，设舍宽为X（内宽为X_1，外宽为X_2），舍高为H（低墙高为H_1，高墙高为H_2），透光角为 α ，关系式如下：

$H_1=\mathrm{tg}\alpha \cdot X_1$

$H_2=\mathrm{tg}(\alpha-\beta)\cdot X_2$

又透光角 $\alpha \geqslant 25°$ ，$\beta \geqslant 5°$

故有：$H_1 \leqslant 0.364X_1$

$H_2 \leqslant 0.436X_2$

（3）屋顶用塑料隔水膜，铝合金波纹板密封，有良好的保温隔热性能，便于控制舍内的温度。

（4）产栏前半部为热水加热地面，为仔猪提供良好的生长环境，或者在产栏内设置一个保温箱或局部加热板，保持温度在25~30° 。侧墙壁安装排风机和湿帘，便于舍内温度、湿度、空气等小气候的调节和控制。

（5）分娩栏长2.1 m，宽1.6~1.8 m，适用面积为3.36~3.79 m^2。 圈栏用铁皮等板式物相隔，并紧贴床面，不作栅栏，以防仔猪相互接触。

（6）分娩栏内设有钢管拼装成的分娩护仔栏，栏宽0.6 m，呈长方形，限制了母猪的活动范围，防止踏压仔猪，便于哺乳，栏前有食槽，饮水器，栏的两侧为仔猪活动场地，一侧放有仔猪保温箱，箱上设有红外线灯泡，箱的下缘一侧有20 cm 高的出口，便于仔猪进出活动。同时箱体可以折叠，夏季不用时折叠竖于栏的一侧。

（7）分娩床两旁小猪活动区为全塑漏缝地板，母猪活动区为铸铁漏缝地板，有利于清洁排污和消毒灭菌。

（8）产床下面为漏粪斜坡，一旁为清粪沟，有条件的可以安装刮粪机。

四、仔猪保育栏

刚断奶的转入仔猪保育栏的仔猪，生活上是一个大的转变，由依赖母猪生活过渡到完全独立生活，对环境的适应能力差，对疾病的抵抗力较弱，而这段时间又是仔猪生长最迅速的时期，因此，保育栏一定要为小猪提供一个清洁、干燥、温暖、空气新鲜的生长环境。目前，我国现代化猪场多采用高床网上保育栏，主要用金属编织漏缝地板网、围栏、自动食槽、连接卡、支腿等组成，金属编织网通过支架设在粪尿沟上（或实体水泥地面上），围栏由连接卡固定在金属漏缝地板网上，相邻两栏在间隔处设有一个自动食槽，供两栏仔猪自动采食，每栏安装一个自动饮水器。网上饲养仔猪，粪尿随时通过漏缝地板落入粪沟中，保持了网床上干燥、清洁、使仔猪避免粪便污染，减少疾病发生，大大提高仔猪成活率，是一种较为理想的仔猪保育设备。仔猪保育栏的长、宽、高尺寸，视猪舍结构不同而定，常用的规格栏长2 m，栏宽1.7 m，栏高0. m，侧栏间隙0.06 m，离地面高度为0.25~0.30 m。可养10~25 kg 的仔猪10~12头。实用效果很好。在生产中因地制宜，保育栏也采用金属和水泥混合结构东西面隔栏用水泥结构，南北面隔栏仍用金属，这样既可节省一些金属材料，又可保持良好通风。

五、生长猪栏与肉猪栏

现代化猪场的生长猪栏和肉猪栏均采用大栏饲养，其结构类似，只是面积大小稍有差异，有的猪场为了减少猪群转群麻烦，给猪带来应激，常把这两个阶段并为一个阶段，采用一种形式的栏，生长猪栏与肉猪栏采用实体、栅栏、和综合三种结构。常用的有以下几种，一种是采用全金属栅栏和全水泥漏缝地板，也就是全金属栅栏架安装在钢筋混凝土板条地面上，相邻两栏在间隔栏处设有一个双面自动饲槽。供两栏内的生长猪或肉猪自由采食，每栏安装一个自动饮水器供自由饮水。另一种是采用水泥隔墙及金属大门地面为水泥地面，后部有0.8~1.0 m 宽的水泥漏缝地板，下面为粪尿沟。生长肉猪栏的栏栅也可以全部采用水泥结构，只留一个金属小门。

六、漏缝地板

现代化猪场为了保持栏内的清洁卫生，改善环境条件，减少人工清扫，普遍采用粪尿沟上敷设漏缝地板，漏缝地板有钢筋混凝土板条、板块，钢筋编织网、塑料板块、陶瓷板块等。对漏缝地板的要求是耐腐蚀，不变形，表面平，不滑，导热性小，坚固耐用，漏粪效果好，易冲洗消毒，适应各种日龄猪的行走站立，不卡猪蹄。钢筋混凝土板块、板条、钢筋编织网，钢筋焊接网、塑料板块，陶瓷板块等。对漏缝地板的要求是耐腐蚀，不变形，表面平，不滑，导热性小，坚固耐用，漏粪效果好，易冲洗消毒，适应各种日龄猪的行走站立，不卡猪蹄。钢筋混凝土板条、板块，其规格可根据猪栏及粪沟设计要求而定，漏缝断面呈梯形，上宽下窄，便于漏粪。金属编织地板网，由直径为5 mm 的冷拔圆钢编织成10mm × 40mm、10mm × 50mm 的缝隙网片与角钢，扁钢焊合，再经防腐处理而成，这种漏缝地板网具有漏粪效果好、易冲洗、栏内清洁、干燥、猪只行走不打滑、使用效果好，适于分娩母猪和保育猪使用。塑料漏缝地板，由工程塑料模压而成，可将小块连接组合成大面积，具有易清洗消毒、保温好、防腐蚀、防滑、坚固耐用、漏粪效果好等特点，适用于分娩母猪和保育仔猪栏。

在湖北省农科院畜牧所新建一栋此模式的猪舍，说明如下。

新猪舍的建筑模式：钢混结构，跨度15.24 m，全长136.24 m，檐高2.7 m。屋顶：由外向里，由塑料隔水膜、铝合金波纹板、塑料泡沫、石棉板和支撑钢架组成，具有隔热、保温的特性。两侧为塑料卷帘 、金属网、塑料卷帘结构，运用导热性小的空气做保温层。山墙：外层为彩钢板，内层为钢丝网水泥白灰混合砂浆粉刷，中间夹保温隔热泡沫层。两侧各安装轴流风机两台，根据猪舍的长度和布局特点（大跨度，狭长型四通道布局）选择9 FJ−1250型节能型轴流通风机，功率为0.75 kW，风量为40 450 m^3/h，此种型号通风机换气量大，速度快，较适宜集约化装配式猪舍。 在猪舍的中间横断面位置安装两道蜂窝状湿帘降温系统，此系统具有独特的泡沫状水介质及自制功能，在介质板底部的循环管把流经介质的循环水聚集起来，通过整体集水泵进行再循环，波纹式的介质设计，使更多的水和空气混合，达到快速降温的目的。

①降温系统　气温在37 ℃以下时，打开地窗、塑料卷帘，猪舍敞开，利用自然风除湿降温，或利用安装在铸铁漏缝地板正上方的加压喷雾系统进行降温。气温在37 ℃以上时，对于分娩床、公猪栏、限位栏内的猪只，关闭地窗及封闭隔板上的门，密闭纵墙上的塑料卷帘，向蜂窝湿帘内注水，开启轴流风机，进行负压降温。

②保暖系统　关闭地窗，封闭塑料卷帘。在仔猪保温箱内装有两根红外线取暖器，箱外装有温控器，根据仔猪的出生日龄，在温控器上设定温度数字，对箱内温度进行自动控制；对于培育猪，用保温板进行取暖。定期打开轴流风机除湿、换气。

③通风系统　冬季寒冷，猪舍呈密闭状态，舍内的氨气、二氧化硫等有害气体浓度增大，每天必须开启轴流风机通风换气。春、秋两季，猪舍为敞开式，采用自然通风。夏季炎热，猪舍密闭，采用负压通风降温系统。

任务二　现代养猪生产

内容提要：本章在描述现代养猪生产的标准与特点的基础上，介绍了养猪生产模式、养猪工艺流程以及生产工艺的现场组织和管理方法。

现代养猪生产是采用现代科学技术和设施装备养猪产业，按照工业生产方式进行集约化养猪生产，通常称之为工厂化养猪。把实现了工业生产方式的猪场称为工厂化猪场，其实现代化养猪不专指工厂化养猪，工厂化养猪是现代化养猪的高级形式。

一、现代养猪生产的标准

衡量现代化养猪生产的标准：一是生产水平和饲料利用率高；二是具有适宜的规模，能够发挥最佳的技术水平和劳动生产率；三是经济效益好。在养猪生产中，只要使用优良的猪种、全价的饲料，进行科学的饲养管理和严格的防疫，获得较高的经济效益，不管采用什么设施都可称为现代化养猪。养猪生产现代化的过程，是采用现代科学技术改造传统养猪生产的过程，提高养猪生产各个环节的科技含量，最终获得优质猪肉产品和最大的经济效益。

二、现代养猪生产的特点

综合国内外现代化养猪生产的现状，其主要特点如下。

1. 按繁殖过程安排工艺流程

养猪生产的环节包括母猪配种、妊娠、分娩、仔猪哺乳、育成和肥育等，按照这一过程将猪群分为公猪群、繁殖母猪群、仔猪保育群和生长育肥群。其中繁殖母猪群又可分为后备母猪群、待配母猪群、妊娠母猪群和分娩泌乳母猪群。整个生产过程按工艺流程有计划、有节奏地进行。

2. 实行全进全出制工艺、按节律全年均衡生产

所谓全进全出制是指同一批猪群同时转入、同时转出，按节律转群进行生产，全年不分季节均衡生产。

3. 使用优良的品种、优质的饲料，执行严格的防疫制度，采用必要的设施对环境进行有效的控制，提高猪场的生产水平。

其中优良的品种是通过完整的育种体系来实现的，完整的育种体系是指以育种场（核心群）为核心，繁殖场（繁殖群）为中介和商品场（生产群）为基础的宝塔式繁育体系，它能按照统一的育种计划把核心群的遗传改良成果迅速地传递到商品生产群，再转化为生产力。如果猪场的规模小，必须在购买种猪上严格把关，使猪场的公猪、基础母猪保持较好的生产水平，避免近交，防止优良性状退化。因为这三个方面是提高生产力水平的保证，也应给予足够的重视。

4. 具有现代科技知识水平的高素质的人才，对猪场进行科学的经营管理。

子任务一　养猪生产模式

一、集约化饲养

集约化饲养即完全圈养制，也称定位饲养，泌乳母猪的活动面积小于2 m^2，采用母猪产床也叫母猪产仔栏或防压栏，一般设有仔猪保温设备。它的主要特

点是“集中、密集、约制、节约”，猪场占地面积少、栏位利用率高，采用的技术和设施先进，节约人力，提高劳动生产率，增加企业经济效益。这种模式是典型的工厂化养猪生产，在世界养猪生产中被普遍采用。

二、半集约化饲养

半集约化饲养即不完全圈养制，泌乳母猪的活动面积大约5 m^2，可以母仔同栏，也可有栏位限制母猪，设有仔猪保温设备，或用垫草冬季取暖。其特点是圈舍占用面积大、设备一次性投资比完全圈养制低，母猪有一定的活动空间，有利于繁殖。在我国有很多养猪企业采用这种模式。

三、散放饲养

散放饲养泌乳母猪的活动面积大于5 m^2，其特点是建场投资少，母猪活动增加，有利于母猪繁殖机能的提高，减少母猪的繁殖障碍；仔猪可随着母猪运动，提高抵抗力。这种最古老的养猪模式因其效率低曾经被养猪企业冷落，但随着人们生活水平的提高，环境保护意识的增强，加上动物福利事业的发展，使散放饲养模式生产的猪肉受到欢迎，价格比较高，所以散放饲养模式得到进一步的发展。

户外饲养是典型的散放饲养，在欧洲又流行起来，主要是因为这种方式可以满足猪的行为习性要求，投资少、节水节能，对环境污染少。但这种养猪模式受气候影响较大，占地面积大，应用有一定的局限性。我国南方山地草山草坡多，气温较高，可以采用这种模式，发展养猪事业。

饲养模式根据分类方法的不同而不同，不是一成不变的。养猪生产采用什么样的模式，必须根据当地的经济、气候、能源等综合条件来决定，最终要取得经济效益、社会效益和生态效益。不可照抄照搬看起来很先进，但不适用，经济效益又低的饲养模式。

子任务二　养猪生产工艺流程

一、现代化养猪生产的工艺流程

现代化养猪生产一般采用分段饲养、全进全出饲养工艺，猪场的饲养规模不同、技术水平不一样，不同猪群的生理要求也不同，为了使生产和管理方便、系统化，提高生产效率，可以采用不同的饲养阶段，实施全进全出工艺。现在介绍几种常见的工艺流程。

1. 三段饲养工艺流程

空怀及妊娠期→ 泌乳期→ 生长肥育期

三段饲养二次转群是比较简单的生产工艺流程，它适用于规模较小的养猪企业，其特点是：简单，转群次数少，猪舍类型少，节约维修费用，还可以重点采取措施，例如分娩哺乳期可以采用好的环境控制措施，满足仔猪生长的条件，提高成活率，提高生产水平。

2. 四段饲养工艺流程

空怀及妊娠期→ 泌乳期→ 仔猪保育期→生长肥育期

在三段饲养工艺中，将仔猪保育阶段独立出来就是四段饲养三次转群工艺流程，保育期一般5周，猪的体重达20 kg，转入生长肥育舍。断奶仔猪比生长肥育猪对环境条件要求高，这样便于采取措施提高成活率。在生长肥育舍饲养15~16周，体重达90~110 kg出栏。

3. 五段饲养工艺流程

空怀配种期→ 妊娠期→ 泌乳期→ 仔猪保育期→ 生长肥育期

五段饲养四次转群与四段饲养工艺相比，是把空怀待配母猪和妊娠母猪分开，单独组群，有利于配种，提高繁殖率。空怀母猪配种后观察21 d，确妊后转入妊娠舍饲养至产前7 d转入分娩哺乳舍。这种工艺的优点是断奶母猪复膘快，发情集中，便于发情鉴定，容易把握适时配种。

4. 六段饲养工艺流程

空怀配种期→妊娠期→泌乳期→保育期→育成期→肥育期

六段饲养五次转群与五段饲养工艺相比，是将生长肥育期分成育成期和肥育期，各饲养7~8周。仔猪从出生到出栏经过哺乳、保育、育成、肥育四段。此工艺流程优点是可以最大限度地满足其生长发育的饲养营养，环境管理的不同需求，充分发挥其生长潜力，提高养猪效率。

以上几种工艺流程的全进全出方式可以采用以猪舍局部若干栏位为单位转群，转群后进行清洗消毒，这种方式因其舍内空气和排水共用，难以切断传染源，严格防疫比较困难；所以，有的猪场将猪舍按照转群的数量分隔成单元，以单元全进全出，虽然有利于防疫，但是给夏季通风防暑带来困难，需要经过进一步完善；如果猪场规模在3万~5万头，可以按每个生产节律的猪群设计猪舍，全场以舍为单位全进全出；或者部分以舍为单位实行全进全出，是比较理想的。

5. 以场全进全出的饲养工艺流程

大型规模化猪场要实行多点式养猪生产工艺及猪场布局，以场为单位实行全进全出，其工艺流程如图。

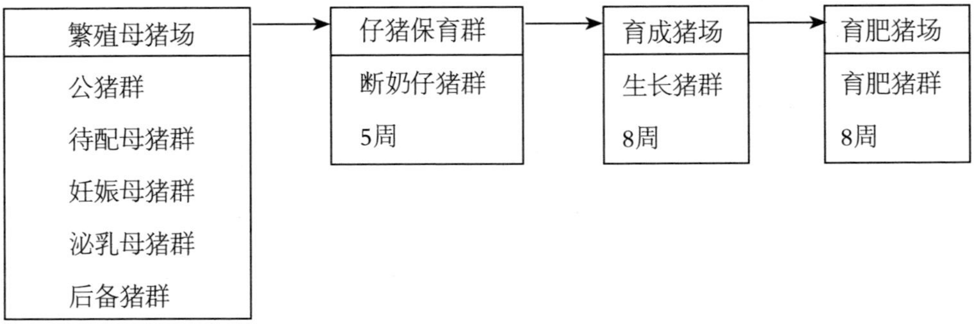

图4-2　以场全进全出的饲养工艺流程

以场为单位实行全进全出，有利于防疫和管理，可以避免猪场过于集中给环境控制和废弃物处理带来负担。

需要说明的是饲养阶段的划分并不是固定不变的，例如有的猪场将妊娠母猪群分为妊娠前期和妊娠后期，加强对妊娠母猪的饲养管理，提高母猪的分娩率；如果收购商品肉猪按照生猪屠宰后的瘦肉率高低计算价格，为了提高瘦肉率一般将肥育期分为肥育前期和肥育后期，在肥育前期自由采食、肥育后期限制饲喂。总之，饲养工艺流程中饲养阶段的划分必须根据猪场的性质和规模，以提高生产力水平为前提来确定。

二、生产工艺的组织方法

1. 确定饲养模式

确定养猪的生产模式主要考虑的因素有猪场的性质、规模、养猪技术水平等。例如，养殖规模小，采用定位饲养，投资高、栏位利用率低，加大了生产成本。同样是集约化饲养，可以采用公猪与待配母猪同舍饲养，也可以采用分舍饲养；母猪可以定位饲养，也可以小群饲养。

各类猪群的饲养方式、饲喂方式、饮水方式、清粪方式等都需要根据饲养模式来确定。在我国现阶段养猪生产水平下，饲养模式一定要符合当地的条件，不能照抄照搬；在选择与其相配套的设施设备的原则是：凡能够提高生产水平的技术和设施应尽量采用，可用人工代替的设施可以暂缓采用，以降低成本。

2. 确定生产节拍

生产节拍是指相邻两群泌乳母猪转群的时间间隔（天数）。在一定时间内对一群母猪进行人工授精或组织自然交配，使其受胎后及时组成一定规模的生产群，以保证分娩后形成确定规模的泌乳母猪群，并获得规定数量的仔猪。

合理的生产节拍是全进全出工艺的前提，是有计划利用猪舍和合理组织劳动管理、均衡生产商品肉猪的基础。

生产节拍一般采用1、2、3、4、7或10天制，要根据猪场规模而定。例如，年产5万~10万头商品肉猪的大型企业可实行1天制或2天制，即每天有一批母猪配种、产仔、断奶、仔猪保育和肉猪出栏；年产1万~3万头商品肉猪的企业多实行7天制；规模较小的养猪场一般采用10天或12天制。

7天制生产节拍有以下优点。第一，便于组织生产，因为猪的发情期是21 d，是7的倍数。第二，可将繁育的技术工作和劳动任务安排在一周5 d内完成，避开星期六和星期日，因为大多数母猪在断奶后第4~第6天发情，配种工作可安排在3 d内完成。如从星期一到星期四安排配种，不足之数可按规定要求由后备母猪补充，这样可使生产的配种和转群工作全部在星期四之前完成。第三，有利于按周、月和年制订工作计划，建立有序的工作和休假制度，减少工作的混乱性和盲目性。

3. 确定工艺参数

为了准确计算猪群结构即各类猪群的存栏数、猪舍及各猪舍所需栏位数、饲料用量和产品数量，必须根据养猪的品种、生产力水平、技术水平、经营管理水平和环境设施等，实事求是地确定生产工艺参数。现就几个重要的生产工艺参数加以讨论说明。

（1）繁殖周期

繁殖周期决定母猪的年产窝数，关系到养猪生产水平的高低，其计算公式如下：

繁殖周期 = 母猪妊娠期（114 d）+ 仔猪哺乳期 + 母猪断奶至受胎时间

一般采用21~35 d断奶。母猪断奶至受胎时间包括两部分：一是断奶至发情时间7~10 d，二是配种至受胎时间。这个阶段决定于情期受胎率和分娩率的高低。假定分娩率为100%，将返情的母猪多养的时间平均分配给每头猪，其时间是21×（1− 情期受胎率）d。所以，繁殖周期 =114 + 35 + 10 + 21×（1− 情期受胎率）

当情期受胎率为70%、75%、80%、85%、90%、95%、100%时，繁殖周期为165 d、164 d、163 d、162 d、161 d、160 d、159 d。情期受胎率每增加5%，繁殖周期减少1 d。

（2）母猪年产窝数

母猪年产窝数 =（365× 分娩率）/ 繁殖周期

母猪年产窝数与情期受胎率、仔猪哺乳期的关系如表4−2所示。当分娩率为95%、仔猪哺乳期为21 d、28 d和35 d时，母猪年产窝数与情期受胎率的关系。由表4−2可知，情期受胎率每增加5%，母猪年产窝数增加0.01~0.02窝 / 年。仔猪哺乳期每缩短7 d，母猪年产窝数增加0.1窝 / 年。

表 4-2 母猪年产窝数与情期受胎率、仔猪哺乳期的关系

情期受胎率 /%		70	75	80	85	90	95	100
母猪年产窝数 /（窝·年 $^{-1}$）	21 d 断奶	2.29	2.31	2.32	2.34	2.36	2.37	2.39
	28 d 断奶	2.19	2.21	2.22	2.24	2.25	2.27	2.28
	35 d 断奶	2.10	2.11	2.13	2.14	2.15	2.17	2.18

其他参数可参考表4-3。

表 4-3 猪群生产工艺参数

项 目	参 数	项 目	参 数
妊娠期 / d	114	每头母猪年产活仔数 / 头	
哺乳期 / d	35	出生时 / 头	19.8
保育期 / d	28 ~ 35	35 日龄 / 头	17.8
断奶至受胎 / d	7 ~ 14	36~70 日龄	16.9
繁殖周期 / d	159 ~ 163	71~170 日龄	16.5
母猪年产胎次	2.24	每头母猪年产肉量 / kg（活重）	1575.0
母猪窝产仔数 / 头	10	平均日增重 /g	
窝产活仔数 / 头	9	出生 ~35 日龄	194
成活率 /%		36~70 日龄	486
哺乳仔猪 / 头	90	71~160 日龄	722
断奶仔猪 / 头	95	公母猪年更新率 /%	33
生长育肥猪 / 头	98	母猪情期受胎率 /%	85
出生至目标体重 /kg		公母比例	1 ∶ 25
初生重 /kg	1.2 ~ 1.4	圈舍冲洗消毒时间 / d	7
35 日龄	8 ~ 8.5	生产节律 / d	7
70 日龄	25 ~ 30	周配种次数	1.2~1.4
160~170 日龄	90 ~ 100	母猪临产前进产房时间 / d	7
		母猪配种后原圈观察时间 / d	21

4. 猪群结构的计算

根据猪场规模、生产工艺流程和生产条件，将生产过程划分为若干阶段，不同阶段组成不同类型的猪群，计算出每一类群猪的存栏量就形成了猪群结构。下面以年产万头商品肉猪的猪场为例，介绍一种简便的猪群结构计算方法。

（1）年产总窝数

$$\text{年产总窝数}=\frac{\text{计划年出头数}}{\text{窝产仔数}\times\text{从出生至出栏的成活率}}=\frac{10000}{10\times0.9\times0.95\times0.98}=1193\text{（窝/年）}$$

（2）每个节拍转群头数　以7 d为一个节拍。

①产仔窝数 = 1193 ÷ 52 = 23头，一年52周，即每周分娩泌乳母猪数为23头；

②妊娠母猪数 = 23 ÷ 0.95 = 24头，分娩率95%；

③配种母猪数 = 24 ÷ 0.80 = 30头，情期受胎率80%；

④哺乳仔猪数 = 23 × 10 × 0.9 = 207头，成活率90%；

⑤保育仔猪数 = 207 × 0.95 = 196头，成活率95%；

⑥生长肥育猪数 = 196 × 0.98 = 192头，成活率98%。

（3）各类猪群组数　生产以7 d为节拍，故猪群组数等于饲养的周数。

（4）猪群结构

各猪群存栏数 = 每组猪群头数 × 猪群组数

猪群的结构见4-4表，生产母猪的头数为576头，公猪、后备猪群的计算方法为：

①公猪数：576 ÷ 25 = 23头。公母比例1 ∶ 25。

②后备公猪数：23 ÷ 3 = 8头。若半年一更新，实际养4头即可。

③后备母猪数：576 ÷ 3 ÷ 52 ÷ 0.5 = 8头 / 周，选种率50%。

表 4–4　万头猪场猪群结构

猪群种类	饲养期/周	组数/组	每组头数/头	存栏数/头	备注
空怀配种母猪群	5	5	30	150	配种后观察 21 d
妊娠母猪群	12	12	24	288	按出生头数计算
泌乳母猪群	6	6	23	138	
哺乳仔猪群	5	5	230	1 150	
保育仔猪群	5	5	207	1 035	按转入的头数计算
生长肥育群	13	13	196	2 548	按转入的头数计算
后备母猪群	8	8	8	64	8 个月配种
公猪群	52			23	不转群
后备公猪群	12			8	9 个月使用
总存栏数				5 404	最大存栏头数

（5）不同规模猪场猪群结构（如表4–5）

表 4–5　不同规模猪场猪群结构（参考）

猪群种类	存栏数量/头					
生产母猪	100	200	300	400	500	600
空怀配种母猪	25	50	75	100	125	150
妊娠母猪	51	102	156	204	252	312
泌乳母猪	24	48	72	96	126	144
后备母猪	10	20	26	39	46	52
公猪（含后备公猪）	5	10	15	20	25	30
哺乳仔猪	200	400	600	800	1 000	1 200
保育仔猪	180	360	540	720	900	1 080
生长肥育	445	889	1 334	1 778	2 223	2 668
总存栏	940	1 879	2 818	3 757	4 697	5 636
全年上市商品猪	1 696	3 391	5 086	6 782	8 477	10 173

5. 猪栏配备　现代化养猪生产能否按照工艺流程进行，关键是猪舍和栏位

配置是否合理。猪舍的类型一般是根据猪场规模按猪群种类划分的，而栏位数量需要准确计算，计算栏位需要量方法如下：

各饲养群猪栏分组数 = 猪群组数 + 消毒空舍时间（d）/ 生产节拍（7 d）

每组栏位数 = 每组猪群头数 / 每栏饲养量 + 机动栏位数

各饲养群猪栏总数 = 每组栏位数 × 猪栏组数

如果采用空怀待配母猪和妊娠母猪小群饲养、泌乳母猪网上饲养，消毒空舍时间为7 d，则万头猪场的栏位数如表4-6。

表 4-6　万头猪场各饲养群猪栏配置数量（参考）

猪 群 种 类	猪群组数/组	每组头数/头	每栏饲养量（头·栏$^{-1}$）	猪栏组数/组	每组栏位数	总栏位数
空怀配种母猪群	5	30	4~5	6	7	42
妊娠母猪群	12	24	2~5	13	6	78
泌乳母猪群	6	23	1	7	24	168
保育仔猪群	5	207	8~12	6	20	120
生长肥育群	13	196	8~12	14	20	280
公猪群（含后备）	—	—	1	—	—	28
后备母猪群	8	8	4~6	9	2	18

任务三　养猪场经营管理

养猪生产要实现高产、优质、高效的目标，不仅要提高养猪生产的科学技术水平，还必须提高经营管理水平。

子任务一 经营与计划

一、经营管理基础

经营管理的概念：经营和管理是相互联系的，经营是经营者在国家各项养猪方针、政策的指导下，利用设备、资金、技术、市场等条件，合理确定生产方向与经营目标，有效地组织产、供、销等活动。管理是解决一个经济实体内部如何合理组织各项经济活动，既包括生产力方面的问题，又包括生产关系方面的问题，侧重于对经营生产方向与目标的具体落实，解决有关计划、组织、协调等方面的具体问题。

二、经营管理的理念

一位好的猪场经营者，需要用经济观点和科学观点来处理一切事务，自觉遵守国家的政策法规；具有高尚的思想道德品质，为人正派、大公无私、勇于奉献，具有艰苦奋斗、联系群众、深入一线、仔细调研的作风，正直求实和开拓进取的精神；处处精打细算，减少开支，充分发掘人、财、物潜力，千方百计提高经济效益；相信科学养猪，注重运用科学的方法、手段，汲取先进经验，如对新项目投资的评估，不能以个人好恶来确定是否建设，而以回收法、投资收益法（也称资产收益法）、净现值法、内部收益率法等进行科学计算来决定。

作为猪场的经营者必须树立以下观念。

1. 尊重科学技术，树立科学理念

科学技术是第一生产力。现代养猪生产是一项复杂的系统工程，如何使养猪业有序地发展，让个体和群体都能表现出良好的生产水平，经营者必须有较为全面的科学技术知识，树立系统、生态、质量、效益、竞争、法制的经营管理理念，综合运用思想教育、行政管理、经济法律等管理手段，做好猪场的计划、组织、协调和控制，诚信经营，猪场才可能有正确的经营行为与持续发展的动力。

2. 实事求是，勇于创新

经营者一定要做到实事求是，一切从实际出发，根据财力、人力、物力与技术条件的实际情况，考虑运营方式和发展方向，正确定位，不能贪大求全和心血来潮，要排除干扰。

3. 树立商品观念，搞好市场定位

市场经济是商品经济，商品只有通过市场才能实现其价值。养猪生产必须建立符合本身条件的市场切入点，制定科学的发展目标，以质量、服务求生存，搞好种猪、育肥猪的流通，提高养猪业的产品商品率。

4. 加强信息化建设，提高经营管理水平

信息技术目前已应用到养猪生产的各个方面，其中最主要的有猪的育种、饲料配方设计、猪场信息管理（猪群、人事、财务等）、猪病诊断与销售（如网上信息发布）等。通过加强猪场的信息化建设，不仅可以提高猪场的管理水平、减少管理费用，而且可以实现集团化养猪场间的资源共享，获取市场、科技、政策法规等相关信息。

5. 加强自身学习，提高驾驭企业的能力

搞好养猪生产需要掌握管理学、经营学、财会知识、商务知识、养猪科技及有关的政策法规等，但对于当前的养猪企业家来说，提高商务水平与财会核算水平尤其紧迫。搞好商务活动，熟悉商业规则，在掌握市场规律的基础上实现廉价购入和合理价格出售；加强核算工作，能以最佳方式获得和利用资金，达到最小投入获得最大效益的目标。

三、猪生产计划的制订

制订计划就是对猪场的投入、产出及其经济效益作出科学的预见和安排，计划是决策目标的进一步具体化，经营计划分为长期计划、年度计划、阶段计划等。

（一）计划内容

经营计划的核心是生产计划，制订生产计划时，必须重视饲料与养猪发展比例之间的平衡，以最少的生产要素（猪舍、资本、劳力等）获得最大经济效益为目标。年度计划包括：生产计划、基建设备维修计划、饲料供应计划、物质消耗计划、设备更新购置计划、产品销售计划、疫病防治计划、劳务使用计划、财务收支计划、资金筹措计划等内容（图4-3）。

生产计划主要包括配种计划、分娩计划、猪群周转计划、栏圈安排计划、饲料使用计划等，其中繁殖计划是核心。

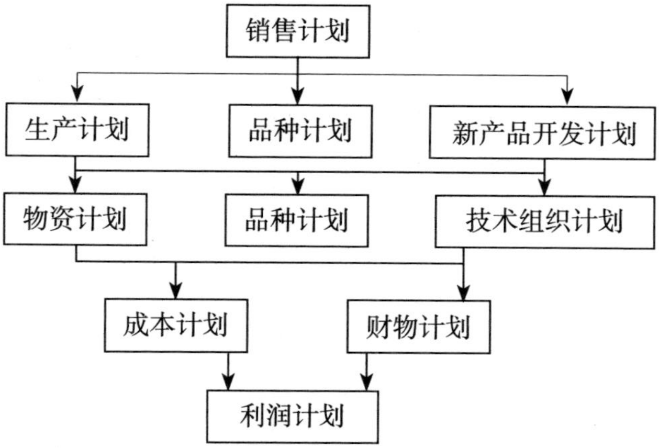

图4-3　年度计时组成及其相互关系

（1）配种分娩计划　参照上一年9~12月有关记录制定（表4-7）

表 4-7　配种分娩计划表

年度	月份	配种数			分娩数			产仔数			断奶仔猪		
		基础母猪	检定母猪	合计	基础母猪	检定母猪	合计	基础母猪	检定母猪	合计	基础母猪	检定母猪	合计
上年度	9												
	10												
	11												
	12												

续表

年度	月份	配种数			分娩数			产仔数			断奶仔猪		
		基础母猪	检定母猪	合计	基础母猪	检定母猪	合计	基础母猪	检定母猪	合计	基础母猪	检定母猪	合计
本年度	1												
	2												
	3												
	4												
	5												
	6												
	7												
	8												
	9												
	10												
	11												
	12												
全年合计													

（2）猪群周转计划（见表4-8）

表 4-8 猪群周转计划表

项目		上年存栏	月份											合计
			1	2	3	4	5	6	7	8	9	10	11	12	
基础公猪	月初数 淘汰数 转入数														
检定公猪	月初数 淘汰数 转入数 转出数														
后备公猪	月初数 淘汰数 转入数 转出数														
基础母猪	月初数 淘汰数 转入数														
检定母猪	月初数 淘汰数 转入数 转出数														
哺乳仔猪															
断奶仔猪															
育成猪															
后备母猪															
育肥猪	60 kg 前 60 kg 后														
月末存栏总数															
出售淘汰总数	断奶仔猪 后备公猪 后备母猪 育肥猪 淘汰猪														

（3）饲料使用计划（见表4-9）

表 4-9　饲料使用计划表

<table>
<tr><th colspan="3">项　目</th><th>种公猪（10月以上）</th><th>种母猪（10月以上）</th><th>后备猪</th><th>哺乳仔猪</th><th>断奶仔猪</th><th>育成猪</th><th>育肥猪</th><th>合计</th><th>金额</th></tr>
<tr><td>1月</td><td>31 d</td><td>头数
种公猪
种母猪
后备猪
哺乳仔猪
断奶仔猪
育成猪
育肥猪
合计</td><td></td><td></td><td></td><td></td><td></td><td></td><td></td><td></td><td></td></tr>
<tr><td>2月</td><td>28 d</td><td>头数
种公猪
种母猪
后备猪
哺乳仔猪
断奶仔猪
育成猪
育肥猪
合计</td><td></td><td></td><td></td><td></td><td></td><td></td><td></td><td></td><td></td></tr>
<tr><td>全年全群合计</td><td colspan="2">饲料总需要量
种公猪需要量
种母猪需要量
哺乳仔猪需要量
断奶仔猪需要量
育成猪需要量
育肥猪需要量</td><td colspan="9">全年饲料总金额</td></tr>
</table>

（二）制定程序

确定总目标

1. 必须确定是单纯养肥猪，还是单纯养种猪或二者兼营；单纯经营养猪业还是以养猪业为主，兼营其他。

2. 盘点清查全部资源

在制订生产计划时，对原有的生产要素及存栏猪种类、数量，饲料的种类、数量等一定要盘清。

3. 确定具体的生产目标确定养何种猪、数量、规模、繁殖与饲养周期、饲料种类和数量等，如兼营其他，应确定适宜比例，建立合理的生态结构。

4. 投资与资金筹集

确定投资总额，固定、流动资金等类别及资金筹集的渠道。

5. 自给饲料量拥有土地的猪场，应确定自给饲料的种类和可提供的饲料数量。

6. 确定猪的品种和相应的技术养何种品种，采取的相应技术（饲料、饲养、繁育、防疫等）和产品销售渠道。

7. 作出盈亏预测和判断从生产周期的资金流动和资源可用性观点，对生产计划的经济可行性进行评价。即根据生产目标与市场情况，作出成本总支出与总产值在经济上盈亏预测和判断。

子任务二　猪场运行与营销管理

一、劳动管理

为明确责任，规范劳动，需建立明晰的责、权、利相统一的生产管理制度。养猪生产中通常有生产责任制、经济责任制、岗位责任制三种不同的管理形式。现就生产责任制与岗位责任制的管理办法介绍如下。

（一）生产责任制

责任制是猪场经营者为了调动员工的积极性，增强工作责任心，提高猪场的生产水平和经济效益，根据猪场各生产阶段的不同特点制定的生产成绩高低与个人效益挂钩的管理办法。职工工资一般由岗位工资加效益工资构成。生产责任制的核心是明确规定生产者的任务，经营者和生产者的权利及其奖罚内容。生产责任制中的责、权、利反映人与人在生产劳动过程中的分工协作关系和分配中的物质利益关系。它对维持正常的生产秩序，搞好经营管理，提高经济效益具有重要作用。生产责任制的形式有多种，现做以下介绍。

1. 联产计酬

联产计酬责任制是联系产量计算报酬，年初按不同生产类别规定包括产量、质量或产值指标和奖罚办法，到年底结算，超产奖励，减产惩罚。

2. 联产承包

（1）企业承包按承包对象划分，主要有集体承包、合伙承包和个人承包。按分配关系划分，主要有利润分成、利润包干（全奖全赔）、费用包干、联利计酬等。

（2）企业内部承包按承包对象划分，主要有集体承包、班组承包、个人承包。按分配关系划分，主要有定包奖、收入比例分成、包干上交、专业承包和联产计酬。按经济指标划分，主要有产量包干、劳动定额包干、包生产成本、包产品质量等。

3. 计酬形式

计酬形式主要有计件工资制、计时工资制、计时结构工资（包括基本工资、工龄工资、职务或技术工资和浮动工资）、浮动工资制（包括全、半浮动和联利制）和混合制（包括分段制、比照制）。

4. 奖励与津贴

奖励和津贴是劳动报酬以外的辅助形式，这是对劳动者超过平均水平的劳动所支付的报酬。

单项奖：对完成和超额完成某项指标的奖励，如质量奖、革新奖、安全奖、节约奖、合理化建议奖等。

综合奖：多采用多种指标的百分制评奖法和年终奖励制。

津贴：包括加班津贴、夜班津贴、特殊劳动津贴、技术津贴等。

（二）岗位责任制

定额管理是岗位责任制管理的核心，其显著特点是管理的数量化。在养猪业岗位责任制管理中的主要定额内容有：劳动定额和饲料使用定额等。

做好各项消耗定额的制定和修订工作。生产过程中的饲料、兽药、燃料、动力等项消耗定额与产品成本关系十分密切。制定先进而又可行的各项消耗定额，既是编制成本计划的依据，又是审核控制生产费用的重要内容。因此，为了加强生产管理和成本控制，猪场必须建立健全定额管理制度，并随着生产的发展、技术的进步、劳动生产率的提高，不断地修订定额，以充分发挥定额管理的作用。

1. 劳动定额与评价

（1）劳动定额　劳动定额是生产过程中完成一定养猪作业量或产品量所规定的劳动消耗标准。按生产方式和劳动范围分为集体定额和个人劳动定额；按工作内容分为综合定额和单项定额；按时间分为常规的和临时性的定额。其内容均应包括工作名称、劳动条件、质量要求、数量标准。

劳动手段定额：完成一定生产任务所规定的机械和设备或其他劳动手段应配备的数量标准。如饲料加工机具、饲喂工具、猪栏等。

劳动力配备定额：按生产和管理实际需要所规定的人员配备标准。如每个饲养员应负担的猪群头数、饲料管理人员的编制定额等。

劳动定额：在一定质量的前提下，规定单位时间内完成的工作量或产量，如人工日作业定额、工副业单位时间内完成生产量定额等。

所制订的劳动定额应遵循平均先进水平，不同工作内容间的定额水平要保持平衡的原则，应简单明确，易理解和易运用。制定劳动定额的方法通常有：经验估测法、统计分析法、技术测定法。在生产中要把定额管理与报酬和生产责任制等结合起来，要严格质量检查和验收，按劳分配，按时兑现。

（2）劳动力资源利用评价

劳动利用率：在劳动生产率不变的情况下，提高劳动利用率，能够完成更多的工作量和产品量。具体计算方法：实际参加劳动的人数与可以参加劳动人数的比率；在一定时间内，平均每个劳动力实际参加劳动的工作日，或实际参加劳动的时间占应参加劳动时间的比率；工作日中纯工作时间占工作日时间的比率。

劳动生产率：提高劳动生产率是降低成本，提高经济效益的有效途径。

直接指标的计算：采用“人年”作为时间单位，即用平均每个劳动力一年内所创造的产值（或产品数量、净产值、净收入）作为劳动生产率的指标计算。如某一猪场肥猪饲养第一组3人，一年出栏肥猪3 000头，每头单价650元，其“人年”劳动生产率为：

平均每人一年的劳动生产率 =（3000头 × 650元）/3人 =650 000（元）

也可采用人工日或人工时为单位计算，即每个人工日（或人工时）所创造的产品产量（或产值）。

间接指标的计算：是用单位时间所完成的工作量来估算劳动生产率，如一个“人工时”加工多少饲料或饲喂多少猪。采用此种方法，应与劳动生产率结合起来加以分析。

2. 其他定额管理

（1）物资消耗定额为生产一定产品或完成某项工作所规定的原材料、燃料、电力等的消耗标准。如饲料消耗、药品消耗等。

（2）工作质量和产品质量定额如母猪受胎率、产仔率、成活率、肥猪出栏率、产品的等级品率等。

（3）财务收支定额在一定的生产经营条件下，允许占用或消耗财力的标准，以及应达到的财务标准。如资金占用定额、成本定额、各项费用定额以及产值、收入、支出、利润定额等。

二、猪群管理

（一）猪群结构与周转

繁殖猪群是由种公猪、种母猪和后备猪组成，各自所占比例叫猪群结构，科学地确定猪群结构才能保证猪群的迅速增殖，提高生产水平（图4-4）。

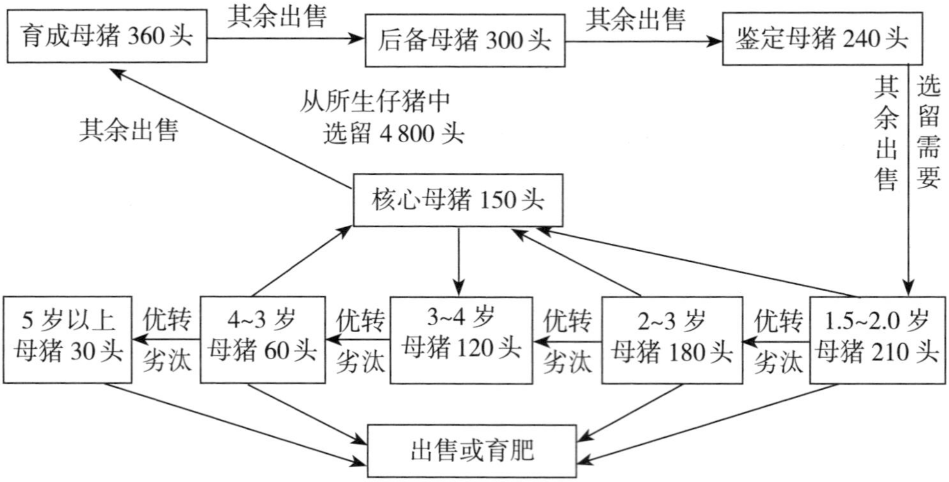

图4-4　一个600头基础母猪场的猪群结构与周转

（二）健全记录

改进猪群的管理工作，不断提高生产水平，必须健全生产记录，及时进行整理分析。主要包括配种记录表、仔猪登记表、生长发育记录表、系谱卡和猪群变动登记表（表4-10）等。

表 4-10 猪群变动登记表

年 月

群别	项目	1	2	3	4	5	6	7	8	9	10	11	12	13	14	15	16	17	18	19	20	21	22	23	24	25
	期初																									
	转入																									
	转出																									
	出售																									
	死亡																									
	期初																									
	转入																									
	转出																									
	出售																									
	死亡																									
	期初																									
	转入																									
	转出																									
	出售																									
	死亡																									
	期初																									
	转入																									
	转出																									
	出售																									
	死亡																									
存栏合计																										

三、产品营销

营销是指企业通过市场出售自己的产品，在实现产品的价值和使用价值过程中，所进行的计划、组织和控制等一系列工作的总称。搞好产品流通，对企业本身的生存、发展和社会的需求具有重要意义。

（一）产品营销的意义

1. 联系企业生产和社会需要，实现企业生产目的

在生产的总过程中，生产是起点，消费是终点，分配和交换是中间环节（包括产品销售过程）。猪的流通是连接生产和消费不可缺少的重要一环，可促进生产，引导消费，吞吐商品，平衡供求，合理组织货源和营销，以缓解供需不平衡的矛盾。

2. 加速流通和资金周转，提高经济效益

如产品销售不畅造成积压，必然影响资金周转和正常生产，使企业陷入困境。只有搞好产品营销，才能加快资金周转，提高资金利用率，增加经济效益。

3. 改善经营状况，提高管理水平

企业的生产经营活动是由生产分配、交换和消费等环节组成，其中一个环节受阻，必然影响全局，必须搞好营销，扩大销售范围，提高竞争能力，面向市场，主动适应买方市场的需要。

（二）营销的原则

1. 主动性

如生产的产品靠企业自身推销，必须增强主动性，要掌握市场信息，了解消费者的需要；正确分析本企业的产品在市场上的地位、占有率、竞争力；搞好市场定位，积极开拓市场；搞好售后服务，提高信誉和市场占有率。

2. 灵活性

产品销售受企业内外多因素制约，必须灵活地选择市场和流通渠道，选择适宜的交货方式、付款方式、推销方式，及时调整价格，以利产品销售。

3. 用户至上

企业要以服务为宗旨，端正经营作风，如实介绍产品的性能、质量，严防弄虚作假、坑害用户和不择手段谋求非法利润的错误倾向。

4. 经济效益产品营销既要着眼目前，更要放眼未来，一定要看到长远利益。其关键要在增加产量和降低成本、提高销量、减少销售环节、缩短销售渠道、降低销售成本等方面下功夫，争取获得好的经济效益。

（三）流通渠道

产品的销售需要经过一定的途径和通道，称此为销售渠道或流通渠道。参与销售活动的单位和个人，如批发商、零销商、代理人等，将产品推入市场，我国多成分、多层次、多渠道、多形式、少环节的流通体制正逐渐增多。

1. 商品育肥猪的销售渠道

直接销售渠道：生产者与消费者或收购者直接进行交易，不经过任何中间环节，减少中间环节的费用支出，但生产者要交付一定的流通费用。自宰自销亦属于这种销售渠道。

间接销售渠道：生产者将商品育肥猪通过屠宰场（户）、中间商或国营食品公司进入市场。

2. 种猪和仔猪的销售渠道

直接销售渠道：生产者将种猪、种用仔猪、育肥用仔猪直接销售给用户，有些生产者通过市场（仔猪集散地）直接销售给用户，这种销售方式易传染疾病。

间接销售渠道：生产者经过中间商将产品销售给用户。

（四）促销策略

促进销售是市场营销中的一个重要内容，指企业综合运用自身可以控制的各种市场经营手段进行有效的经营活动。随着商品经济的不断发展，市场竞争的不断加剧，生产者不仅要生产质优价廉的产品，而且要加强对外宣传，扩大信息传播，增加企业和产品的知名度。

1. 人员推销

（1）推销人员的作用是开拓市场，不仅要牢固地占领现有市场，而且要开拓潜在市场，沟通信息，向用户提供产品信息，及时将用户的需求向企业反馈；咨询服务，经常向用户提供各方面的服务；市场调查，在营销活动中，主动进行市场研究和搜集信息，为企业的经营决策提供依据；促进销售，通过与用户或消费者的广泛接触，利用彼此相互信任的关系，运用推销艺术，分析用户的疑虑，达到促销目的。

（2）推销人员的素质：具有高尚的职业道德，维护国家和群众的利益；具有明确的服务观念，热爱本职工作，遵纪守法，秉公办事；具有坚实的专业知识和基本技能，了解本行业的发展趋势和市场动态；具有勇往直前的精神和一定的推销技巧，不怕困难，勇于进取，谦恭待人，谈吐有礼，口齿流利。

2. 非派员销售利用广告、商标、营业推广、公共关系等推销产品。

子任务三　猪场经济核算与经济分析

一、经济核算

经济核算是指对生产经营过程中的劳动消耗、物质消耗及经营成果进行记载、计算、分析和对比，考核猪场经济合理性。它主要包括资金核算和成本核算。

1. 资金核算

资金是各种财产和物资的货币表现，对一个猪场而言，它包括货币形态的资金和实物形态的资金。资金按周转性质分为固定资金和流动资金。

（1）固定资金　指垫支在固定资产上的资金，也是固定资产的货币表现。它是以实物形态如房屋建筑、圈栏、机械设备、运输工具等，它的特点是使用时间长，可多次参加生产过程而不改变原来的物质形态，只是逐步磨损，并且把价值逐年转移到产品中去，并以折旧的方式计入成本。

（2）流动资金　指购买仔猪、肉猪、饲料、兽药及其他消耗性原料等的货币支出。它的特点是只参加一次生产过程就被消耗掉，并把它的全部价值转移到新的产品中去。

2. 成本核算

成本是指养猪企业在生产经营过程中发生的各项耗费。通过成本核算进行成本分析来考核经营成果，并及时总结经营中取得的经验，找出经营中出现的问题，最终达到降低成本的目的。

（1）成本项目　养猪场的主要成本项目有劳务费（指直接从事养猪生产的饲养人员的工资和福利费）、饲料费、燃料和动力费、医药费、固定资产折旧费、固定资产维修费、低值易耗品费、其他直接费用、管理费、利息支出等。这些生产费用的总和，就是猪场的生产总成本。

（2）成本计算　计算成本需要收集一个生产周期或一年内的成本项目记账或汇总，核算出各猪群的总费用，将各类猪群的头数、活重、增重、主副产品产量等统计资料。运用这些数据资料，可计算出各类猪群的饲养成本和各种产品的成本。在养猪生产中，一般需要计算猪群的饲养日成本、增重成本、活重成本和主产品成本等。

猪饲养日成本，该成本表示猪场饲养期内平均每天每头猪支出的饲养费。

猪饲养日成本 = 猪群饲养费用 ÷ 猪群饲养头数 ÷ 猪群饲养日数

断奶仔猪活重单位成本，俗称断奶仔猪毛重成本，它表示断奶仔猪每千克活重所支出的饲养费。

断奶仔猪活重单位成本 =（生产母猪饲养费 − 副产品价值）÷ 断奶仔猪活重

肥育猪增重单位成本，该成本肥育猪每增重 1kg 所耗费的饲养费用。

肥育猪增重单位成本 =（猪群饲养费用 − 副产品价值）÷ 猪群增重量

肥育猪活重单位成本，它较全面地反映了生产管理的效果，是极为重要的指标。

肥育猪活重单位成本 =（期初活重总成本 + 本期增重总成本 + 转入总成本 − 死猪残值）÷（期末存栏活重 + 期内离群活猪重）

猪产品单位成本，它是经营者必须进行分析核算的重要成本指标。主产品单位成本越高，所得的利润越少。

猪产品单位成本 =（该群饲养费用 − 副产品价值）÷ 该群产品总产量

（3）成本分析。根据养猪生产特点与成本核算的特点，养猪场的成本项目核算应以各类猪群为核算对象，以场、队、组为核算单位，以表格的形式，统计每个饲养周期或年终生产各项费用的支出。这些报表有原始记录表（如猪群变动登记表、饲料消耗登记表、产品收入登记表、物质费用登记表、饲养用工登记表等）、主要成本费用表（仔猪费、饲料费、人工费、折旧费）、产品成本计算表。

成本核算程序为：审核费凭证，将应由成本开支的费用计入成本；按成本核算对象汇集直接费用，按不同的部门、队、组来归集间接费用，将间接费用按合理的方法分配计入生产成本；在产成品和在产品间分配有关的生产费用，在此基础上计算出产成品的总成本和单位成本。

二、经济效益分析

猪场的经济效益分析是根据成本核算所反映的生产情况，对猪场的产品产量、劳动生产率、产品成本、盈利等进行全面系统的统计和分析，为对猪场的经济活动做出正确评价提供依据。

（1）产品率的分析　通常是分析仔猪成活数和猪只平均日增重与料重比是否完成计划指标。

（2）产品成本分析　根据生产统计资料计算饲养费用和管理费用，常进行肥育猪增重成本和仔猪活重成本计算。饲料费用一般占总成本的70%左右，是影响成本的重要因素。因此，提高猪群饲料转化率，开发本地饲料资源，是降低成本的有效途径。

（3）盈利分析　在养猪生产创造的价值中，去除支付各项费用支出之后的余额就是猪场的盈利，称为毛利。

利润额 = 销售收入 − 销售产品成本 − 销售费用

当利润额为正值时即盈利。

参考文献

[1] 杨公社 . 猪生产学 [M]. 北京：中国农业出版社，2002.

[2] 宣长和 . 猪病学 [M]. 北京：中国农业科学技术出版社，2003.

[3] 郑友民，苏振环 . 中国养猪 [M]. 北京：中国农业科学技术出版社，2005.

[4] 李立山，张周 . 养猪与猪病防治 [M]. 北京：中国农业出版社，2006.

[5] Barbar E S，Jeffrey J Z，Sylvie D'A，et al. 猪病学：第9版 [M]. 赵德明，张仲秋，沈建忠主译 . 北京：中国农业大学出版社，2008.

[6] 刘作华 . 猪规模化健康养殖关键技术 [M]. 北京：中国农业出版社，2008.

[7] 孙卫东 . 猪场消毒、免疫接种和药物保健技术 [M]. 北京：化学工业出版社，2010.

[8] 邢军 . 养猪与猪病防治 [M]. 中国农业大学出版社，2012.

[9] 魏彦明，猪病处方手册 [M]. 北京：金盾出版社，2013.

[10] 张鹤平 . 猪的行为与精细饲养管理技术指南 [M]. 北京：化学工业出版社，2015.

养猪实用技术问答

一、影响养猪效益的因素有哪些?

1. 品种

养殖户可根据市场的需求决定所养的品种。一般瘦肉型良种猪和土杂交猪相比较，其售价之差可达每千克一元左右，但目前对饲料和管理水平的要求都较高。随着人们对瘦肉需求的增加，如有条件的话，养殖户发展瘦肉型的猪种不失为一种明智的选择。

2. 饲料

饲料的选择是养殖户最为头痛的问题之一。目前，市场上销售的饲料几乎达上百种，这往往使养殖户感到眼花缭乱而无所适从。另外，有的饲料贵，有的饲料便宜。俗话说，一个便宜三个爱。但养殖户又担心便宜无好货而上当受骗。

一般来说，养殖户选择饲料应注意两个主要方面，一是饲料应质价相符，二是质量能保持稳定。一味地追求皮红毛亮，能拉黑便的饲料的做法不可取。

3. 管理

良好的饲养管理是养猪能否获利的关键。俗话说：三分管理，七分效益。可见管理之重要。要根据猪的不同阶段实施不同的管理方法。应妥善地处理好不同阶段猪的温度、湿度、密度、饮水、通风换气等方面的问题。同时注意操作的程序和规范化。总之，要给猪只创造良好而又舒适的生活环境，尽量减少各个方面的应激，增强猪只的抗病能力。

4. 疾病防治

疾病是困扰养猪业的重要问题之一。随着养猪规模的扩大和养殖时间的增加，疾病的发生率也越来越高。疾病防治的原则：以防为主，防治结合。要结合本地区疾病流行的特点，有针对性地选择疫苗免疫程序。如猪发病，最好请有经验的兽医进行诊治。

5. 市场行情

市场行情受市场调节，养殖户对此无能为力，而只能根据行情来选择饲料和养殖规模。市场行情包括两个方面，一是猪价行情，二是原料行情。前者很难预测，一般好像3~4年为一个周期。养殖户可将近10年来的猪价行情变化作一分析，从中找出一些带规律的东西，从而作为发展养殖规模的参考资料。原料价格的变化更是没有什么规律可找，但养殖户应多了解国际或国内有关原料价格方面的政策，动向以及原料未来的走向作一大致的估测。目前网上有很多有关这方面的信息资料，有条件的养殖户也可上网查询。

二、我国目前利用的主要猪种有哪些?

在一些大型的供港猪场、目前使用的主要品种为大白、长白和杜洛克。往往用大白公猪配长白母猪，所产的 F1长大母猪再与纯种杜洛克配种后，所产的 F2杂交商品猪供出售。这是一个典型的三元杂交模式，所产生的杂交优势约为23%。

良种瘦肉型的猪种虽然具有生长速度快，瘦肉率高的优点，但它对饲料质量的要求很高。饲料应包含优质的蛋白原料，且氨基酸的组成一定要平衡。否则，上述性状难以表现。

另外，我国还有大量的土种猪，例如梅山猪、通城猪等。虽然我国种猪耐粗饲，适应性好，抗病能力强，繁殖性能极佳，但致命的弱点是生长速度慢，瘦肉率低和料肉比高。目前很多小型养殖户主要饲养的品种为土杂猪，最好采用改良式饲养三元杂交猪。即使用本地母猪一次，使用洋公猪两次。这种商品猪体型和瘦肉率都比较好，同时兼有良种猪和土杂猪的一些优点，这也是大多数养殖户乐于饲养这种改良猪的原因之一。

选择母猪要看其父母的成绩，有无遗传缺陷。躯体结构匀称，背腰长，肢蹄健壮，前胸后臀丰满，乳头数不能少于七对。公猪一定要是纯种，符合本品种体型外貌特征，身体结实，四肢强健，腹部收紧，睾丸发育良好，臀肩肌肉发达。

三、引种前后需要注意哪些问题?

引种之前客户要做好猪栏的消毒、隔离工作。如果是新建的场，完工后用烧碱或石灰乳仔细消毒一两遍即可。如果是旧场，隔离猪舍最好空栏3个月以上，并且应彻底清扫、反复消毒。条件许可的情况下，隔离猪舍离原有猪群尽量远些。

引种回去后，按种猪体重大小分栏饲养，当天不要饲喂过多饲料，只需提供充足的饮水。由专人负责管理和饲喂，并在饲料中添加一些广谱抗菌药物，如土霉素碱1 000 g / t，连喂7~10 d。过一星期后，待种猪食欲、精神完全恢复正常之后，可安排猪瘟、乙脑、细小病毒和伪狂犬等疫苗的注射工作。细小病毒、乙脑与伪狂犬疫苗可在第1次注射之后2周加强免疫一次。最后一针疫苗注射完毕后至少隔18 d 方可配种，其他疫苗的免疫根据当地疫病流行情况酌情处理。

引种45 d 左右可将原有猪群粪便接种新的种猪群，观察一段时间无异常反应后方可混群，千万不可引种之后立即混群。

四、引种及防疫应注意哪些事项?

1. 药物

种猪到达后，先行消毒隔离，让其先休息2~3 h，再全体每头种猪注射长效土霉素一针。接着在饲料中添加7~10 d 土霉素碱（1 000 mg/kg）或磺胺（250 mg/kg+50 mg/kg 增效剂）或阿莫西林原粉300 mg/kg。

2. 疫苗

（1）种猪采食、精神恢复正常后，注射猪瘟疫苗（4头份 / 头）。

（2）3 d 后，注射细小－乙脑疫苗（若是乙脑灭活疫苗，加药期间可以注射，若是活菌疫苗，须停药10 d 后再打）。

（3）再隔3 d 后，注射伪狂犬疫苗。

细小、乙脑、伪狂犬疫苗在配种前注射两次为佳，每同一种疫苗（比如细小疫苗）的两次注射之间，至少间隔14 d。最后一轮疫苗做完后不少于18 d 方可配种。

猪瘟和伪狂犬疫苗之间至少要间隔7 d 注射。

注射链球菌疫苗、猪丹毒、猪肺疫苗等细菌疫苗时，前后10 d 都不得添加抗菌药物。

口蹄疫苗、伪狂犬疫苗加药期间可以注射。

3. 隔离

（1）种猪和新引进的种猪最好在45 d 之内不要相互接触。（猪只的粪便、使用的器具，饲养人员、老鼠以及其他一切可能引起直接接触的东西。）

（2）养初期其他饲养员尽量减少与饲养新种猪舍之间的人员流动。

（3）请注意本场和当地的有关疾病，如果认为有必要，请注射相关的疫苗。

五、如何控制好配合饲料的质量?

一般来说，配合饲料的质量包括三个主要方面。

1. 饲料原料的控制

原料是影响质量非常关键的因素。如养殖户使用浓缩料，则要采购玉米和麸皮。玉米不要有霉变，且水分最好不要超过14.5%，麸皮最好直接从面粉厂进货，如经过中间渠道，则有掺入糠壳粉的可能。养殖户如使用预混料，则还要购买蛋白质、钙、磷、盐等原料。豆粕要注意生产厂家的规模，加工过程中的温度控制。温度过高则豆粕呈棕褐色，过低则呈白色。还有一种情况是温度控制不稳定，豆粕则有的生，有的熟，没尿素酶活性时可能正常，但实际上比豆粕的质量较差。过熟的豆粕，其蛋白质变性，利用率只有正常的70%左右，生豆粕则由于胰蛋白酶抑制因子没有被破坏，而导致蛋白质消化上的障碍，从而引起猪腹泻的发生。由于鱼粉的价格较昂贵，常会掺假，质量好的是进口秘鲁鱼粉，其蛋白质含量应在62％以上，国产鱼粉除外观细度上没有秘鲁鱼粉均匀外，内在质量完全可以和进口鱼粉媲美。

2. 饲料配方的控制

养殖户最好能按饲料厂家的推荐配方使用，但如果本地有更加丰富的廉价原料可请饲料厂家的配方师单独制作推荐配方，切忌自己随意增减。

一般来说，在猪的育肥阶段，养殖户如追求高的瘦肉率，则麸皮的添加量可稍大一些，大猪可达20%~25％，但如果追求生长速度，则可将麸皮的添加量控制在15%~18％。养殖户对经济状况追求不同，而推荐配方应稍有差异。

配方一旦确定，不要经常地换来换去。如果不断地用廉价原料取代价格高的原料，则最后猪的生产性能将大受影响。

3. 加工工艺的控制

有条件的养殖户可利用原料混合配制全价饲料。应注意的是称量一定要准确，混合时间一定要充分。原料的添加顺序应遵循由大到小的原则。

在进行手工拌料时，先倒一层玉米粉，再倒一层浓缩料，再倒一层麸皮，最后来回翻动几次直到均匀为止。混合均匀性是保证养殖效果的一个很重要的方面，千万不能忽视。

六、猪的营养包括哪些方面?

猪的营养需要包括六大方面，即蛋白质、碳水化合物、脂肪、矿物质、维生素和水。它们是猪维持生命、生长和繁殖所必需的营养物质。

当然作为饲料来说，除了满足上述动物基本的营养需要外，还要考虑加一些促生长剂、香味剂、防霉剂、防氧化剂、酶制剂、合成氨基酸等，以发挥动物的最大生产性能和增强其抗应激的能力。

七、猪饲料中使用的主要原料包括哪些?

1. 能量类：小麦、大麦、碎米、次粉、麸皮、油。

在谷物类原料中，玉米的能值最高，但蛋白质低，氨基酸的组成不好。麦类及其副产品的蛋白质要高一些，但其粗纤维要比玉米高，因此能值要低一些。

油作为一种原料使用时，它即可供能，也可提供必需的脂肪酸。油代谢能值可高达33 486.4 kJ，几乎为玉米的2.6倍，由于油价昂贵，一般养殖户都不在饲料中加油。但如果玉米的添加量低于50％时，则要考虑加油以提供亚油酸等必需脂肪酸，否则，猪会因为缺乏必需脂肪酸而导致生产性能下降。

2. 蛋白质类：鱼粉、豆粕、花生粕、棉粕、菜粕、酵母粉、肉骨粉。

一般将粗蛋白含量大于30％的原料归为蛋白类原料。鱼粉是动物性的高蛋白质饲料原料，在猪的日粮中特别是乳猪料被广泛使用。鱼粉中的氨基酸平衡良好，对促进动物生长有明显的作用。但由于其价格昂贵而使其使用范围和用量受限。养殖户往往把浓缩料中鱼粉含量的高低作为判断饲料质量优劣的依据，这不无一定的道理。

豆粕富含赖氨酸，但蛋氨酸不足，花生粕中的赖氨酸含量低于豆粕。如果养殖户要用部分花生粕取代豆粕喂猪，则要考虑补充赖氨酸。豆粕与花生粕中的赖氨酸含量分别为2.6％和1.6％。花生粕的用量生长猪最好控制在5％，肥育猪不要超过10％。棉粕和菜粕因其含有一些有毒物质而在用量上加以控制，二者最好能同时使用，二者中氨基酸可以互相弥补。一般生长肥育猪中二者共同的用量最好不要超过15％，繁殖母猪中的用量控制在6％以内较安全。

酵母除含有丰富的蛋白质外，维生素 B 族的含量也很高。酵母中的赖氨酸含量较高，但蛋氨酸不足。由于适口性不佳等方面的原因，日粮中的含量最好不要超过2％。

目前，养殖户使用肉骨粉的情况还不多，但当鱼粉价格昂贵时，饲料厂可考虑使用部分进口肉骨粉。进口美国肉骨粉的粗蛋白在50％左右，由于肉骨粉其组成上每批都有差异，因此质量难以稳定，同时要特别注意肉骨粉中脂肪的氧化情况，一旦发现“哈喇”味，则应停止使用，日粮中的比例控制在2％左右，乳猪料中不要使用。

3. 矿物质类：磷酸氢钙、碳酸钙、食盐、硫酸铜、硫酸亚铁、硫酸锰、碘化钾、氧化锌、亚硒酸钠、氯化钴等。

动物体内存在常量和微量元素两大类。前者指占动物体内干物质重0.01%以上，这些元素普遍存在于生物的正常组织，有些是骨骼的成分，如钙、磷，有些是体内代谢中酶的成分，如铜、铁、锌等。饲料中常量和微量元素的缺乏，必然导致动物生理代谢和结构的异常。养殖户或饲料厂在使用这些原料时，要注意其重金属的含量，特别是铅、汞、砷等有毒金属的含量。

4. 维生素类：脂溶性维生素 A、D、E、K，B 族维生素，如生物素、氯化胆碱。

维生素不是动物体内的结构物质，它在动物代谢过程中作为某些酶类和激素的组成成分，对营养物质的代谢起催化作用。

一般养殖户没有能力将这添加量很少的维生素混合均匀后加入饲料中，通常通过购买饲料厂家的浓缩料或预混料来解决这一问题。

5. 营养性和非营养性添加剂：合成赖氨酸、蛋氨酸、苏氨酸、色氨酸、药物、驱虫剂、防霉剂、抗氧化剂、调味诱食剂、酶制剂、黏结剂等。

八、猪饲料的配合要点有哪些?

猪饲料的配合要注意下述几个重要的方面。

1. 选用的原料品种要尽可能多。

原料品种多可起到营养物质的互补作用，但要注意猪对原料中营养物质的利用效率。

2. 饲料原料的质量要符合标准。

可按照国标采购原料，切忌贪图便宜而采购劣质原料。

3. 尽可能使用本地廉价饲料原料。

各地方的饲料原料资源不尽相同，有些廉价的饲料原料如红苕、豆腐渣等，都可以加以利用，以降低养殖成本。

4. 饲料原料的供应要货源充足。

对于某些时有时无的原料，最好要避免使用，因为经常更换原料，可对猪只造成应激。

5. 注意饲料原料的适口性。

虽然有的原料很廉价，但适口性不好，要注意限制这类原料的用量。反之，对于那些适口性非常好的原料，也要考虑限制喂量，以防过食而出现消化方面的问题。

6. 严格按照饲养标准设计配方，切忌随意配制。

饲养标准是根据饲养试验结果而制定的标准，比较有权威性的标准有美国的 NRC 标准，英国的 ARC 标准以及我国的国标。饲料企业也可参照这些标准而制定出自己的企业标准。

7. 混合搅拌要均匀。

有些添加量少的原料要先进行预混合，然后再添加到大料中进行混合。

九、什么是氨基酸平衡和理想蛋白的概念?

氨基酸（AA）平衡＝饲料中 AA 种类、数量、比例 / 动物所需 AA 种类、数量、比例＝1

理想蛋白：确定第一限制性 AA 赖氨酸的需求量后，根据 AA 的平衡关系，制定其他氨基酸的需求量。一般先测动物体组织中氨基酸的种类、数量和比例，然后在饲料蛋白质的氨基酸组成中按此提供，这样动物在利用饲料蛋白质中的氨基酸时不至于造成浪费。目前所考虑的氨基酸主要有赖氨酸、蛋氨酸、苏氨酸、色氨酸等十种必需氨基酸。

十、瘦肉型生长猪的主要生长性能指标是什么?

附表1中的数字为中国目前的平均水平。欧美等国家由于通过不断地对猪进行选育，同时饲料水平也不断提高，其主要生长性能要高于此水平，好的料肉比已降到约2.45：1。

附表 1　瘦肉型猪生长性能指标

体重 /kg	耗料 /kg	日增重 /g	料肉比
1~5	0.24	200	1.20
5~10	0.45	300	1.45
10~20	0.90	450	2.00
20~60	1.80	650	2.75
60~100	2.60	750	3.45
100–150	2.98	1000	2.98

十一、全群料肉比如何计算?

母猪分摊：(114 × 2.2+10 × 3+30 × 5) × 2.2/20＝47（kg）

其中114为妊娠时间，10为平均断奶到再配种之时间，30为平均天数。括号内其他数字为每日摄食量。按每年平均2.2窝，每头母猪年出栏肥猪20头计。

公猪分摊：365 × 2.2/20/0＝2（kg）

每头公猪每天喂料量2.2 kg，每头公猪配20头母猪，每头猪出栏肥猪20头。

全群料肉比：(298+47+2) /100＝3.47

上述计算明确指明了影响全群料肉比的因素。缩短断奶到再次配种时间，缩短泌乳时间，增加母猪年产窝数，增加母猪年产上市商品猪头数，增加每头猪所配母猪数（25头较适宜），这都可降低全群料肉比。当然生长猪的料肉比对全群料肉比也有重要影响。

总之，管理者要想办法降低分子数而增加分母数，但公猪的饲料喂量应根据饲料的质量以及公母猪的体况而加以调整。如果通过减少饲料喂量而不顾公母猪体况达到料肉比下降，此做法应该绝对避免。

十二、为什么种猪饲料中不能添加棉籽粕、菜籽粕?

棉籽粕中含有游离和结合的两种棉籽油酚，前一种棉酚是一种细胞、血液、血管和神经性毒物，可造成母猪流产、公猪不育，猪出现痉挛、共济失调、步态不稳、下痢、血便、视力障碍等症状。棉籽粕的蛋白质含量较高，但其赖氨酸含量较低，饲喂棉籽粕还易引起便秘，再加上棉酚的毒性，因此最好不用。

菜籽粕中含有芥子苷，在芥子酶作用下，可水解产生有毒物质异硫氰酸丙烯酯，若不经去毒处理，具有强烈的穿透性和刺激作用，可使妊娠母猪发生流产，有时产弱仔及无毛仔猪，有的蹄部发凉、四肢无力、站立不稳、心力衰竭、腹痛、腹泻、咳嗽、呼吸困难，重症者虚脱而死。另外菜籽粕中还含有芥酸和单宁，前者可造成脂肪在心脏蓄积，抑制生长，后者则影响适口性和营养物质消化。

十三、猪群生产目标管理主要指标有哪些?

1. 间情期 <7 d
2. 返情率 < 6%
3. 流产率 < 0.8%
4. 不孕率 < 2%
5. 分娩率 > 89%
6. 产活仔 > 10.9
7. 群猪平均胎次为4
8. 平均年产窝数 >2.2
9. 产仔间死亡率 < 6%
10. 保育间死亡率 < 2%
11. 生长肥育期死亡率 < 1%
12. 商品猪 / 每头猪 / 每年 >21头
13. 90 kg 上市所需天数为168 d

如果猪场的生产指标与上述指标差距较大，则要及时找出原因，进行干预和纠正，否则对经济效益产生影响。

十四、公母猪每日耗料量的大致指标如何？

一般来说，如果配方按国标设计，可按附表2提供公母猪大致的日喂量。

附表 2　公母猪每日耗料量指标

状态	喂量 / （$kg \cdot d^{-1}$）
青年母猪	2.0
泌乳母猪	5.0
断奶母猪	3.0
公猪	2.2

按此计算，一头母猪一年约耗料一吨。有些猪场将妊娠或泌乳期的能量配得过低，加入了大量的麸皮、大麦或含粗纤维高的原料，则日喂量应增加。饲养员应随时注意母猪的体况而调整饲料的喂量。

十五、后备母猪的饲养管理要点有哪些？

后备母猪的饲养管理主要注意以下几个方面。

1. 膘情控制和公猪诱导

后备母猪在60 kg前应让其充分发育，60 kg后到配种前半个月要适当限制饲养以防其过肥，每天喂料约2 kg，日喂两次。后备母猪可使用生长肥育猪饲料。

后备母猪长到160日龄时，最好每天将母猪赶入成年公猪栏接触35 min。成年公猪下颌腺分泌的外激素有助于诱导小母猪发情。

2. 短期优饲

在后备母猪配种前14 d可加强饲养，实行自由采食，这样母猪可多排约2.5个卵，这对于提高初产母猪的窝仔数无疑有重要的作用。

3. 母猪至少二次发情时配种

小母猪的排卵数与情期数有关。初情时配种由于排卵数低而导致窝仔数低，由于初产母猪占全群母猪数约30%，因此其产仔性能如何直接对全群产生很大影响。公猪诱导使其提早发情的重要目的也在于使其在配种前多几个情期。有的养猪场对所配小母猪的情期数无记载，这无疑是一种不正确的操作方法。

4. 单配复配和双重配。

配种的最佳时间应在发情母猪允许公猪爬跨后的10~26 h。单配指在母猪发情中，只用公猪交配一次。这样虽然可减少饲养公猪的头数，但由于母猪的最适配种时间难以掌握，所以单配有可能降低受胎率和减少窝仔数。复配指在一个发情期中，用同一头公猪配两次，间隔时间为8~12 h。生产实践中也常月不同的同品种公猪间隔时间配两次。此种方法可使母猪生殖道内经常有活力较强的精子存在，增加卵子受精的机会，从而提高母猪的产仔数。双重配是指在一个发情期内，用两头同品种或不同品种的公猪在较短的时间间隔内（10~15 min）与同一母猪配两次。此法可促进卵子加速成熟，缩短排卵时间，增加排卵数。但此法由于两次配种间隔时间短，常会产生与单配相似的缺点。

关于配种最佳时间的掌握，有四句谚语可供参考：阴户粘草，输精正好；神情发呆，输精受胎；站立不动，正好配种；黏液变稠，正是火候。

十六、解决母猪不发情常用的方法有哪些?

引起母猪不发情的原因是多方面的，最好能找出原因，再对症解决。

1. 母猪过瘦

母猪在哺乳期营养不良，脂肪等贮备大量消耗，这种过分消瘦所致的不发情在头胎母猪表现尤为明显。解决方法是加强哺乳期的营养，断奶后加强营养，使膘情迅速恢复，促使发情。如果过了近一月还未发情，可注射一针 PG 600，看是否发情，如果仍未发情，则考虑淘汰。

2. 母猪过肥

青年母猪如果饲养不当，营养不平衡，碳水化合物过多，后期又不限饲，加之缺乏运动，则会造成母猪过肥。卵巢及其他生殖器官被脂肪包埋，从而造成不发情。解决方法是控制营养，加强运动，使膘情下降，促使母猪发情。

3. 生殖器官有疾病

如果膘情等其他方面没问题，但是母猪就是不发情，则可能是生殖器官有疾病的缘故，最好请兽医诊断和检查一下，如果在采用一些催情的方法都无效的情况下，则要考虑淘汰。

4. 常用的诱情方法

（1）与成年公猪接触。

（2）换圈　将不发情的母猪与发情母猪关在一起，通过发情母猪的爬跨，促进不发情母猪发情。

（3）运动　加强运动有利于促进母猪发情。有时可考虑将不发情的母猪放入推车中，从栏的一头推到另一头，让其受到较强的应激，从而启动繁殖轴线，达到促进发情的目的。

（4）同时断奶　将几头同时断奶的母猪关入一栏中，其中如一头发情配种后，其公猪的气味和精液等会对其他母猪起很强的诱导作用。断奶后的母猪最好不要单栏关养。

（5）注射PG 600　在其他方法没有效果的情况下，考虑注射PG 600。PG 600中包括400 IU的孕马血清促卵泡激素，它可促进卵泡的发育，还包括200 IU的人绒毛膜促性腺激素，它可促进排卵。请不要滥用化学合成激素，如苯甲酸雌二醇可引起母猪发情，但可能不伴随排卵，这样也达不到受孕目的。

十七、妊娠母猪的饲养管理要点主要有哪些？

1. 妊娠母猪怀孕后对营养物质的利用率提高

对营养物质的利用率的幅度可增加约10%，喂相同的饲料，妊娠和非妊娠母猪相比，经过一个妊娠期以后，前者比后者要多增加体重约20 kg。英国有的猪场在淘汰8胎以上的老母猪时，先让其怀孕1.0~1.5个月，然后宰杀。

2. 妊娠母猪每天的可消化能摄入量不能低于25 200 J

根据英国Cole博士的观点，这是一个在任何条件下妊娠母猪所摄入的能量底线值。

3. 根据膘情决定饲料喂量

妊娠母猪的饲养应因猪制宜，不能简单地每头母猪每天喂2.2 kg。有的猪场把过瘦或过肥的怀孕母猪做上不同颜色的记号加以区别，从而调整其喂料量。

4. 妊娠初期的低水平饲养

从配种后的第2天起应降低饲料喂量，每天可喂1.8 kg左右，这样维持10 d左右，然后根据母猪体况调整到2.2 kg/d或2.5 kg/d的水平。试验证明妊娠初期高水平饲养→肝血流量增加→孕酮代谢清除率增加→血中孕酮水平下降→子宫特异蛋白分泌下降→胚胎的发育和附值受阻。但如果持续一个月的低水平饲养，则会导致受胎率的下降（64%左右）

5. 尽量避免各类应激的发生

要给母猪提供营养平衡的饲料，特别要注意这一阶段钙、磷的平衡以及充足的维生素的供给。否则产后瘫痪的发生率会增加。严禁给母猪喂发霉的玉米。另外，要防止母猪滑倒。任何鞭打、惊吓、追赶等过急行为都容易造成母猪流产。

目前，欧洲一些国家已禁止单栏饲喂母猪。动物福利组织认为母猪限制在栏内是对其的一种虐待。现在一般将60头妊娠母猪关在一个大栏内，母猪可以自由活动，并通过母猪耳上安装的超声波发射器来获得各自的饲料定量。不过这种由电脑控制的超声波收发装置比较昂贵，有的猪场主不愿意做这笔投资。母猪在妊娠期内自由采食。但饲料的营养浓度却大为稀释。一般用甜菜渣来稀释能量浓度，采用此方法后，平均窝产仔数提高约1.5头，且初生重也有提高。中国的甜菜渣资源很有限，但有养殖户利用花生壳粉碎后作为填充料喂妊娠母猪也收到了同样的效果。目前一般认为妊娠母猪消除了很强的饥饿感后，则胰岛素的分泌量不会因为进食与否产生大的波动。这种情况对胚胎和胎儿的正常发育产生好的影响。

十八、泌乳母猪饲养管理要点有哪些?

1. 产后快速达到最大摄食量

母猪产仔时，一般食欲不好。母猪产仔结束后可添加一定量的麸皮以起轻泻的作用。在产后最初一周，从每日1 kg 饲料逐渐增加到7 kg 饲料。要密切注意产后母猪的摄食情况，如果摄食的增加出现异常，要及时地查出原因，对症治疗。

2. 高温季节，直接影响母猪的摄食量

一方面要考虑提高饲料营养物质的浓度。有条件的可考虑添加2%的油脂，同时保证15%左右的粗蛋白。另一方面用缓慢滴水到颈背部的方法，帮助母猪带走一部分热量。夏季猪舍内要加强通风换气，尽量改善猪舍内的小环境。

3. 争取母猪泌乳期最大的体贮备

最大限度地减少母猪泌乳失重的方法包括对妊娠期摄食量的控制和泌乳期自由采食两方面。试验证明泌乳期摄食量和妊娠期摄食量呈负相关。因此，保持母猪妊娠期正常体况是防止断奶时瘦母猪症发生的一个重要方面。另外通过妊娠期过分增重，然后通过泌乳期的失重转换成乳汁，这样进行饲料的两次转化，从经济上讲也是划算的。

4. 泌乳母猪进入产仔舍之前要“洗澡”以减少产仔舍内的细菌数

要用清洁剂对母猪冲洗干净，然后再将母猪赶入产房。有条件的场赶进产房时，顺便称一下母猪的体重，这样可监测母猪体重的变化。

保持产房内良好的卫生条件可减少仔猪黄白痢的发生率。

十九、如何识别母猪泌乳量的高低?

母猪泌乳量的高低，对于仔猪断奶前生长发育的快慢关系极大。识别母猪的泌乳量的高低，可以由下面几个方面判断。

1. 泌乳充足的母猪所带仔猪，生长发育快，被毛光亮，特别是20日龄时的窝重大（通常将此指标定为母猪的泌乳力）。

2. 母猪乳头下垂，放乳前后乳房体积差异显著。

3. 母猪放乳时间长，仔猪嘴边可见乳汁溢出，不乱抢乳头。

4. 仔猪上料时间晚，则表示母猪泌乳能力好。

5. 如果母猪乳头常被仔猪咬破，则表明泌乳量不足。

6. 母猪掉膘快则泌乳量高。但如果没有良好充足的饲料供应，则这种高泌乳量不能持久。

二十、影响母猪泌乳量的因素有哪些?

乳汁的分泌与乳腺细胞的新陈代谢，激素和中枢神经的调节以及母猪的营养状况有着密切的关系。

1. 饲料的数量和质量

泌乳期的喂料量原则应是自由采食。特别是夏季要增加饲料的饲喂次数，早晚天气凉爽时增加喂量。另外要保持各种营养成分的平衡，饲料最好能添加2%左右的鱼粉以增加母猪对蛋白质的利用效率。

2. 安静和舒适的环境

要给泌乳母猪提供良好的环境，严禁经常变换饲养管理操作规程，尽量将母猪的应激减少到最低限度，任何粗暴地对待母猪的做法要绝对避免。

3. 胎次、品种、仔猪头数和气候

一般头胎母猪的泌乳量比经产母猪低，到七八胎后又趋下降。但良好的饲养管理，可将这种差异减少到最小。

中国地方优良猪种的泌乳量比引进猪种高，瘦肉型品种的泌乳量一般比脂用型要高。

母猪的泌乳量与其带仔头数成正相关。

另外，气候太热或太冷都影响泌乳量。

二十一、哺乳仔猪有哪些生理特点?

1. 代谢旺盛，生长发育快

仔猪10日龄体重为初生时的2倍以上，30日龄时为6~7倍，60日龄时为15~26倍，高者可达30倍。另外仔猪的物质代谢要比成年猪高得多，例如20日龄的仔猪，每千克体重可沉积蛋白质9~14 g，而成年猪只能沉积0.3~0.4 g。因此仔猪对营养的平衡与否特别敏感。

2. 消化器官不发达，消化机能不完善

初生仔猪的胃很小，仅重5~8 g，容积为30~40 ml，但其容积随年龄的增长而迅速扩大，到断奶时，容积增加为初生时的40~50倍。

初生仔猪胃内仅含有凝乳酶，胃蛋白酶很少。胃底腺不发达，不能制造盐酸，因此蛋白质不能很好地在胃内消化，对于植物性蛋白质尤甚。好在肠腺和胰腺的发育比较完善，食物主要在小肠内消化，因此初生仔猪只能吃奶而不能利用植物性饲料。所以在对仔猪补料时，其饲料的质量要尽量接近乳成分，特别是饲料中乳清粉的含量要高，如果用那些价格低廉无乳清粉的饲料来补料，势必引起仔猪消化方面的问题。

3. 缺乏先天性免疫力，易患病

初生仔猪只能通过母乳获得抗体，但母乳中免疫球蛋白含量下降很快。仔猪从10日龄开始产生自身抗体，但到30日龄前水平都不高。因此仔猪3周龄内是抗体水平青黄不接的阶段，特别易患下痢。如果此时仔猪已开始采食饲料，则饲料一定要质量优良，抗菌能力要强，否则仔猪会多病和易死亡。

4. 体温调节机能不健全，对寒冷的抵抗力差

初生仔猪大脑皮层发育不健全，调节体温能力差。如果将其置于寒冷环境中，则容易被冻僵或冻死。另外，初生仔猪体内的能源贮备很有限，每100 ml血液中，血糖含量仅100 mg，如吃不到初乳则会发生低血糖症，出现昏迷现象。因此，加强对初生仔猪的保温，是提高仔猪成活率的重要措施。

二十二、春季养猪注意事项

新年刚过，天气逐渐回暖，气温上升，各种病菌也会大量繁殖。而畜禽经过越冬，身体的抗病能力减弱。如果在饲养过程中消毒不彻底，管理失当，极易引发猪病，降低养殖效益。那么，春季养猪应该注意哪些问题呢？

1. 修复猪舍，搞好消毒

春季的气候呈现忽冷忽热、忽干忽湿、忽晴忽阴的多变特点，天气变化无常，昼夜温差较大，所以保持猪舍温暖、环境干燥洁净、空气流畅，创造一个有利于猪只生长发育的小环境显得尤为重要。猪喜欢温暖干燥的环境，尤其是仔猪的体温调节机能尚未发育完善，体表沉积脂肪少，抗寒能力差。搞好猪舍卫生，要对猪舍进行彻底消毒，消除病菌的生存环境，是搞好春季养猪的重要环节。

2. 加强防疫，注重营养

春季要严防各种传染病的发生。严格按照免疫程序做好猪只的免疫注射。一旦发现疫病，要严格封锁、消毒，强化预防注射，按要求处理好死猪尸体。如果周围地域发生了疫情，除搞好猪舍消毒外，还应严格禁止外来人员、车辆进入猪场，自己的车辆、人员从外疫区回来后要彻底消毒。同时，营养水平的高低对猪的健康也有重大影响。高水平的营养供给，可以满足猪的营养需要，保证猪有一个较好的体况，能有效提高猪抵御疾病的能力。因此，在生产中应按猪不同的生长阶段，科学地投饲不同营养标准的全价日粮，并根据猪体重、采食情况的变化等适时调整日粮配方。春季青绿饲料缺乏，要尽量在日粮中添加一些胡萝卜等多汁饲料和啤酒糟、饼类饲料，以增进猪的食欲，同时要补充一些维生素。

3. 精细管理，科学喂养

育肥猪和种猪的饲养管理按常规进行即可，但仔猪的饲养管理必须慎之又慎。因为仔猪缺乏先天免疫力，体温调节机能和消化功能不健全，在气候善变的春季，饲养管理稍有差错，极易引起仔猪患病，甚至大批死亡。因此，要改善哺乳母猪的饲养管理，保持乳房的清洁卫生，做好开食、补饲、旺食的三个环节，使仔猪平安渡过初生关、补料关和断奶关，应特别护理好断奶仔猪。预防仔猪疾病应在母猪怀孕后期注射疫苗，同时注意母猪产后环境的卫生清洁和仔猪体质的改善。对各饲养阶段的猪只要注意饲喂全价配合饲料，并适量添加复合添加剂。供给清洁的饮水、充足的光照，配合适当的运动，以促进猪的健康生长，使猪能够平安度过春季疾病多发的季节。

二十三、什么叫全进全出？有何好处？

全进全出是指某一相对隔离的范围而言，如一栋育肥舍，一间产房或一间保育舍的猪群在断奶、转群或出售时整体迁进或转出。它的好处是有利于空栏冲洗和消毒，减少疾病的交叉感染与传播。

二十四、引起仔猪腹泻的主要原因有哪些？

1. 母猪原因

母猪的乳汁质量不好，过浓或过稀或受感染后乳中带菌。另外母猪粪便中含有大量的大肠杆菌而导致仔猪接触后受感染。

2. 细菌原因

大肠杆菌、沙门氏菌以及C型魏氏梭菌素都可引起仔猪腹泻的发生，可用抗生素治疗。

3. 病毒原因

轮状病毒和冠状病毒可导致腹泻，但无有效药物治疗，抗生素只能防止继发感染。

4. 营养性原因

植物性饲料如其中含的豆粕可使仔猪肠道致敏。如果乳猪料中豆粕用量过大，势必加剧肠道过敏而引起腹泻，这就是为什么有些乳猪料粗蛋白含量低，但腹泻发生率低。但粗蛋白含量低（18%）的乳猪料不能满足乳猪断奶后快速生长发育的需求。所以乳猪料中应含有除豆粕外的优质蛋白质原料。另外要争取早日补料，让消化道适应植物性饲料的变化。

5. 环境原因

产仔舍内卫生条件差，潮湿、温度变化大，小环境条件恶劣等也可引起仔猪腹泻的发生。

二十五、如何做好仔猪的饲养管理工作?

高的仔猪成活率和高的断奶窝重是饲养者所追求的目标。但哺乳仔猪由于其生理机能的不完善，再加上不正确的饲养管理，势必造成仔猪死亡率高和断奶窝重低。好的饲养管理要始终贯穿于帮助仔猪过好“三关”的全过程中。

1. 仔猪的初生关

有资料表明，仔猪生后1周内的死亡率可占总死亡率的60%，其死亡的主要原因是冻死、饿死和下痢死亡。要防止上述因素所引起的死亡，必须要搞好保温防压，让仔猪吃足初乳，固定奶头，补铁以及寄养等工作。

（1）保温防压　初生仔猪由于其体温调节机能差，因此对环境温度有很高的要求。寒冷的条件可使仔猪冻死，同时也是压死、饿死和下痢的诱因。仔猪所要求的适宜的环境温度为：1~7日龄32~28 ℃，8~30日龄28~25 ℃，31~60日龄25~23℃。

由于“小猪畏寒”和“大猪怕热”，因此要单独地为仔猪创造温暖的小气候。最好的办法是在产仔栏内设置仔猪保温箱，内吊一只250 W 的红外线灯泡，仔猪箱留有仔猪自由出入孔，或在仔猪箱内铺一块电热板。这些方法虽然只限于仔猪的小环境。但对整个产房也有升温作用。加拿大有的猪场采用通风管直接对母猪吹凉风，使母猪不因产房升温而影响采食和泌乳，其方法值得借鉴。

（2）吃足初乳　由于猪胎盘的构造特殊，初生仔猪不具备先天免疫能力，必须以经过吃初乳获得免疫能力。初乳具有刺激消化器官活动，促进胎便排出，增加营养产热，提高对寒冷的抵抗能力等作用。另外初乳中富含免疫球蛋白，所以具有抗病的能力。初生仔猪若吃不到初乳，则成活率很低。

（3）固定乳头　初生仔猪有抢占多乳头，并固定原已有的习性。由于母猪真正放奶的时间只有10~20 s，如果初生仔猪的乳头不固定，势必因相互争抢乳头而错过入奶时间。同时争抢乳头有时也会使母猪烦躁不安而停止放乳。为了避免上述现象的发生，仔猪在出生2~3 d 内必须人工辅助固定乳头。

固定乳头的原则是，让体大强壮仔猪固定在后边奶少的奶头，将体小较弱的仔猪固定在前边奶多的乳头，这样可使全窝仔猪发育整齐。

（4）寄养和并窝　如果母猪产后患无乳症或活仔数超过母猪有效乳头数时，则要实行寄养。如果同时有两窝母猪产仔数都少于6头，则可将两窝仔猪并为一窝。在实行分娩控制的情况下可将同时产的几窝仔猪按大小强弱混合重新编组，这样可使每窝仔猪均匀发育。

在实行寄养时，母猪的产仔日期最好不要超过3~4 d，同时寄养的仔猪一定要吃初乳。另外，将体大的仔猪寄养到先产的窝里，将体小的仔猪则寄养到后产的窝里。

（5）补铁　初生仔猪体内的铁的储备很少，只有30~50 mg。每头猪每天需7~8 mg，但从奶中只能得到1 mg 铁的补充，因此如不补铁的话，仔猪体内的铁仅够1周之需。势必引发缺铁性贫血症的发生。

补铁的方法很简单，可在仔猪生后2~3 d 内，注射铁制剂。颈部肌注100~150 mg 铁可保证仔猪在哺乳期不发生缺铁性贫血症。

2. 仔猪的开食补料关

母猪在泌乳的高峰期可满足仔猪营养需要的77％，此时仔猪一般无意采食饲料。如果当40 d 后，母乳显著减少时，仔猪还不习惯干吃料，则必须会影响仔猪的生长和发育。为了克服该情况的出现，必须人为干预提早训练仔猪开食。

一般的养猪场现在都有一个补料区，但大多数的情况下是把饲料撒在水泥地面上，让仔猪自由舔食。如果补料区污染严重，则会引起仔猪下痢的发生。同时也会造成饲料的浪费，英国一些猪场在补料区同一个铁制的小食槽，中间分有数格，每次将其放入料区时都经过消毒处理，此法使用效果甚好，值得借鉴。

诱导仔猪采食一定要有耐心，同时要做到诱食先诱导饮水。国外泌乳母猪一般被关在铁栏架内，在铁栏杆的下部装有供仔猪饮水的饮水器，仔猪在生后3~5 d 由于好奇心而舔食滴水。仔猪开始舔食饲料的时间不应晚于7日龄。诱食的时间要选在仔猪最活跃的时候，一般以8：00~11：00，14：00~18：00为好。可将饲料调成粥状，在仔猪拱奶时涂于乳头上，让仔猪舔。在断奶前的10 d 左右，要一日数次将仔猪关进补栏，强迫仔猪吃料，当大部分仔猪有烦躁表现时再将其放出。这一点对于3周龄断奶的仔猪尤为重要，否则断奶时，如果仔猪还不吃料，则将对断奶后仔猪的增重造成严重的影响。

仔猪的诱食料开始可用炒玉米粒掺黄豆粕磨成香料，再掺入仔猪调味剂或糖精调成。但如果仔猪能较好地采食饲料时，则要换成全价配合饲料。另外一种方法是一开始在补料时，直接采用高档乳猪料。

3. 仔猪的断奶关

仔猪由吃母乳而改为吃料，这无疑从心理上和生理上对仔猪都是一个很大的应激。在仔猪断奶后的过一周内，仔猪往往不但不能增重，反而还失重。如果断奶之前补料做得好，且断奶时间在4周龄后，则仔猪的这一过渡会比较顺利。

目前我国大多数养猪场实行4~5周龄断奶，而传统的方法多采用60日龄断奶。前者母猪可年产2.2窝以上，育活仔猪20头左右；后者只能年产1.8窝，育活仔猪约16头。早期断奶的猪一定要在断奶前补料，且饲料要求具有很高的全价性和适口性。断奶的方法可分为三种：一次断、分批断和逐渐断。当母猪泌乳量已明显减少，且断奶后无乳房炎危险，可采用一次断奶的方法。如果母猪奶水足，可在预定断奶前一周将大的仔猪断掉，到预定断奶日再断掉发育落后的仔猪，此法为分批断奶。逐渐断奶法则是通过减少哺乳次数，使母猪、仔猪对断奶有个逐渐适应过程。其具体做法是在断奶前4~6 d 开始控制哺乳次数。控制的第1天哺4~5次，以后逐渐减少。上述几种方法都有其优点，第一种方法断奶最为简单省事，但母、仔皆不安，且仔猪会因食物和环境的突变引起消化不良，下痢，母猪奶水多时易患乳房炎。分批和逐渐断奶虽对一次断奶缺点有所克服，但实施起来相当麻烦。

不管采用哪种方法断奶，都要注意以下几方面的问题。

（1）断奶仔猪不换圈不混群。仔猪留在原圈内至少饲养1周的时间，不要在断奶时同时把几窝仔猪并栏饲养，以免造成仔猪受断奶、咬架的双重应激。

（2）断奶时继续使用补料时的饲料，不换料。根据猪的生长情况再逐步过渡到小猪料。

（3）刚断奶的一周要控制喂料量。断奶初期，由于仔猪的消化道还不能完全适应饲料，很容易发生消化不良，下痢。断奶的第1天，仔猪往往采食很少，但第2天会因饿而猛吃，这样会造成消化不良而下痢。因此在断奶后的1周左右时间内适当控制喂量是非常必要的。且喂食的次数至少一昼夜要保证有6~8次，以后逐渐减少，到3月龄时可改为4次。

（4）在断奶期间要始终保证饮水充足和清洁，栏内要经常打扫、消毒、保持干燥、卫生。

二十六、如何做好生长肥育猪的饲养管理?

按生长和发育阶段，生长育肥猪可分为三个时期：体重20~35 kg 为生长期，35~60 kg 为发育期，60 kg 以上出售为肥育期。就这三阶段而言，生长期是关键，此阶段猪最易生病和发生生长受阻。过了生长期，饲养管理就相对较简单了。

1. 饲料的能量水平

生长肥育猪在60 kg 以前，一般采用自由采食。在此情况下，如果每千克饲料的消化能在12 348.11~13 813.14 kJ 范围内变动，则生长猪可根据日粮能量浓度的高低而调节摄食量。但当猪价不好时，有些猪场和农户则力图降低每千克饲料的成本，大量使用麦糠类原料，造成消化能达不到12 348.11 kJ 的低限，从而严重地影响了猪的生长速度和饲料利用率，这势必影响出栏时间。对于出口猪场60 kg 以前的猪，其日粮的消化能最好要达到13 394.56 kJ，其后，则可降至12 975.98 kJ。

生长猪长到60 kg 以后，一般要采取限制饲养。但如果生产者追求快长快出栏，也可以实行自由采食。如果追求高的瘦肉率，可实行高强度的限饲（自由采食的65%）。但一般最好是采用中等强度的限饲（自由采食的75%~80%），这样胴体瘦肉率较多，又不严重地影响增重，可获得较好较全面的生产效益。

2. 饲料的蛋白质和必需氨基酸水平

瘦肉型品种和肉脂型兼用品种对日粮中蛋白质水平要求各不相同。前者在小、中猪阶段分别为18％和16％的粗蛋白水平，后者则可低约2个百分点。大猪阶段则保持14％的粗蛋白水平就可满足需要。一般来说，日粮中的粗蛋白每增加1个百分点，则胴体瘦肉率可提高0.5个百分点。但由于蛋白质原料价格高，一般情况下，用高蛋白水平的日粮换取高瘦肉率胴体在经济效益上是不划算的。

猪对蛋白质的需要实际上是对氨基酸的需要。自1978年英国营养学家 Cole 博士提出理想蛋白质的概念以来，大型的饲料厂家在饲料配方中都考虑必需氨基酸之间的平衡。一般是把赖氨酸的量定为100，再计算出其他必需氨基酸与其的比例值。

3. 生长肥育猪的管理

生长肥育猪在进入猪舍之前，要做好栏内的消毒工作。要选择优良、健康的仔猪。要做好仔猪的预防接种和驱虫等工作。

要将体重大小相似的猪分为一群，这样可避免强争食现象发生。同时要使猪排便、睡觉、采食和饮水形成条件反射。猪的饲养密度以小猪03~0.5 m^2/ 头，中猪0.6~0.7 m^2/ 头和大猪0.8~1.0 m^2/ 头为宜。

生长肥育猪的适宜气温为：小、中猪为16~22℃，大猪为14~20℃。过高或过低的温度均影响增重和饲料利用率。夏季气温高，要加强舍内的通风，保证饮水充足，向栏内地面喷洒凉水。冬季气温低，饲料被用于维持猪的体温。为了减少一部分消耗，一栏内可多养几头猪，给一些垫草，同时要防止贼风的侵袭。

另外，猪栏要经常清扫，保持栏内干净、干燥，将空气中的有害气体减少到最低。

二十七、如何饲养种公猪?

种公猪饲养管理的核心是要使公猪产生高品质的精液以及保持旺盛的配种能力。母猪的受胎率和窝仔数除与母体有关外，公猪的精液质量对其也有着很重要的影响。种公猪的饲养管理主要要抓好以下三个环节。

1. 满足营养需要

虽然我国制定了公猪的饲养标准，但据调查，目前我国大部分猪场都用妊娠母猪料代替种公猪料。美国NRC的标准也将二者归为一类。其中每千克日粮要求含代谢能13 436.42 kJ，粗蛋白12％。而我国制定的标准其能值只有12 055.10 kJ。因此按NRC的标准，每日每头需约1.9kg料。但按我国的标准，配种期间每日每头需料2.3 kg左右，如果在冬季，增至2.5~2.8 kg。日喂料量可参照上述标准灵活掌握，以保持种公猪体况不肥不瘦，精力旺盛为原则。如果是季节性分娩，在配种旺季，还要给公猪增喂鸡蛋或鸭蛋，以提高公猪的性欲和精液品质。

2. 实行科学管理

公猪要实行单栏饲养，栏内要冬暖夏凉，保持干燥、清洁。公猪的饲喂、饮水、运动、休息、配种、刷拭、洗浴等活动，要制度化和规律化，不要轻易变动。配种最好在早晚喂饲前进行。一般要将公猪赶到母猪的运动场上配种而不要将母猪赶入公猪栏内配种。

3. 坚持合理利用

瘦肉型公猪的配种日龄一般不早于240 d，体重不低于100 kg。公猪的利用可分为高强度和中强度。前者每天配种2次，间隔8~10 h，连配2 d休息1 d。青年公猪的连配时间则要安排短一些。在公猪的利用中，最好不要超过高强度利用指标，否则精液量减少，品质降低，影响母猪受胎率和窝仔数，造成公猪的过早淘汰。

二十八、如何预防母猪分娩及产后疾病?

1. 什么是无乳综合征?

无乳综合征又称乳房炎，子宫炎，无乳综合征，指母猪产仔后头几天无乳。

此病的原因尚未完全查清。目前，一般认为是由大肠杆菌造成的乳腺感染所致。

（1）症状　本症常在产后12 h至分娩后2~3 d内发生。母猪呈病态，食欲减退，分泌少许乳汁，乳房肿胀、发热和稍有痛觉。乳房内的实质感觉坚硬。母猪常以胸部着地躺下，不让仔猪吮吸。此病持续大约3 d。母猪虽能恢复，但仔猪多已饿死。

当下列情况存在时，可怀疑是无乳综合征：

①新母猪产后无食欲；

②生产后3 d内没有足够的泌乳量。

（2）治疗　还没有特效药物可用来治疗这种病。处理的主要目的是：尽量预防更多的仔猪死亡。情况允许之下，可以找其他新近分娩的母猪代养。如果没有寄养母猪，则可喂予仔猪市售的代乳品。许多母猪在3 d后开始产乳，这时可停止喂代乳品。

使母猪尽快再泌乳。治疗可使用30~50 IU催产素肌肉注射，间隔3~4 h重复注射。乳产量3 d后就自然恢复。注意不要刺激母猪。因为催产素对兴奋的母猪效果较差。

传染性乳腺炎引起的无乳综合征母猪应使用广谱抗生素（如恩诺沙星）加以治疗。使用引产剂（前列腺素）引导分娩，可降低此病的发生。引导一些母猪在同一天分娩，可使仔猪的哺育工作容易进行，而且在某些情况下，也许是控制这些问题的最实际方法。

2. 什么是乳房炎？

（1）分类　乳房炎指乳腺的感染。乳腺感染分成两类。

①简单型的感染：局部乳腺发热、肿胀和疼痛。除此以外，母猪无全身症状。

②毒血型的感染：全部乳区肿胀、无乳，母猪发烧、食欲不振。严重的病例造成死亡。

通常乳房受伤后发生感染。受伤的原因为仔猪牙齿、受污染的垫料及粗糙的地板。受伤的乳腺细菌易入侵。引起的细菌称为大肠菌群，它能产生特别的毒素，使母猪发病。

（2）症状　简单型的乳房炎，呈现一个或多个肿胀疼痛的乳腺，病症可能自己消失或变成慢性病，甚至仔猪断奶后，乳腺仍肿胀、坚硬、冰冷，通常没有痛觉。乳腺常分泌浓汁。毒血型乳腺炎，乳腺皮肤紫色，坏疽。母猪通常会死亡，这种乳房炎不普遍。

（3）治疗　呈现病症的母猪应立刻给予针剂抗生素。由于不知道引起的细菌种类，最好是用广谱抗生素治疗。

如乳房炎是猪群多发的问题，这意味着母猪在泌乳时，乳头经常损伤，以及环境可能严重受到细菌的污染。因此，应确认导致的病因加以改正。如在分娩栏内应正确使用消毒剂来保持良好的卫生状况；出生后为仔猪进行正确的剪齿，确保垫料的干净。

3. 什么是子宫炎？

分娩后，母猪有时子宫受到感染而发生炎症。然而，母猪与其他家畜不同。有些母猪产后头两日会出现浓厚、无味、脓样的阴道排泄物，容量20~50 ml。这是正常的现象。子宫感染症的排泄物通常很多，水样、恶臭呈灰褐色。感染的母猪呈现病态，无食欲和不泌乳。治疗使用广谱抗生素作肌肉注射。经过有效的治疗后，母猪至少一次发情不能进行配种。

4. 什么是母猪消瘦症？

泌乳期母猪逐渐失重，断奶后，母猪非常消瘦，常发生于第1次泌乳的年轻母猪。摄取营养不足是最普遍的原因。泌乳期饲料热能及蛋白质含量高是很重要的，尤其是对还未达到完全成熟的年轻母猪。热应激而造成的食欲下降，饲喂次数过少等会加剧消瘦的发生。消瘦症的母猪在仔猪断奶后不发情，或间隔期间增长。断奶后10 d 成功配种的消瘦母猪，但生下的仔猪体形较小，这种母猪不能达到生产高峰。

泌乳母猪，尤其是第1、第2次泌乳，必须给予足够的营养，应喂予含有丰富蛋白质和热能的饲料。傍晚，为泌乳母猪加食，并经常提供足量的饮水，可预防母猪消瘦症。

二十九、如何预防仔猪死亡?

世界性的调查显示，有15%~20%的活产仔猪在断奶前死亡，仔猪死亡率的高低决定于猪场的管理水平。

多数仔猪死亡是在出生后的前4 d，因此要降低仔猪死亡率，在头一周应该加强看护，出生后，仔猪需要：

①足量的初乳、②温暖的环境、③保护仔猪免受母猪压死、④预防疾病感染。

1. 新生仔猪保温

新生仔猪非常容易遭受冷应激。特别是在寒冷的季节，冷应激抑制免疫系统，使仔猪更容易遭受疾病的感染，尤其是下痢。猪场应设法为初生仔猪提供保暖设备，至少为大约1周龄仔猪提供，使用电或天然气、暖气装置或保温垫都可以。

2. 分娩时的护理

加强分娩监视，可降低仔猪出生时的死亡率。对衰弱和缺氧的初生仔猪进行简单的复苏措施，如把它们擦干放置于母猪的乳头处。初生仔猪头数多时，应出生后即刻为其提供一个有乳的乳头。

3. 防止仔猪受伤

常有母猪压死仔猪的猪场，应有设计合理的分娩栏。必须观察母猪是否有攻击倾向和心情烦躁的征兆，必须采取应对措施。

4. 预防传染病

新生仔猪的一般传染性疾病的预防，可采取下列几项措施：进行批次分娩，即全进全出，配合彻底清洗及消毒产房的分娩栏；自繁自养，以减少引进病原；为怀孕母猪做免疫注射，如伪狂犬病和大肠杆菌病。

批次分娩使一群母猪同时断奶，可让分娩舍空置，以便进行彻底的清洗和消毒。经过消毒后，再空置一段时间，是降低疾病感染的一项最有效的方法。

5. 推行有效抚养法

出生时的仔猪体重差别较大。一群母猪同期产仔时，应依据仔猪体重大小重新分配给母猪抚养。寄养必须在分娩后6 h 内进行。也可以进行部分性的寄养。几头母猪同时分娩，而仔猪头数超过有效乳头数时，可把体型较大的仔猪移开4 h，确保体型较小的仔猪能吮吸到足够的初乳。

三十、如何防治哺乳仔猪的下痢?

1. 仔猪大肠杆菌病

（1）概述　仔猪出生后一个月内所发生的多数下痢，是由大肠杆菌引起。这是猪密集饲养管理下，一种非常重要的传染病。

由于仔猪生长期和病原菌血清型的差异，此病可分仔猪黄痢和仔猪白痢两种。黄痢为一周龄内仔猪发生的急性传染病，发病率和死亡率均高。白痢见于1月龄内，发病率不等，死亡率较低，但影响仔猪生长发育。环境污染、阴冷潮湿、冷热不定是本病诱因。

（2）症状　黄痢1~3日龄发病，发病突然，腹泻拉黄色浆状稀粪。仔猪迅速消瘦、脱水死亡。

白痢10~20日龄发病，患猪突然腹泻，排出灰白稀粪。病猪消瘦，皮毛粗糙不洁，发育迟缓。病程3~7 d，多自行康复。

（3）治疗　大肠杆菌易产生抗药性，选用抗菌药应根据药敏试验决定，或选用本场较少使用的抗生素治疗。

（4）控制　分娩舍应温暖、干燥。它可以降低大肠杆菌数量，也可减少仔猪热量的损失。为仔猪提供一些热源，如热源电灯或垫料，可减轻仔猪下痢的严重程度。平面有漏孔，可让粪便漏下高床分娩栏，可降低仔猪下痢的发生。

检疫隔离是预防不同种类大肠杆菌株或其他感染病原入侵猪场的一项重要措施。每批次仔猪之间分娩圈舍必须进行彻底清洗和消毒。尽量让分娩圈舍最少空置1星期。这样，可减少分娩环境的大肠杆菌。近年来，国内外已有几种菌苗接种怀孕母猪或初生仔猪，对大肠杆菌引起的两种下痢起到预防作用。

2. 仔猪红痢

（1）概述　本病又名仔猪梭菌性肠炎，是由C型魏氏梭菌引起的肠毒血症。主要侵害1~3日龄初生仔猪，周龄以上仔猪少见发病。猪群中各窝发病率差异很大，病死率20%~70%。病原抵抗力很强，并广泛存在于病猪群母猪肠道及外界环境中，故常呈地方性流行。

（2）症状　急性病例突然排红褐色血性粪便，多在发病后2 d 内死亡。较慢性的病例排出含灰色坏死组织碎片的稀粪，血性不明显。病程常5~7 d 或更长。病猪明显消瘦，并生长停滞。

（3）诊断　根据流行情况及症状特点，加上尸体剖检小肠前段严重出血与黏膜坏死及浆膜下小气泡可以做出诊断。必要时可用细菌分离的鉴定及毒素试验确诊。

（4）预防　发病后常来不及治疗。常发病猪场可用抗生素给新生仔猪投服预防发病。常致8周龄内仔猪发病，发病率50%~80%，死亡率较低。本病多发生在寒冷季节。

3. 轮转病毒

（1）概述　寒冷、潮湿、污秽环境和其他应激因素可增加病情。轮状病毒种类很多，引进猪只带来的新毒株常因缺乏毒株母源抗体而使仔猪发生严重轮状病毒性腹泻。10日龄以上小猪症状温和，腹泻1~2 d 逐渐康复。

（2）症状　患猪常表现精神、食欲不振，迅速腹泻，拉黄白或灰黑水样或糊状稀粪。症状和轻重取决于日龄及环境条件。

（3）治疗与控制　治疗轮状病毒性下痢，主要是使用电解质溶液来预防脱水，同时使用抗生素防止继发感染。通常易于治愈。目前尚无有效疫苗。化学制剂消毒分娩猪舍能减少病毒的数量。推荐的消毒剂包括3.7%甲醛。67%氯胺T 或漂白剂。把吮吸仔猪所排出的粪便喂于怀孕母猪，将会提高乳汁内的抗体含量，可减少所产仔猪发病。

4. 球虫病

球虫病属于哺乳仔猪的疾病，它是由猪艾美尔球虫或等孢球虫所引起。仔猪感染大量孢子化卵囊后，会有严重的下痢。在自然的情况下，球虫通常感染7~14日龄的仔猪。成年猪只是带虫者。

仔猪明显的临床症状为下痢，持续4~6 d。粪便呈液体状或糨糊状，颜色由黄色至白色，类似轮状病毒性下痢，一般能自行恢复。严重病例消瘦衰弱和生长受阻。继发感染可使病情加重。

必须经实验室检查确定是否是球虫。百球清对猪球虫病有明显效果。预防球虫病，消毒很重要。然而，卵囊对普通消毒剂抵抗力非常强。氨化合物、漂白剂或蒸汽可杀灭卵囊。

5. 病毒性胃肠炎

（1）概述　病毒性胃肠炎除轮状病毒感染以外，尚有传染性胃肠炎（EGE）和猪流行性下痢（PED）。这两种病的临床症状非常相似，二者皆是高度传染的病毒性肠胃炎。主要的症状有严重下痢，偶尔有呕吐及2周龄内仔猪的高死亡率。它们皆由同属一族的冠状病毒所引起，但各病毒的抗原质却有差别。两种病均见于冬天寒冷季节。通常将其称为冬季下痢。

（2）症状　TGE 是以突然暴发下痢开始，数日内可蔓延全群。幼猪下痢通常呈水样，粪便经常含有未消化的凝乳。3周龄以下的仔猪会呕吐。受感染的仔猪快速脱水，1周龄内仔猪2~4 d 死亡。越年幼的猪，病情越严重，死亡率几乎100%。3周龄以上的猪只，很少有死亡，成年猪的临床症状只限于下痢、减食，偶尔会呕吐。通常在1周内恢复。

PED 的症状与传染性胃肠炎非常相似。不同的地方是猪流行性下痢传染较慢，1周龄以下的吮吸仔猪死亡率介于50%~90%。经4~5周时间，此病将遍及全场。TGE 的流行期很少超过两个月，然而，PED 可长达6个月。

（3）病理　病仔猪严重脱水，胃部胀满，有凝乳滞留。小肠亦膨大，并有泡沫状液体及未消化乳块。小肠壁可能由于绒毛萎缩而变薄，甚至几乎透明。绒毛萎缩的观察方法是将回肠纵切开，然后用放大镜检查。虽然轮状病毒亦可造成小肠绒毛萎缩，但是 TGE 或 PED 的病变比较严重与广泛。

实验室诊断可用

①小肠组织涂片或冰冻切片用荧光抗体法以测定本病毒抗原。

②将病毒猪的小肠内容物或粪便处理后，以免疫电子显微镜检查病毒颗粒。

③血清诊断法如酶联免疫吸附试验以检测病后猪只的抗体。

（4）治疗与控制　为患病仔猪提供温暖、干燥环境和充足的电解质溶液，将有助于减少死亡。患病仔猪应让曾感染本病，有免疫力的母猪代为哺育，可降低仔猪的死亡率。下痢仔猪也应使用抗生素治疗，以抵抗细菌混合感染。预产期在2周以上的母猪，可喂予感染仔猪下痢的肠道内容物，让它感染，使母猪在分娩时已有免疫抗体，可预防其仔猪发病。严格执行综合防治措施，可防止本病在猪场流行。

6. 缺铁性贫血

缺铁性贫血，发生于生长快速，饲养在混凝土地面上，而没有注射铁剂的月龄左右小猪。本病除贫血外，亦常见患病仔猪下痢。

症状最普遍出现于约3周龄仔猪。贫血易见于白猪，全身皮肤及可视黏膜呈现苍白色。患猪在运动或受到刺激时，容易疲惫，有些会突然死亡。患猪常常呈现严重的水痢。最好的预防方法是替3日龄的仔猪注射铁制剂。

附表 3　仔猪下痢的鉴别及预防治疗

病名	病原	流行情况	临床症状	尸检病变	特殊诊断	预防治疗
仔猪红痢	C型魏氏梭菌	主要侵害1~3日龄的仔猪，1周龄以上少发。各窝仔猪发病率差异大，病死率20%~70％。病原抵抗力强，不易清除	急性时排血性稀粪，1~3 d。亚急性及慢性排粥样稀粪，病程一周左右	病变主要见于空肠，有时波及回肠。肠腔充满带血液体，黏膜坏死出血。浆膜下及系膜内小气泡	可作泡沫肝试验或肠毒素试验	多来不及治疗。给产前母猪接种猪红痢菌苗；对3日内仔猪投服青、链霉素均有预防效果
仔猪黄痢	致病性大肠杆菌	发生于1周龄内仔猪，1~3日龄最多见。呈窝发，发病率及致死率均高	排含有凝乳块的黄色稀粪。仔猪迅速脱水、消瘦、死亡	病变以十二指肠最严重，其次为胃及空、回肠。肠腔扩张，充满黄色液体及气体。肝、肾常见小坏死灶	纯培养物初生仔猪接种	多来不及治疗。给产前母猪接种大肠杆菌或给初生仔猪使用拜有利可以预防发病

续表

病名	病原	流行情况	临床症状	尸检病变	特殊诊断	预防治疗
仔猪白痢	致病性大肠杆菌	10~30日龄仔猪多发。各窝仔猪发病率和同窝仔猪发病先后均不一致。发病与环境及饲养管理因素有密切关系	排灰白、腥臭、浆状粪便。体温与食欲无明显改变。病程一周左右，多数能康复	贫血、消瘦。小肠扩张充气及黄白酸臭稀粪。实质器官无明显病变	根据流行情况及临床症状即可诊断	多数抗菌收敛及助消化中的中西药物均有效果，但必须同时改善环境及饲养管理
猪传染胃肠炎	冠状病毒	大小猪均能发病，但10日龄内仔猪多发，且死亡率可达100%，断奶后猪多能耐过自愈。常发生于12月至翌年4月，传播速度快	发病前短暂体温升高。突发呕吐及水样下泻、明显脱水。10日龄内仔猪多死亡	尸体脱水。胃及小肠充满泡沫状液体及未消化乳块。肠壁变薄呈半透明状，黏膜绒毛变短	小肠组织涂片或冰冻切片荧光抗体染色检查	无特效治疗药物，可补液、保温等对症治疗。给产前母猪或3日龄内仔猪接种弱毒苗可以预防发病
猪流行性腹泻	猪流行性腹泻病毒	各龄猪均能感染发病，发病率可达100%乳猪受害严重，死亡率平均50%，2周龄以上的仔猪死亡很少。常流行于12月至翌年2月间，经4~5周自然平息	表现为呕吐、水样腹泻脱水及运动僵硬。体温正常或偏高仔猪腹泻后2~4d死亡	小肠扩张充满黄色液体，肠壁变薄，绒毛缩短	小肠黏膜涂片或小肠切片，荧光抗体染色镜检	无特效治疗药物，对症治疗可减少死亡。给怀孕母猪或仔猪接种流行性腹泻灭活疫苗可以预防
仔猪轮状病毒病	轮状病毒	常流行于晚冬至早春季节。能感染多种动物及人，常见于仔猪、犊牛及儿童。8日龄以内仔猪发病率为50%~80%，致死率为0~10%。育成及成年猪多隐性感染	精神食欲不振，呕吐及腹泻，拉黄白至灰黑色小样便。10日龄以上小猪症状温和，腹泻1~2d逐渐恢复。有继发症时症状加重	胃内充满乳块，小肠壁变薄半透明，内容灰黄至灰黑水样液。小肠绒毛萎缩	取病粪作电镜或免疫电镜可迅速做出诊断	无特效药及预防疫苗，发病后补液、止泻及抗菌等对症治疗，通常可取得良好效果

三十一、哺乳仔猪的神经性疾病有哪些?

1. 初生仔猪低血糖病

此病为初生1周内仔猪血糖低下而产生的代谢症，临床上以神经症状为特征。其主要原因是仔猪没有获得充足的哺乳。任何使母猪泌乳不足或者仔猪本身无法吮吸的因素都会引起仔猪挨饿而发生低血糖症。受寒及其他应激因素可促进病的发生。猪衰弱、步态蹒跚及乱撞，全身颤抖和抽搐，患猪体温下降，四肢冰冷。多于发病后24~36 h 死亡。治疗可先给仔猪保暖，并每隔4~6 h 反复腹腔注射5%葡萄糖15 ml。同时消除母猪缺乳及仔猪不能吸乳的原因。

2. 仔猪先天性痉挛症

初生仔猪的先天性痉挛或震颤病特征是其骨骼肌失去控制地震颤。仔猪发病率及病状轻重不等。本病不发生水平传播。每头母猪只生一窝发病猪。

其病因认为是一种病毒感染。被此病毒感染的母猪产下的仔猪于分娩后数小时内出现症状。仔猪睡觉时震颤会减低。仔猪逐渐长大时，震颤亦变得轻微。症状较轻的通常在几天或几周内自然康复，死亡率低。

此外，有研究认为本病也可因猪瘟或伪狂犬病感染引起，也有人认为属于遗传性疾病。

3. 破伤风

本病是由破伤风芽孢梭菌毒素引起。猪常因阉割伤口或脐部感染而发病故多见于幼猪。患猪通常侧卧和耳朵竖立，头部微仰以及四肢僵直后伸。外界的声音或触摸可引起病猪痉挛。本病以强直痉挛及深伤口感染特点而获得诊断。

患猪的治疗效果欠佳。预防应注意分娩及阉割时的卫生及消毒。

4. 伪狂犬病

（1）概述　伪狂犬病是由病毒引起的多种家畜及野生动物的急性传染病，临床上以发热、奇痒，怀孕母猪感染可发生流产或死胎。

病猪、带毒猪及鼠类是传染的来源。乳猪可因吸乳而感染。

（2）症状　患病幼猪表现为体温升高，呼吸困难，结膜炎，大量流涎，呕吐，食欲不振，下痢，颤抖，精神委顿，然后运动失调，神经系统紊乱，昏睡后死亡。病程1~2 d。3~4周龄仔猪死亡率40%~60%。与其他动物不同，患猪不出现奇痒症状。

断奶仔猪患病较轻，少见神经症状。1~3月龄猪常见食欲、精神不振、发热、咳嗽及呼吸困难。病猪多在3 d后恢复，死亡率15%。

成年猪感染初期症状为喷嚏、咳嗽、流涎、减食、便秘及精神忧郁。发病4 d后会复原。神经症状甚少见。

怀孕母猪流产和死产。死产胎儿有坏死现象。木乃伊化胎儿大小不均，老疫区，伪狂犬病症不典型，死亡率亦不高。

（3）诊断　急性伪狂犬病容易被诊断，高的哺乳幼猪死亡率及猪场的狗和猫无故失踪或死亡为特点。

患猪脑组织10%悬浮液给家兔腿侧皮下接种，2 h后发病，产生局部奇痒，便可以确诊。

（4）控制　新购买的种猪应经检疫证明无本病感染才可以引进猪场。

有多种疫苗可在疫区及受威胁区使用。断奶仔猪2~4月龄可接种活疫苗或灭活苗。繁殖母猪在产前1月接种灭活苗。其他防治方法包括清洁、消毒、灭鼠等。采用综合措施、方能控制本病。

5. 脑脊髓灰质炎

该病又名传染性脑脊髓炎或捷申氏病，是由肠病毒引起的神经系统传染病。为散发性多见于幼龄猪。14日龄以下猪发病严重，3周龄以上猪很少发病。

症状包括发热、精神萎靡、厌食及四肢僵硬、肌肉震颤、惊厥和尖叫。

本病尚无特效疗法，对症治疗结合加强护理可减少死亡。疫区可试用灭活疫苗或弱毒疫苗接种母猪。

三十二、如何防治断奶仔猪的下痢?

1. 肠炎型大肠杆菌病

大肠杆菌也可引起断奶仔猪下痢。本病发生于断奶4~5 d内。断奶后与带菌仔猪混养是传染的主要来源。断奶后母源抗体保护断绝及饲料的变化为其诱发因素。

（1）临床症状　本病与乳猪大肠杆菌症状类似，一般死亡率不高，多3~5 d恢复。少数下痢顽固猪，可脱水死亡或成为僵猪。

（2）治疗　加强卫生与消毒同治疗同时进行。病猪可停食1~2 d，可以在饮水中加入阿莫西林等抗生素，并提供充足饮水。

2. 肠炎型沙门氏杆菌病

本病又名仔猪副伤寒，常发生于2~4月龄仔猪。猪场常发生的沙门氏杆菌症分为两种：一种是败血性沙门氏杆菌病，患畜严重发病；另一种则是肠炎型沙门氏杆菌症，以下痢为主。

沙门氏杆菌病来源于带菌猪，带菌猪排菌感染其他猪只，猪场内的老鼠可传播本病，污染的鱼粉也是传染媒介。沙门氏杆菌之发病率与饲养密度有关，密度越大越容易传染。

临床症状　以下痢为主的沙门氏杆菌病暴发均为鼠伤寒沙门氏杆菌所引起的。偶尔会是猪霍乱沙门氏杆菌所致。初期症状为水样黄痢，下痢持续3~7 d，自动停止，数天后复发，断续的下痢持续数周。下痢便偶尔含血迹及黏液。病猪同时发烧，食欲减退。经数天后病猪可严重脱水死亡，但死亡率低。病程2~3周。多数病猪痊愈后成为带菌者，能排菌1月之久。一些猪只从此发育不良，日渐消瘦。

诊断沙门氏杆菌病可以从剖检特点着手。尸体消瘦，尸体上有粪污染，下腹及腿骨侧皮肤上可见痘状湿疹。内部特征性病变在大肠。大肠在肠壁淋巴组织坏死的基础上形成多个圆形及椭圆形溃疡。溃疡中心下陷污灰或黄绿色。抗生素治疗已发病猪只，效果不佳。治疗前最好先分离细菌进行药物敏感性试验以选用抗生素。治疗应与改善饲养管理同时进行。在仔猪下痢之前，使用药物添加剂可有效预防此病。常发本病的猪场可考虑给幼龄猪接种猪副伤寒菌苗。

3. 败血型沙门氏杆菌病

本病多由猪霍乱沙门氏杆菌引起。病猪发热、精神忧郁、不食、耳及胸腹皮肤发绀，后期间有下痢。病程2~4 d，死亡率很高。剖检尸体可见全身黏、浆膜出血，脾肿大、肝细小坏死点，结肠黏膜红肿发炎。败血型沙门氏杆菌防治与肠炎型的类似。

4. 猪痢疾

猪痢疾又叫猪血痢。病原是猪痢疾密螺旋体。本病常见于7~12周龄之猪群，但是它也能够发生在仔猪及成猪中。康复猪带菌时间长达数月，随粪便排菌、致使本病较难消除，缓慢持续流行。疾病暴发初期，可能有突发死亡的病猪。一般表现为精神和食欲均差，下痢腹泻或水样带血粪便，体温稍高，且粪便中黏液及坏死组织增加，有恶臭。病程1~3周。慢性者逐渐消瘦，发育不良，病程更长。死亡率5%~25%。

本病的诊断可根据临床发病情况及剖检。病变主要限于大肠、肠壁充血、出血及水肿，滤泡增大为白色颗粒。肠内容物稀薄，可带血液及组织碎片。黏膜可见纤维素沉着及坏死。其他器官无明显变化。

可用痢菌净、氯霉素或痢特灵等持续用药。通常在发病场将药物添加到饲料中预防效果更好。严格隔离检疫引起猪，用过氧乙酸消毒猪场及加强清洁卫生是防止本病的重要措施。

5. 猪鞭毛虫病

猪鞭毛虫病亦称为毛首线虫，常寄生于2~6月龄幼猪的大肠黏膜。大量寄生时常引起患猪带血下痢。本病有时与猪痢疾并发，使病情加重。剖检时大肠黏膜出血及大量虫体。丙硫苯咪唑对本病有良好的疗效。

附表4　保育期及肥育期猪下痢鉴别诊断及预防

病名	病原	流行情况	临床症状	尸体病变	特殊诊断	预防
仔猪副伤寒	沙门氏菌	多见于2~4月龄仔，常发于阴湿多雨季节，散发或地方性流行。健康带菌普遍，外界不良因素可促使发病	急性体温41~42℃，精神、食欲不振。耳及体下侧皮肤紫红。后期下痢。亚急性及慢性体温41℃，初便秘后下痢，排出淡黄至灰绿恶臭粪便	急性全身性出血；肝脾肿大有坏死灶；大肠黏膜红肿、滤泡肿胀。慢性大肠黏膜圆形溃疡或弥漫性坏死	细菌分离培养与鉴定	发病猪可用拜有利、氯霉素治疗。常发病地区用副伤寒菌接种月龄仔猪

续表

病名	病原	流行情况	临床症状	尸体病变	特殊诊断	预防
猪痢疾	密螺旋体	不同年龄猪均易感染，但多发于7~12周龄，发病率75%，致死率5%~25%。发病无明显季节性，传播缓慢，流行期长。康复猪带菌率高，难于清除	病猪精神食欲差，体温40.0~40.5℃，拉黄色软粪至水泻，随后粪内有黏液与血液或纤维素碎片，粪棕色或红色，病程1~2周	病变主要在结肠、盲肠。初黏膜水肿、出血，随后坏死，附着黏液、血液及纤维素。其他脏器无病变	病猪粪便涂片染色或暗视野镜检。可见密螺旋体3~5条/视野	治疗此症选痢菌净、痢特灵、新霉素、洁霉素亦有效。预防尚无有效疫苗
猪传染性胃肠炎	冠状病毒	大小猪只均能发病，10日龄内发病严重。断奶后猪只病后多能自愈。本病多发于12月至翌年4月	育成及肥育猪症状较轻，常一至数日减食、腹泻及体重减轻，有时呕吐，3~7 d恢复，极少死亡	肠腔充满黄绿色液体，肠壁变薄、绒毛变短，胃黏膜充血	取小肠组织冰冻，切片，荧光抗体染色镜检	对症治疗易于痊愈。接种弱毒苗可以预防
猪流行性腹泻	猪流行性腹泻病毒	多发生于12月至翌年2月，各种年龄猪只均可感染发病率100%，断奶后猪只死亡低	断奶仔猪及育成猪症状较轻。可见精神沉郁，食欲不佳，腹泻持续4~7 d，逐渐恢复正常	肠腔充满黄色液体，肠壁变薄，绒毛变短	小肠冰冻切片或黏膜涂片荧光抗体染色镜检	对症治疗易于痊愈。给母猪或仔猪接种灭活苗可以预防

三十三、如何预防断奶仔猪急性死亡?

1. 仔猪水肿病

此病是由小肠内的大肠杆菌所产生的毒素引起的。断奶后的健壮仔猪突然死亡，发病率10%~35%。

（1）症状　常见症状为离乳10 d后，一头或数头猪突然死亡，大多数急死猪死前均无症状，这些猪经常是发育良好的猪。没有突然死亡的病猪步态蹒跚，进而演变成痉挛及四肢划动。症状出现后，大部分患畜在24 h内死亡。有些病例则会显示眼睑、额部皮下组织水肿，患猪体温多数正常。

（2）诊断　水肿病的诊断主要是在断乳后一两周发育良好的猪只突然死亡。尸体剖检有助于诊断。特征性病变为胃黏膜下、大肠系膜水肿。有时水肿亦见于肺、脑及体腔。

（3）预防治疗　离乳仔猪管理必须减少激刺激。离乳时，避免马上喂仔猪过多固体食物。限制猪只食量，然后在2~3周渐渐增至正常量。用大肠杆菌致病株制成的菌苗接种临产母猪及非致病性大肠杆菌苗给初生仔猪口服，据报道有良好效果。

2. 猪应激综合征

猪应激综合征（PSS）是一种异常状态。应激敏感猪遇到严重刺激时导致急死。长白猪发生率较高。PSS 比较普遍发生于肌肉发达的猪种。这些猪屠宰时，肌肉呈灰白色，质软、表面渗出水分，也称为白肌肉、水猪肉（PSE）。

应激综合征一般认为与遗传易感性有关。管理、气温、运输与撕咬等应激因素可促成其发生。

预防：在猪只管理，如称重、运输、治疗等方面尽量减少应激刺激或应激刺激前使用抗应激药，可以减少 PSS 的发生。

3. 猪桑葚心病及营养性肝坏死

本病发生于断奶至4月龄仔猪，似乎健壮的猪只突然死亡而少有明显前躯症状。剖检尸体有特征病变可用于诊断。桑葚心病心脏内外膜密布出血斑点如桑葚状。营养性肝坏死则表现肝脏严重出血及坏死软化。

据研究认为两种病均由硒与维生素 E 缺乏引起。

4. 肠变位

由于肠管自然位置变位，发生肠阻塞不通，引起病猪急性死亡。肠变位包括肠道的套叠、扭转及箝闭。病变肠道水肿、出血及坏死。腹腔同时亦见出血性液体，临床症状主要为不食、腹痛及不排粪。本病仅散在发生，常与饲养管理或饲料失调有关。

5. 增生性出血性肠炎

本病由一种细胞内寄生细菌引起。发病率仅0.7%~7.0%，多侵害4~12月龄猪，表现为健康良好的猪只突然死亡。临床特征为黏膜苍白及拉黑色沥青样的粪便。剖检可见上肠，偶尔大肠，肠壁增厚，黏膜出血及肠腔内血性内容物。

三十四、断奶仔猪的神经性疾病有哪些？

1. 链球菌性脑膜炎

本病由链球菌感染引起，常发生于乳猪及断奶后1~2月龄仔猪，除神经症状外，病猪可见化脓多发性关节炎。

（1）症状　猪群暴发本病时，可见身体健壮猪只无故死亡。早期症状包括体温升高、不食及便秘。患畜运动失调，游泳状运动及痉挛。患猪尚可见关节炎或关节肿大。

（2）诊断　解剖检验可见病灶在脑部，有化脓性脑膜炎。有的病例有多发性关节炎。

自脑膜、关节液及心血分离到链球菌可以确诊。

（3）治疗　磺胺嘧啶（SD）是治疗链球菌性脑膜炎的首选药物。

2. 猪瘟

猪瘟是由猪瘟病毒引起的一种高度传染性疾病，其发病率与死亡率很高，可达90%以上。病猪是本病主要来源，其分泌、排泄物及尸体污染环境，通过多种媒介感染健康猪，未经消毒的病猪肉尸及内脏、残羹废水是最危险的传染媒介。猪场内饲养管理人员、兽医、屠宰工人、饲养及运输工具均可携带病原，传播本病。由于猪瘟疫苗广泛应用，大多数猪只获得不同程度免疫力，现常见于不典型的温和型猪瘟。其流行缓和，发病率及死亡率较低。症状与病变亦不甚典型。

（1）症状

A. 急性型猪瘟　病猪的体温升高，41℃以上。减食、精神沉郁，一些病猪的眼结膜发炎，眼部分泌物脓样致使眼睑黏着，病程早期，病猪发生便秘。有些呕吐，含大量胆汁的深绿色液体。病猪颤抖、发冷及挤作一团。行走时步态不稳，后肢衰弱无力。

有的病猪可能有神经症状如环绕行走，神经紊乱及运动失调，然后有痉挛现象。当病程进入末期，耳朵、鼻端、四肢腿部、阴部及阴茎包皮等皮肤可出现不同大小的红色出血斑。急性病猪在濒死前，腹部、耳朵、鼻端及四肢内侧皮肤可呈现紫色。一部分的患猪在发病24~48 h 死亡。但大多数病例的病程为1~3周急性猪瘟，无免疫接种怀孕的母猪会流产或生弱小、颤抖小猪。

B. 慢性型猪瘟　慢性型猪瘟病程1月以上，病猪厌食与精神不振、全身衰弱、消瘦、贫血，时有轻热，便秘与腹泻交替，病情时好时坏。

（2）诊断　根据猪场未按正确疫苗接种计划免疫猪只以及临床发病特点，结合死后剖检可以做出诊断。急性猪瘟全身皮肤、黏浆膜及内脏出血可呈大理石样外观。脾脏不肿大，常见边缘出血性梗死。

慢性猪瘟全身出血变化轻微，其特征病变大肠的坏死性肠炎。盲肠、结肠滤泡肿胀、坏死形成多个突起、轮层状结构的圆形溃疡。猪瘟的确诊依靠实验诊断。

（3）控制　猪瘟免化弱毒疫苗接种是预防和控制本病的主要方法。仔猪20日龄及65日龄进行两次接种。疫区可倡导乳前免疫接种可免受母源抗体干扰。种猪的免疫接种每年两次，定期进行。

暴发猪瘟时紧急接种，对全部无症状的猪用3倍剂量的猪瘟疫苗接种，可控制疫情。

3. 食盐中毒

仔猪对食盐特别敏感，中毒量为1.0~2.2 g/kg（体重）。食盐中毒常发生于过多采食酱糟，腌肉水及泔水等含盐饲料。在供水不足时容易诱发。

最初的临床症状为烦渴及便秘。随后，患猪出现神经症状，无目的四处乱逛及撞墙等盲目现象。严重时痉挛，侧卧四肢不断划动。患猪大多在数天内死亡。

鉴定诊断必须以组织学检查患猪脑部，可发现嗜伊红细胞性脑炎。本病治疗效果欠佳，预防主要应限制含盐饲料及充分供应饮水。

4. 伪狂犬病以及水肿病也属于神经性疾病，详情参见其相关部分。

三十五、如何防治猪的呼吸道疾病?

1. 猪气喘病

此病亦称为猪支原体肺炎及猪地方流行性肺炎。所有养猪国家均流行，本病是由猪肺炎支原体引起。乳猪的感染大都是由接触患有本病之母猪所致。被感染的乳猪断乳时再传染给其他猪只。密集饲养可促进其传播。本病的潜伏期较长，因此有更多的猪群在不被发觉之下受感染，致使本病常存于猪群中。本病的感染率高，死亡率低，但能造成生长障碍及降低换肉率。换句话说，将延长猪只上市的饲养期。

（1）症状　主要的症状是咳嗽与气喘。病猪于6周龄以上开始咳嗽。一些猪在早晨或过分激烈运动后，常有严厉的咳嗽。病的中期出现喘气及腹式呼吸，呼吸60~80次 /min。

本病的患畜如无并发感染，通常精神、食欲、体温均正常。感染猪的生长受阻而致猪只的发育大小不均。

（2）诊断　本病临床症状及解剖病变，可供诊断上的参考。当一大群猪阵发性干咳，喘气，生长阻滞或延缓死亡率却很低等，可怀疑是本病。解剖病变为肺的病灶与正常肺组织之间分界清楚，两侧对称而病变区大都限于尖叶、心叶、中间叶及隔叶前下部。有胰样坚实的感觉。

（3）治疗与控制　一般抗菌剂如磺胺、青霉素、链霉素及红霉素等皆无治疗作用。新一代喹诺酮类是对本病最优的治疗药。国内生产的猪喘气病弱毒冻干苗可用于20~25日龄的健康仔猪，免疫率可达80%以上。猪场必须自行繁殖种猪群，严格预防此病的病原体侵入。

2. 猪传染性胸膜肺炎（APP）

胸膜肺炎病原为胸膜肺炎放线杆菌。此病分布很广。几乎世界各国都有。

APP 已成为全球性养猪业重要的疾病之一，本病借空气流动及猪体互相接触而传染。猪群之间的传播可由带菌者或不显性感染猪而发生。养猪现场过于密集，空气不流通都可能促进疾病的发作。虽然它的传播力高，其感染率却不一致，其死亡率也高低不均。初暴发本病的猪场将患上急性型呼吸道疾病，感染率和死亡率都高。有此病蔓延的猪群，显示慢性感染的猪只，生长延缓、造成损失较大。

目前，有12种血清型被报道，它们的分布因区域而异。

（1）症状　此病主要发生于2~6月龄猪只，有最急性、急性型、亚急性型及慢性型等多种。最急性型的是同栏或不同栏的一头或数头猪突然发病，体温升高达41 ℃。患畜精神沉郁，食欲不振。患畜极度的呼吸困难，张嘴呼吸，口鼻周围含有血的泡沫液。鼻、耳、腿以至全身的皮肤出现紫斑后身亡。急性型则是不同栏或同栏的许多猪只同时感染发高烧，拒食及精神不振。患畜出现呼吸困难，经常咳嗽及用嘴呼吸。如果治疗不够彻底，也可能转变为亚急性或慢性型。亚急性或慢性型则不发烧，有间歇性咳嗽。患猪消瘦，毛发粗糙及食欲不振。

（2）诊断　断乳期至肥育期的猪只呼吸困难，明显发病及拒食，皆可疑是本病。应注意与猪肺疫及猪气喘病区别，猪肺疫为急性发热性传染病，后者是一种慢性传染病。

（3）治疗与控制　以针剂注射抗生素治疗，要愈早愈好。注射治疗必须整栏猪只都注射，不论有无出现临床症状。抗生素如青霉素、安比西林，头孢子菌素，四环素，红霉素，磺胺剂使用较多。但是，全菌对这些抗生素开始产生抗药性。而新一代抗生素如奎诺酮类恩诺沙星效果较好。

饲料饮水添加药物只限于初期暴发本病时作为预防。如果饲料或饮水添加药物治疗再配合注射，效果会更好。通常一次注射不能彻底治疗。针剂治疗病猪至少需3 d。

3. 萎缩性鼻炎

萎缩性鼻炎使许多国家蒙受了经济上的损失，支气管败血波氏杆菌和败血性巴氏杆菌为主要病原。这两种致病菌合并产生的毒素使猪鼻腔发炎，然后导致猪鼻甲骨的发育延缓而构成鼻甲骨萎缩。

此病经常感染幼猪，被感染幼猪的初期症状为嗤鼻及打喷嚏，此等症状在初生1周之幼猪即可出现，嗤鼻可能轻微或严重。泪管通至鼻腔的开口可能被阻塞，导致患畜流泪，在内眼角下形成潮湿区，沉积污垢而变棕黑色。一些患猪，因剧烈喷嚏而发生鼻血。鼻部扭曲一边的患畜较为常见，通常当猪只生长到2~5月龄时才被发现。当两边鼻腔皆损伤时，结果使鼻变短小，此类患猪鼻尖后端皮肤有皱纹。亚急性，嗤鼻的症状可能不长；影响并不大。在屠宰场内将鼻甲骨剖开，即可发现萎缩性鼻炎病变，此型之感染非常普遍。青霉素及磺胺等多种抗生素可以治疗或控制本病，通常猪只感染此病是在离乳后，因而延缓了猪只生长。

4. 猪流行性感冒

猪流行性感冒（SI）是一种具有高度传染性的猪只呼吸系统传染病，其特点是发病急骤，突然发烧及其他伤风的症状，复原亦和发生一样的快。SI 是一种流行性感冒病毒所引起，与感染人类的流感病毒同性，此病毒具人畜共同感染的特性。猪群出现 SI 通常与猪场引进新猪群有关。

（1）症状　典型的 SI 会出现整群猪忽然严重发病。一两天之内，几乎所有患猪开始咳嗽、流鼻涕，呼吸困难，眼睛及鼻有分泌物，发烧。在此阶段整个猪群可能拒食。患畜大多数时间躺卧或不肯移动。患畜发病严重，然而症状消失得也很快，几乎所有猪只于第7天即可站立及采食。其死亡率甚低，除非有并发细菌感染才会死亡。当 SI 发生时猪场工作人员亦可能发生类似感冒。

（2）诊断　如果上述典型的 SI 症状出现就要怀疑猪群已感染本病。同时猪场工作人员亦可能出现类似感冒，但这不是绝对的。SI 的确诊则需要经过血清学方法检验。

治疗 SI 尚无特殊的治疗药物。建议采取支持疗法减轻病猪的困苦。使用抗生素控制细菌感染，退热药也许有帮助。发病期间随时给予清洁的饮水是必要的。猪场工作人员需提防本病的传染。同样，猪只也可自人感染到流行性感冒。

5. 猪肺疫

猪肺疫又名猪出血性败血症或巴氏杆菌病，病原为多杀性巴氏杆菌。本病为散发，偶尔地方流行，常发于湿热多雨季节。猪健康带菌现象普遍，其发生与环境条件及饲养管理关系密切。当环境恶劣，饲养不良，猪抵抗力下降时可以诱发自体感染而发病。

（1）症状　最急性与急性表现为败血症与胸膜肺炎。患猪颈部红肿，呼吸困难，黏膜及皮肤发绀，体温41~42 ℃，病程1~2 d。慢性型见持续咳嗽，呼吸困难，流脓性鼻液，消瘦，衰竭。

（2）病理变化　急性猪肺疫表现为一侧或双侧纤维性肺炎。肺肿大，坚实，暗红或灰黄色肝样病变。肺表，胸膜及心外膜有纤维素覆盖。同时，全身黏、浆膜有点状出血，头颈淋巴结充血，出血，红肿。慢性型，肺炎灶中心坏死，化脓及纤维化，并有胸膜及心包的纤维性粘连。

（3）控制　本病可用拜力多或磺胺类药治疗，有良好效果。应用灭活疫苗或弱毒疫苗免疫接种，加上改善环境及饲养条件可以预防发病。

附表 5　育成猪呼吸系统疾病鉴别诊断及预防治疗

病名	病原	流行情况	临床症状	尸检病变	特殊诊断	预防治疗
猪肺疫	多杀性巴氏杆菌	大小猪只均可发病，小猪与中猪多发。健康猪带菌普遍。环境与管理不良因素可以诱发。常散发于气候多变，潮湿多雨季节	体温40~42 ℃，咳嗽呼吸困难、严重时犬坐张口呼吸，流黏性鼻液。精神沉郁，食欲废止，黏膜发绀，病程4~6 d，常窒息死亡	全身组织及器官出血，肺紫红色肝样变，胸肺常附着纤维素，严重时粘连。肺变区常有坏死灶。脾不肿大	血液、组织及体液涂片革兰氏染色可见两极染色	拜有利、青链霉素、磺胺等均有良好疗效。每年春秋二季接种弱毒苗可以预防
猪传染性胸膜肺炎	胸膜肺炎放线杆菌	以6周至6月龄较多发，春秋季节多发生。经飞沫传播，饲养与环境不良因素可以诱发。发病率与病死率变化很大	急性体温40.5~41.5 ℃，沉郁、不食、呼吸困难，张口犬坐呼吸，1~2 d窒息死亡。慢性体温不高，间歇性咳嗽及生长迟缓	病变集中于胸肺。肌前下及后上部紫红肝变，附着纤维素，严重时粘连。脾肿大。慢性时肺炎区坏死、硬化及粘连	肺及呼吸道分泌物涂片染色见革兰氏阴性球杆菌及菌体荚膜	氯霉素、青霉素及增效磺胺注射有效。病原血清较多预防可用本地菌株制备菌苗免疫母猪

续表

病名	病原	流行情况	临床症状	尸检病变	特殊诊断	预防治疗
猪喘气病	猪肺炎霉形体	不同年龄猪均易感，但以断奶后仔猪易发病。气候多变，潮湿雨季易流行。发病率高，病死率低，其严重程度与饲管、环境因素关系密切	发病缓慢，主要症状为咳嗽、喘气、呼吸增快及腹式呼吸。精神、食欲、体温通常无明显变化。患猪消瘦及生长迟缓	病变集中在肺部。肺前下部两侧对称境界分明的虾肉样实变。肺门淋巴结髓样肿胀	可有X线透视法或血清间接血凝法诊断	拜有利、土霉素、卡那毒素及支原净等有效。我国研制的弱毒苗，保护率80%，可以预防
猪流行性感冒	猪流感病毒	可感染人类，猪只发病不分年龄性别，多发生秋末、早春季节，为流行性暴发，其发病率高，病死率低	突然全群感染，体温40.3~41.5℃，精神、食欲不振，肌肉关节疼痛。呼吸急促，阵发性咳嗽，眼鼻有黏性分泌物。常6~7 d康复	呼吸道黏膜充血，附着多量泡沫液，有时带血。肺前下部紫红色实变，周围气肿及出血。肺门淋巴结红肿。脾肿大	双份血清血凝抑制实验。恢复期抗体有效价增高4倍以上	对症治疗为主，必要时有和抗菌药控制继发病。预防依赖于综合措施
猪肺丝虫病	猪后圆线虫	多发于断奶后仔猪，常见于夏秋温暖、多雨季节。放养仔猪呈地方性流行	患猪阵发性咳嗽，流黏稠脓性鼻液，呼吸急促，消瘦及发育不良。严重时精神、食欲不振	主要见于肺脏。肺膈叶后缘有楔形气肿灶，内部灰红实变，该处支气管内大量丝状虫体	尸检虫体或粪便漂浮检查虫卵	左旋咪唑、丙硫苯咪唑或伊维菌素驱虫效果良好。全程舍饲不使食入蚯蚓可以预防

三十六、如何预防猪的皮肤病?

1. 乳猪的皮肤病

（1）口腔坏死杆菌病　此病乃乳猪皮肤受伤而继发坏死梭状杆菌感染。常见病变为双侧脸颊或口腔溃疡。病变的开始是因为乳猪群打架，伤口感染而造成坏死，并覆以棕黑色痂皮。但是当病变扩展至口腔内时，嘴唇、牙齿及舌头也可能涉及。

治疗时先将痂皮刮除，以双氧水或高锰酸钾溶液冲洗，再涂上抗生素药膏。严重的病例，应同时注射抗生素如青霉素连续3 d。预防此病可将出生乳猪的犬齿剪断。清洗分娩舍时务必使其干净彻底。

（2）皮肤坏死　粗糙的地面所致的膝、蹄冠、肘、跗关节及蹄上的皮肤坏死最为普遍。小猪出生数天后，即可出现，

1~2周内病变扩展到最大，随后开始恢复。3~4周内新生的上皮已盖满坏死部位。有的乳猪会发生乳房及尾巴的皮肤坏死。

预防主要防止受伤，由于粗糙的地板会引起皮肤坏死，改善地面或在分娩栏铺上软垫都会达到良好的效果。

（3）猪油皮病　此病常发生于1~6周龄猪只，由葡萄球菌所引起，这种细菌通过打架咬伤，粗糙地面摩擦及患疥癣发痒抓伤口感染而引起渗出性皮肤炎。其发生率并不高，死亡率通常为20%，个别病例死亡率可高过80%。病猪皮肤逐渐形成厚膜，皮肤变得黏湿及呈油脂状，随后形成龟裂硬层，皮毛粗刚，最为普遍的是四肢蹄上的创伤。

本病治疗效果不一，病发早期，以针剂抗生素治疗可收良效，感染的部分可采用局部皮肤防腐剂如碘仿冲洗。皮肤损伤很多情况是癣引起发痒而使患畜靠墙摩擦引起，病变开始于身躯，此外，打耳号的器具不干净、剪除犬齿不合理，地面粗糙及分娩栏不卫生等也可引起。应针对病因加以预防。

2. 断奶仔猪皮肤病

（1）玫瑰糠疹（伪钱癣），此病原因未明，尤以长白猪最多。10~14周龄小猪开始发生。病变为小丘疹及棕色痂皮开始，起初仅限于腹部、腹股沟及大腿内侧，然后病变会扩展呈环状的痂皮斑，继而中央部位转为正常周围红变凸起。两个或更多的病变连结为斑驳不齐的大理石形状并延腹侧、肛门及尾部。许多病例显示，患者的皮毛没有脱落，也不会发痒。大部分病猪大约4周后会慢慢痊愈成正常皮肤。

此病的诊断可根据病变识别，应与钱癣鉴别。

患猪会自动痊愈，无须治疗。如若一猪场的发生率高，查出患畜皆出自同一父系，最好考虑淘汰公猪。

（2）猪痘　此病由病毒引起，直接接触传染。皮肤损伤是猪痘感染的必要条件。猪虱及其他吸血昆虫对皮肤损伤使病毒得以进入皮肤。大多数患畜在3周后恢复。病变皮肤位于背部、腹部、腹股沟及大腿骨侧，病变开始为丘疹，然后发展成水疱，水疱容易破裂，若继发感染会形成脓疱。水疱破后经常会结痂。大多数痂皮在感染3周后脱落。此病的诊断并不难，在临床上须与猪疥癣区别。无并发性皮肤的猪痘不会发痒，不难做类症鉴别。对临床诊断如有可疑，应做皮肤组织病理检查，猪痘病毒可在电子显微镜下认出。猪痘无特效疗法，治疗目的在于防止细菌继发感染。控制猪痘的最佳方法，莫过于加强管理及清除一切外寄生虫。

（3）猪丹毒　由猪丹毒杆菌所引起的传染病。急性猪丹毒的特征为败血症和突然死亡，亚急性猪丹毒患猪的皮肤可能出现红色疹块。

致病过程：猪丹毒杆菌广泛分布于世界各地。健康带菌猪之扁桃腺和淋巴组织均带有本菌。急性猪丹毒感染猪可由粪便、尿、唾液及鼻液排出病菌而污染猪栏。污染的鱼粉也是重要的感染源。许多哺乳类动物和鸟类曾分离到本菌，因此它们可能是本病的间接感染源。猪丹毒杆菌常由消化道侵入，随之繁殖于扁桃腺，继而造成病菌侵入血液循环。严重的菌血症迅速变成全身性败血症和突然死亡。稍后，病菌可滞留在皮肤、关节或心脏瓣膜，转变成亚急性及慢性型。皮肤伤口的感染亦有报告，但不普遍。

A. 症状　患猪主要为3月龄至上市龄猪群，有时候年轻母猪亦有感染。其特征是一只或数只猪突然死亡；患猪体温升至42℃以上，离群寒颤，躺卧，不愿站立及走动；若赶动病猪则因痛而跛行，走动僵硬；站立时垂头，弓背；食欲减低或消失，常见于大多数患猪。急性猪丹毒的怀孕母猪常发生流产。感染后2~3 d 皮肤呈凸起的红色区域，此红斑大小形状不一，多见于耳后、颈下、胸腹下部及四肢内侧。病好转时红斑消失，病恶化时则融合成片。亚急性猪丹毒为良性。主要症状为颈、背、胸、臀及四肢外侧出现多少不等疹块。疹块方形、菱形或圆形，稍凸于皮肤表面，紫红色，稍硬。疹块出现1~2 d 体温逐渐恢复，经1~2周痊愈。急性或亚急性猪丹毒耐过后常转变为慢性型。本型以跛行和皮肤坏死为特征。发病的初期为关节疼痛和发热，随后变成肿胀和僵硬。

B. 病理　猪丹毒的典型病变是皮肤红斑与疹块。慢性猪丹毒患畜的几个关节可见非化脓性关节炎。其他内部的器官有时出现梗死，特别是得心瓣膜炎症时。

C. 诊断　如果病猪皮肤呈典型病变，现场诊断猪丹毒是容易的。

D. 治疗与控制　一般急性猪丹毒之治疗均采用青霉素注射。目前已有猪丹毒苗，用于预防有良好效果。

3. 任何年龄猪皆可感染的皮肤病

（1）猪疥癣　为猪皮肤病中最普遍和最重要的一种，很少猪场不受猪疥癣侵扰，此病由猪穿孔疥癣虫，潜伏于皮肤所引起的感染症，疥癣感染的严重性依据猪场猪群的健康状况而定，如果猪群的健康状态良好，则疥癣的存在危害不大，但是，一旦猪群有其他疾病侵扰，疥癣可加剧严重。虽然管理不良与疥癣虫感染的关系密切，但疥癣在管理良好的猪场亦极普遍。严重的疥癣不但影响增重率及料肉比，而且可造成猪只应激。头部病变为初期症状，受感染的部分是耳朵、眼周及鼻部。然后病变蔓延到体部及四肢，严重的感染波及全身。疥癣症的重要临床症状是瘙痒。患畜会摩擦其患部使皮肤变红，皮肤损伤与脱毛，表皮过度角化。慢性时皮肤变厚起皱纹。有疥癣虫感染的仔猪可能会患油皮症，疥癣虫可以在显微镜检查皮肤碎屑中找到，特别是耳廓部皮肤。疥癣症容易辨认，当一大群猪只有搔痒现象时，常是疥癣虫感染的征兆。

治疗与控制：

疥癣症是不可忽视的，时常搔痒产生应激与容易染上其他疾病。治疗疥癣症之后，猪场疾病的严重性常常也相应地减低。用0.15％力高峰喷雾或赛巴安浇泼，能收到良好疗效，治疗必须是全场猪只或每个猪舍同时处理。所有的猪栏都得清洗及喷药。这样的治疗重复1次为佳，相隔时间为10 d。伊维菌素也用于治疗本病。

无论使用任何制剂，切记疥癣治疗应全部猪只用药而非某部分猪群，单独治疗严重疥癣患畜而忽略其他猪会导致疥癣反复出现。有效控制猪疥癣的计划如下：

A. 治疗母猪群后才将它们移入分娩舍；

B. 治疗所有断乳仔猪；

C. 新引进猪只必须治疗；

D. 公猪群一年两次治疗。

（2）猪虱　为所有虱类最大的一种，成虫4~6 mm长，常寄生于耳基部，颈部、腹下及四肢内侧。虱与疥癣均会引起瘙痒现象。可引起皮肤红疹瘙痒与擦伤以及化脓性皮炎，有脱毛与脱皮现象，严重感染者则造成贫血。猪虱亦被认为传播猪痘的重要媒介体。猪虱具有宿主特异性而蚤却不是，在猪只常见的蚤是Pulexerritans，也是一生种人蚤。蚤经常寄生于污秽环境饲养的猪只身上。

治疗与控制：

用0.15％力高峰溶液喷洒或药浴，效果良好。所有处理疥癣的要点均同样适用于猪虱与蚤。治疗疥癣时，各种外寄生虫亦被清除。

（3）皮肤霉菌病（钱癣）　钱癣可由数种癣菌引起。最常见的一种为小芽孢菌。钱癣病呈圆形，直径2~10 cm，单个或多个。病变可发生在身体的各部分。病变为圆形，由棕或橘色分泌物覆盖毛发，逐渐扩大。此类病变偶尔被误会为污垢。此症不会引起死亡，无明显病症。

（4）晒伤　夏季日光直射，易致猪晒伤。母猪固定于栏内，特别是栏行之末端的母猪最易受到日晒。白色猪最常发生。其病变与人被晒伤无异。皮肤在日光下晒成红褐色。恶性者瘤体较大，表面常溃烂，肿瘤细胞可转移到其他器官，如淋巴、肾、肝、肺、心脏、脑以及横纹肌等。

（5）维生素K缺乏　猪只中误食抗凝血杀鼠药可造成血液无法凝结而发生皮下出血，此类杀鼠药是维生素K的拮抗剂。一些发霉的饲料的霉菌毒素亦阻断维生素K的合成，引起维生素K缺乏。重病猪只不同程度的全身皮下出血，患猪可能虚弱及无法站立。另常见的症状是流鼻血，尿液出血及黑沥青色之粪便。轻微患猪则皮下出血之外，没有其他病症。

（6）角化不全症　猪的角化不全症与锌缺乏有关。在饲料中缺锌或者钙量太高，钙磷的比例太大，必需脂肪酸的缺乏都能干扰锌的吸收、利用，导致角化不全。症状发生于7~16周龄，起初为小红斑，迅速变成丘疹，随后表皮增厚至5~7 mm，形成皱襞、裂隙与鳞屑。角化不全症无痒感，此点可与疥癣分别。病变见于四肢、脸部、颈部、臀部与尾巴，且其分布为二侧对称。通常很少全体猪群发病，且病变轻重不一，死亡率亦低。

（7）成年猪之皮肤病　皮肤过度角化，常可见于成年公猪与母猪，与必需脂肪酸缺乏有关。病变见于背、腰及尾部，偶见于胁部及腿部侧。患部由棕色干枯鳃鳞状物覆盖。

肩胛溃疡：常见于泌乳期中体重骤跌的年轻母猪。除肩胛部外，溃疡亦见于坐骨，髋及跗骨部皮肤，病变为骨突起部分皮肤与坚硬地面摩擦引起。

三十七、如何分析猪繁殖失败的原因?

繁殖失败的定义是无法生产正常数量的仔猪。猪繁殖表现的评估依赖于猪场的记录与本地区繁殖指标的比较。实际上猪场过去的正常繁殖指标是最好的准绳。通过对比分析可了解繁殖是否失败。

1. 猪繁殖问题的调查

首先详细分析配种生产记录。阅读记录表比直接去看猪群重要。偶尔发现一两头猪有繁殖问题，但事实上整个猪群表现依然正常。

猪繁殖失败常有下列几种表现：母猪群不发情、公猪群的配种能力差、母猪配种后再发情、流产、空怀、木乃伊胎、死产、产仔数太少

2. 母猪群不发情

多数或整群母猪断奶后不发情应及时调查分析其原因，可以把断乳至交配间隔的数据拿来与过去记录比较。一般断乳至交配间隔应该少于10 d。理想的天数是7 d或者更少。断乳至交配间隔期过长，拖延了母猪分娩时间，导致全年每头母猪窝数减少。常见的原因是瘦母猪症候群，通常是年轻母猪在泌乳时营养不良造成的。我们应该检查胎次分布，以确定问题是否存在于年轻母猪群。不能简单认为母猪繁殖效率差是传染病造成，希望投予抗生素就解决问题。断乳后不发情经常是猪场管理的问题，与传染病无关。

观察母猪阴户红肿有黏液流出就可以找出发情的母猪。但是，往往由于工人不熟练，有些母猪发情现象不明显而错失了配种的良机。观察工作最好在早晨和黄昏凉爽时进行，以猪试情来协助确定发情的时间，可提高受胎率。热天

气可以拖延断乳至发情的间距。在热应激的威胁下，排乳母猪的胃口不良，导致母猪摄取营养的不足。这造成了常见的瘦母猪症候群。离乳母猪与公猪最好混栏饲养或与公猪并栏刺激，有助于发情。

3. 公猪群的配种能力差

公猪发育时得不到妥善管理将使公猪缺乏性欲。年轻的公猪由于无经验，在第一次交配时可能出现性无能现象。这些公猪不必马上淘汰，因为性无能的现象只是短暂的。高温不但对公猪产精作用不利，同时也会降低性欲。潮湿和高温的下午，公猪的交配行为显得怠惰。公猪脚部发育不良、关节炎、腿或脚受伤均会影响其性欲及交配能力。认定永久性无能的公猪应予淘汰。

4. 母猪配种后再发情

配种后再发情是怀孕的失败。猪场重配率，正常为15％以下。重配率高，将延长分娩间隔，降低全年每头母猪窝数。母猪在配种后18~24 d 又发情为怀孕失败，或怀孕12 d 之内流产所致。

怀孕率低下的重要因素是配种时间的延误。最佳的配种时间是母猪开始发情后的21~22 h。如果母猪发情观察每天只一次，许多母猪何时发情很难把握，想找出准确的配种时间就比较困难。母猪在发情后24~36 h 排卵。在大型现代化的养猪场是没有办法确定每只母猪何时排卵的。每天观察母猪发情一次，再加上发情的母猪只配种一次，单次的观察和单次的配种导致母猪怀孕率偏低。在单次观察发情的母猪群做间隔4~12 h 两次配种，可显著提高母猪的怀孕率和产仔数。猪场的生产力，主要由母猪每年所生产的活仔猪数来评定，高效率的母猪应该花大多数时间怀孕、分娩和哺乳。离乳至再配种的间隔应愈短愈好。

另一个影响怀孕率的因素是公猪的使用。没有充分使用的公猪，精液品质较差。使用不足两周的青年公猪，其头次射精活精子量很少。一些人很担心公猪使用过频，其实只要一星期内使用不超过4次是不会降低其生育能力的。能够导致母猪返窝率高的传染病包括猪呼吸与繁殖综合征、猪细小病毒病、布氏杆菌病等。

5. 流产

通常母猪的流产率是2％。经常发现的流产是已经成形的胚胎。未成形的胎体易被忽略。这种早期流产仅发现重配率增加及不规律地再发情。因此，有两种流产：第一，是肉眼可见的流产；第二，是在分析繁殖登记时发现高重配率，重配时间的拖长。能够导致母猪流产却没有其他明显的病症的传染病有猪布氏杆菌病和钩端螺旋体病。母猪配种后1个月才发生流产经常是由钩端螺旋体病引起。猪布氏杆菌病可以在怀孕期的任何阶段造成流产。其他的传染病能引起流产且有其他更明显病征的包括猪呼吸与繁殖障碍综合征。此病引起母猪的怀孕率及分娩率降低，接着有偏高的死产及离乳前仔猪死亡。典型猪瘟及伪狂犬病亦可引起母猪流产，唯有完全易感的种猪群暴发猪瘟时有流产现象。每当猪场流产暴发时，会认为是猪细小病毒（PPV）引起，但PPV绝对不会有流产现象。霉菌毒素也经常被认为是引起流产的原因。

6. 空怀

空怀乃配种后的母猪由于不再发情误认为怀孕，但到了分娩期却不产仔。一般空怀现象只在5%内，有些空怀是母猪早流产或胚胎死亡后再发情没有被觉察所致。空怀率增高的原因可分为两种：传染病引起或者是管理问题，最常见的是发情检查能力低所引起的。由于常用的母猪怀孕诊断法是通过重新发情检查，因此发情检查能力差将造成：一是虚增的怀孕率；二是过高的空怀率。如某猪场的怀孕率是90%而分娩率只有80%，这不但意味着高空怀率的问题，同时也可能是怀孕诊断力差或低怀孕率造成的。实际的怀孕率可能只有85%，引起怀孕失败特别是不被发现的早期流产的疾病也会增高空怀率。布氏杆菌症可造成高空胎率却不显其他病症。猪呼吸与繁殖障碍综合征的其中一个症状也是高空胎率或低分娩率。

7. 木乃伊胎

胎儿死亡未能排出，当液体被吸收后，颜色变褐色、灰色或黑色，形成木乃伊胎。怀孕后期死亡胎儿在生产时通常只有部分木乃伊化。造成木乃伊胎的原因有几种，但少有造成整群母猪产下木乃伊胎。导致木乃伊胎发生的重要传染病原是猪细小病毒及猪肠病毒。

8. 死产

母猪生产过程中仔猪死亡便是死产。由于许多夜间分娩时看护不周引起死产，死产亦包括产后才死去的仔猪。死产率不应超过6%。年老母猪的子宫无法收缩或胎儿过多拖长分娩时间而导致胎儿在分娩过程中缺氧死亡。死产往往是最迟产下的几头仔猪。死产率的增加可能与胎次过高的母猪群有关，若有明显关系则必须按步淘汰和引进新母猪。没有任何传染病以死产为特征。虽然钩端螺旋体会造成死产，但常见的病症是流产。由猪细小病毒感染造成的，往往是木乃伊胎。伪狂犬症亦可造成死产，然而，它不是唯一的症状。其他可能造成死产的传染病原是乙型脑炎病毒、弓形虫和霉菌毒素。然而，这些传染病原是否会严重造成死产，则难以诊断。

9. 产仔太少

全年每头母猪所产离乳仔猪或上市猪的头数取决于活产仔数的多少和分娩间隔期的长短。此数据应与死产率有关。影响产仔数的原因很多。猪的品种会影响产仔数。但最重要的还是繁殖管理。许多猪场只做单次发情观察和单次的配种，再加上不准确的配种时间，不但影响怀孕率，同时影响产仔数。复次的配种则能增加怀孕率和产仔数。胎次亦可影响产仔数。产仔数会随着胎次增加，巅峰期为第3胎至第6胎或第7胎，随后会相应地减少。应通过繁殖记录以确定猪群第几胎次淘汰最为适合。同时也要检查后备母猪数目以确保育种母猪群经常处于良好的繁殖表现的胎次。公猪以产仔的影响不太明确，公猪的表现可从母猪记录卡获得。通过怀孕率和产仔数来评审公猪表现，在分析时，须一起从每窝活仔数、产仔数和母猪平均胎次着手。年轻的公猪和年轻的母猪配种产仔数较少。

三十八、猪的繁殖障碍疾病主要有哪些?

1. 细小病毒病（PPV）

猪细小病毒病是猪繁殖障碍的主要原因之一。猪细小病毒抵抗力顽强，对环境温度、pH 及一般的消毒剂均较稳定。在养猪较兴盛的地区，几乎都有感染 PPV 的猪只，没有明显发病。患猪亦很快永久性免疫，野外感染成为自然接种疫苗。最主要的症状见于怀孕母猪。新母猪在怀孕前半期被感染，病毒进入子宫感染胎儿，导致胎儿死亡，脱水干枯变成棕黑色，称为木乃伊胎。由于病毒逐一侵袭胎儿，被感染的胎儿发病死亡于不同阶段的怀孕期。所以感染 PPV 的主要临床症状是产下大小不均的木乃伊胎儿。新母猪在配种之前感染 PPV 将产生抗体，但许多母猪于第一产次配种前无自然感染的机会而没有免疫力。这些易感母猪在怀孕前半期感染 PPV，会造成繁殖障碍。其实 PPV 广泛存在时，大部分母猪皆感染后免疫，第一次怀孕的母猪则例外，它们一旦被感染将发生繁殖障碍。无抗体新母猪在配种前受感染最安全。所以趁早让新母猪获得感染，使其产生免疫力。大部分新母猪在配种之前已经产生 PPV 抗体。

症状：最主要的 PPV 感染症状是新母猪群头胎产下木乃伊化胎儿。其木乃伊化胎儿通常大小不均。有的新母猪分娩下整胎木乃伊胎儿，有的却产下几头健康小猪以及少数胎儿。PPV 症的其他繁殖障碍是分娩间隔延长、母猪发情迟及产下少数木乃伊胎儿等。如果没有木乃伊胎出现，有可能不是 PPV。如果以下情形出现就怀疑是 PPV 感染症：

A. 新母猪群木乃伊胎明显增加；

B. 母猪无任何症状；

C. 流产率没有提高，母猪流产不是 PPV 症的病征；

D. 怀疑被 PPV 感染的母猪，繁殖障碍只发生一次。

PPV 感染造成的繁殖障碍是否严重，要看多少头新母猪产前被感染而定。有些猪场的所有母猪在配种前已有抗体，那么该场就不会有 PPV 感染症。对 PPV 血检抗体阴性的新母猪可用主动免疫方法接种。放入血清阳性的老母猪混养，使其感染而获得抗体。猪细小病毒灭活苗在新母猪配种前2月接种1次，可预防本病发生。此外，将新母猪初配年龄延至9月龄以后可明显减少 PPV 的感染。

2. 猪的肠病毒感染症

猪的肠病毒感染症（SMIDI）综合征（死产、木乃伊化胎儿，胚胎死亡及不育症）是用来形容肠病毒感染而造成的繁殖障碍。肠病毒感染症在世界各地皆有出现。此病毒有好几种血清型。断奶前的仔猪得到母源抗体保护。仔猪断奶后被混在一起饲养而受到感染。大部分的新母猪在配种前自然感染获得免疫能力。因此，肠病毒感染造成的繁殖障碍只是偶发于母猪群。当新母猪被引进猪场时，由于存在不同的血清型病毒则引进猪或本场母猪仍可发病。

（1）症状　肠病毒所引起的繁殖障碍包括发情迟缓、流产及木乃伊胎、死产或产下少数猪崽。肠病毒的血清型繁多。在引入携带不同血清型病毒猪只后，SMIDI 综合征就会暴发，但是最常见的繁殖障碍还是多见外购新母猪。

（2）诊断　除了木乃伊胎儿，猪的肠病毒感染通常没有别的特殊症状，猪细小病毒也能造成木乃伊化胎儿与本病较难鉴别诊断。如果新母猪头胎产下大小不均的木乃伊胎儿，很有可能是猪细小病毒引起的。病毒分离或抗体检验死胎有利于确定诊断。

（3）控制　由于肠病毒的血清型太多，尚无有效疫苗，最常用的控制法是使用新母猪在配种前一个月，搜集断奶仔猪的新粪便混入饲料。新引进的种猪亦可采用上述方法。免疫之后再配种，这有助于易感猪产生肠病毒的抗体。应避免引进怀孕的新母猪。

3. 钩端螺旋体病

猪钩端螺旋体病由钩端螺旋体引起。病菌进入猪体内，集聚于肾脏，几天后病菌可以从尿液排出，为期数月。钩端螺旋体通过被损伤的皮肤伤口或黏膜进入易感动物体内，在现场猪只传染之根源来自带菌的老鼠和猪。

（1）钩端螺旋体病仅有轻微临床症状出现，病发初期患畜体温上升和食欲不振，此种症状维持1~2 d。过后几天，症状变轻微。就在这阶段，患畜开始经尿液排菌，持续数周。此病将慢慢地传布于整个猪群，才怀疑有钩端螺旋体病存在。最重要的症状是怀孕母猪预产前1个月发生流产。虽然怀孕末期流产最为常见，但是早期流产亦会发生，严重型钩端螺旋体病为患猪出现黄疸，血尿及死亡率高，但并不常见。

（2）诊断　如果母猪在预产前一个月流产（偶尔会在怀孕早期发生），并且无明显病征，则应怀疑有该病的存在。实验室诊断最普遍的方法是近期内发生流产的母猪群抽血检验。

（3）治疗与控制　鼠患乃主要的钩端螺旋体感染源。鼠患的控制再配合猪场卫生措施及消毒有助于控制本病。最主要的控制办法是接种菌苗及抗生素疗法。

4. 布氏杆菌病

猪布氏杆菌病是由猪布氏杆菌所引起。本病遍布世界各地，猪只可通过吃下被病菌污染之食物或交配时感染。当母猪同栏饲养时，流产胎儿、胎膜或分泌物被其他母猪吞食而感染。患病公猪大量排菌于精液里，经配种感染母猪，通过自然交配或人工授精均能感染。大部分的患畜最后均会自行恢复，仅有少数变成持久性感染成为持续感染源。

（1）症状　大部分感染猪没有发现任何症状。主要的症状包括流产、不育和睾丸炎。流产可发生于任何怀孕期，视与病菌接触之时间而定。当母猪在交配时受感染，怀孕早期发生流产，由于早产之胚胎太小，易被忽略，唯一的病征是大群的母猪在配种30 d 后再发情。母猪生殖道偶尔有少许或无分泌物。母猪怀孕后35~40 d 发生感染则发生怀孕中期或末期流产。此类的流产只发生于同栏一起饲养的母猪，因为母猪吃下患畜流产之胎儿或胎膜而感染。许多母猪于流产后休息两个月不配种，通常会自己恢复。

公猪病期较长，患病的公猪不育或无性欲，但是一些患病公猪之生殖力或性欲却不受影响，其精液内含有大量猪布氏杆菌，在配种时传染给母猪。

（2）诊断　一旦有大群母猪在配种30 d 后再发情、应怀疑为本病，实验室诊断最简单的方法为平板凝集试验，4 min 之内出现凝集的判为阳性。

（3）治疗与控制　布氏杆菌病尚无特效治疗药物，一般采用定期抽血检疫，淘汰病猪结合有计划的菌苗接种，可以控制本病，培养健康猪群。

5. 猪呼吸与繁殖障碍综合征（PRRS）

此病1987年首次报道于美国。其症状主要为母猪繁殖障碍及仔猪和中猪呼吸道疾病。1991年后，大部分的欧洲养猪业被涉及，并有全球蔓延的趋势。此病亦称为猪蓝耳病，流行性流产及呼吸综合征。

（1）症状　发病猪场死胎数增加，初生幼猪的死亡率高。症状常见于2~5周龄仔猪，初期症状与流行性感冒相似，开始有一小群猪只同时出现眼肿，精神不振，全身怠倦及呼吸道临床症状，病情持续几天，在这段时间内，母猪怀孕率及生产率有显著的下降。一些场的母猪流产，后期流产较常发生。没有流产的母猪则产下许多死胎，或产下大小不均的木乃伊胎儿，亦可能产下非常衰弱的幼猪并且生下不久就夭折。产下的乳猪显得精神不振，哺乳时快速腹式呼吸。离乳前仔猪死亡率可高达30%~50%，在离乳仔猪常见呼吸困难，生长迟缓及死亡，在肥育期临床症状则轻微。发病猪场本病流行期为1~3个月，病发作3个月之后，猪只的健康与生产状况逐渐恢复正常。自此之后，肥育猪及母猪群将继续出现问题但不严重。目前本病病毒的血清型尚不了解。有的场抗体为阳性，可是猪群无症状，这意味着某血清型病毒的致病性并不强，只引起患猪轻微发病。

（2）治疗与控制　迄今为止本病尚无有效疗法。使用抗菌剂有利于控制二次细菌感染。扑杀患猪重建保育猪群，再配合“全进全出”的方法才能切断病毒传播途径，使离乳仔猪保持无病毒感染，同时只有血清抗体阴性的种猪方可引进猪场。引进种猪必须隔离，隔离时间为1~2月，以便重新抽血检验抗体。一旦发现 PRRS 抗体减低或两次证明血清抗体呈阴性的猪只方可进入猪场，本病目前尚无可靠疫苗。

6. 伪狂犬病

怀孕母猪死产，流产及产下木乃伊胎，流产率50%，流产胎儿大小较为一致。发病多见于繁殖旺季。

7. 乙型脑炎

孕猪表现为流产，产出大小不等的死胎，木乃伊胎及畸形，亦可产弱仔。流产后不影响下次配种。公猪常为单侧睾丸炎。

附表 6　母猪繁殖障碍疾病鉴别诊断及预防治疗

病名	病原	流行情况	临床症状	尸检病变	特殊诊断	预防治疗
猪乙型脑炎	乙型脑炎病毒	能感染人及多种动物。蚊为传播媒介，故夏秋季发病。本病散发流行，多隐性感染。4~6月龄猪较易感染	妊娠母猪主要表现为流产、死胎、畸形及木乃伊胎。流产后不影响下次配种。公猪单侧睾丸肿胀、发热及萎缩，性欲减退，有的幼猪可呈全身症状	母猪子宫内膜炎，黏膜充血、出血、水肿及糜烂。胎儿脑皮下及腹腔水肿。肝、脾、肾坏死灶及脑非化脓性炎症	流产或早产胎儿血液及脑组织分离病毒	无特效药物治疗，每年4月给5月龄以上种猪接种乙型脑炎弱毒苗，可产生坚强免疫

续表 1

病名	病原	流行情况	临床症状	尸检病变	特殊诊断	预防治疗
猪细小病毒病	猪细小病毒	不同品种、年龄、性别猪均能感染。常见于4~10月份流行，初产母猪多发。病毒抵抗力强，容易长期连续传播	猪只感染后均无明显症状。主要表现为妊娠母猪的流产、死产、木乃伊胎、弱仔及不孕等。个别母猪有体温升高、关节肿大及后躯运动不灵活症状	母猪子宫内膜炎、胎盘部分钙化。胎儿水肿、软化吸收或脱水呈木乃伊化。脑非化脓性炎症	70日龄以下胎儿组织悬液血球凝集反应	无特效治疗方法。母猪配种前2月接种细小病毒灭活苗可以预防
伪狂犬病	伪狂犬病病毒	可感染多种家畜及野生动物。月龄仔猪多发病，发病率与病死率均高。怀孕母猪症状轻微主要引起流产与死产。本病多见于冬春及繁殖旺季	仔猪体温41℃以上，厌食、颤抖、流涎、呕吐、腹泻及神经症状、孕母猪流产、死胎或木乃伊胎	仔猪非化脓性脑炎，鼻咽充血，肝、脾、扁桃体及淋巴结坏死灶	脑组织混悬液皮下接种家兔及小鼠，局部剧痒，并于2~5 d内死亡。也可用平板凝集试验	无特效治疗方法。流行地区给仔猪及产前母猪接种弱毒疫苗可以预防
猪呼吸与繁殖障碍综合征	PRRS病毒	妊娠母猪及月龄内仔猪最易感染。肥育猪发病温和。本病经呼吸道及胎盘传播，传播迅速	母猪精神食欲不振，体温短暂升高，咳嗽及不同程度呼吸困难。孕母猪早产、死胎、弱胎及木乃伊胎。出生仔猪体温升高、呼吸困难，死亡率25%~40%	育肥猪及种猪无明显病变。病死仔猪胸腔积水，皮下、肌肉及腹膜下水肿。肺前叶有肺炎实变灶	间隔3周以上的双份血清抗体检测	无特效治疗药物及有效疫苗。预防依赖于综合措施
猪肠道病毒感染症	猪肠道病毒	不同年龄猪均易感，但不伴有症状，仅怀孕母猪感染后出现繁殖扰乱。未孕猪感染后可产生免疫力，以后可以正常生产	妊娠早期感染致胎儿死亡吸收或木乃伊胎。妊娠后期感染则产出畸形、水肿仔猪及弱猪。产出后大多数日后死亡	死亡胎儿皮下及肠系膜水肿，体腔积水，脑膜及肾皮质出血	病变组织做细胞培养收毒与抗体血清作中和试验	治疗无特效药物。初购母猪配种前1月以断奶仔猪粪便感染使其产生免疫力

续表 2

病名	病原	流行情况	临床症状	尸检病变	特殊诊断	预防治疗
布氏杆菌病	猪布氏杆菌	能感染猪、牛、羊、鹿。各种年龄猪均易感，但以生殖期发病最多。一般仅流产一次，多为散发	母猪孕后4~12周流产或早产。流产前母猪精神、食欲不振，短暂发热，一般8~10日自愈。公猪双侧睾丸及附睾炎症。有时见皮下脓肿	母猪子宫、输卵管，公猪睾丸、附睾脓肿及关节腱鞘化脓性炎症。流产胎儿状态、大小不同，病变不特殊。无木乃伊胎	采血作平板凝集试验	本病无特效治疗法。测检淘汰病猪及猪2号菌苗接种可净化本病
钩端螺旋体病	钩端螺旋体	猪、牛、鸭等多种畜禽及野生动物均易感，鼠类为主要传染源。常发于温暖地区夏秋季，散发或地方流行，发病率30%~70 %，死亡率低	仔猪及中猪体温升高，结膜及皮肤泛黄、潮红、尿茶色或血尿。孕母猪流产死胎、木乃伊胎或弱仔，流产多见于怀孕后期	皮下及黏浆膜黄疸，体腔积黄色液；肝胆肿大；肾肿大，常有白斑。有时头颈、背及胃壁水肿	死后尽快取肝、肾组织混悬液暗视野镜检病原	链霉素、庆大霉素、土霉素等均有一定效果。钩端螺旋体多价苗接种可以预防

三十九、猪的体内寄生虫主要有哪些？

猪寄生虫病多见于个别猪场。常与饲养方式，猪舍构造，卫生管理，猪只密度，排泄物生理，猪场土质和气候有关。寄生虫的感染会降低增重和料肉比，因此延迟猪只出售时间，屠宰时亦会遭到废弃。给养猪业带来严重的经济损失。一些寄生虫，如肺线虫已经基本上消失，因为它需要为中间宿主蚯蚓才能完成其生活史。猪只被饲养在水泥地面上，猪无法接触到含肺虫幼虫的蚯蚓。然而，一些内寄生虫依然存在，给现代化的猪场带来的隐患是不可忽视的。因为内寄生虫病不易诊断，只有实验室检验才能确诊。

1. 猪蛔虫

猪蛔虫是常见的内寄生虫，常给养猪造成严重的经济损失。猪蛔虫是消化道中最大寄生虫，成虫长达15~40 cm，成虫寄生于小肠肠腔或胆管中，猪只可经过被虫卵污染的饲料、饮水、泥土而感染。亦可黏附于母猪之乳房，仔猪哺乳时会感染。虫卵被猪吞食后在小肠孵化，然后进入肝脏，再经血液流移行至肺脏。最后重新进入小肠发育成为成虫。感染后35~60 d，成虫开始排卵。自粪中排出的虫卵需要3~4星期才会有感染力。

（1）症状　感染后1周，可见病猪咳嗽、呼吸增快及体温升高。重病猪可见精神和食欲不振，异嗜，消瘦，贫血，被毛粗乱及腹泻症状。误入胆管的成虫引起胆道阻塞，使病猪出现黄疸症状。

（2）病理　病变限于肝、肺及小肠。肝表面可见多数乳白色网状灶，称“乳斑肝”。肺部在感染移行期可见出血或炎症。小肠内有多数蛔虫，黏膜红肿发炎。大量寄生虫可引起肠阻塞甚至破裂。有时蛔虫钻入胆道引起阻塞性黄疸。

（3）诊断　生前诊断采用粪便检查法，如果发现每克粪便中有1 000颗虫卵即诊断为蛔虫病。死后剖检可在小肠中发现大量虫体和相应病变。

（4）控制　由于虫卵自下而上长达5年之久，蛔虫的控制不容易。长期受到蛔虫侵扰的猪舍，应经常清除粪便，堆积发酵以杀灭虫卵，保持良好的环境卫生，彻底清洗猪栏，防止饲料饮水被粪便污染。2~6周龄猪每月驱虫一次，成年猪每年定期驱虫2次。治疗或预防性驱虫，可采用左旋咪唑、敌百虫等。

2. 猪鞭虫病

猪鞭虫的成虫寄生于盲肠与结肠黏膜表面。虫卵自粪中排出需要至少3周才发育成含幼虫的虫卵。经口感染后在结肠与盲肠内发育成成虫。从感染到成虫排卵共6~7周。鞭虫虫卵的抵抗力也很强，在受污染的地面上可存活数年。猪鞭虫高度感染时，由于虫体头部深入黏膜引起肠道出血性炎症，其症状易与猪血痢相混淆。常与猪血痢病并发造成黏血下痢便使诊断及治疗更加复杂。

（1）症状　1~6月龄猪只容易受到猪鞭虫的感染。鞭虫病的严重程度与成虫感染有关。临床上表现食欲减退，粪便带血、消瘦及贫血。

（2）诊断与治疗　生前诊断可采用粪便检查虫卵、卵的形状特殊。可用敌百虫、左旋咪唑等治疗。

3. 兰氏类圆线虫病

兰氏类圆线虫，寄生于猪小肠。其幼虫可通过初乳感染仔猪。临床上，严重感染者小肠发生充血、出血和溃疡。病猪消瘦、贫血、腹痛，最后极度衰弱而死亡。诊断可通过粪检虫卵或在肠道中发现成虫。治疗本病采用丙硫苯咪唑。

4. 旋毛虫病

旋毛虫成虫寄生于肠管，幼虫寄生于横纹肌。人、猪、犬、猫、鼠类及狼狐等均能感染。本虫常呈人猪相互循环，人旋毛虫可致人死亡，感染来源于摄食了生的或未煮熟的含旋毛虫包囊的猪肉。肉品卫生检查是防治旋毛虫病的首要方法。本虫对猪致病微弱，但对人则强。

5. 猪结节虫

本虫属食道口线虫，寄生于盲肠和大肠。12周龄以上的猪只最易感染。主要的病变为盲肠形成结节。本病临床症状呈现轻微下痢。严重感染时除腹泻加重以外猪高度消瘦、发育受阻。诊断可通过粪检虫卵，治疗可采用左旋咪唑或丙硫咪唑。

6. 猪肺虫病

猪是猪肺线虫的唯一宿主，虫体乳白色线状。猪肺线虫的成虫寄生于猪的气管内，主要寄生于膈叶。猪感染了肺虫的症状与猪气喘病相似，猪咳嗽、呼吸困难、食欲丧失、贫血消瘦、生长受阻。生前诊断采用粪便检查虫卵。死后在支气管或小支气管内发现虫体即可确诊。防治本病首先杀灭中间宿主蚯蚓，流行猪应定期驱虫。

7. 猪肾虫病

本虫寄生于猪的肾脏周围脂肪组织内，虫体粗壮灰褐色。猪无论大小，患病之初，均出现皮肤炎症，以后出现精神、食欲欠佳，喜卧、后肢无力、跛行，逐渐贫血、消瘦。可镜检尿液，如发现虫卵或剖检病猪发现肾盂及肾周围脂肪内有虫体，即可确诊。治疗可用左旋咪唑、丙硫咪唑等药物。

8. 猪胃圆线虫病

猪圆线虫主要寄生于猪胃黏膜内。虫体红色纤细，各种年龄的猪均易感染。病猪表现为胃炎、贫血消瘦和发育不良。本病结合临床症状，粪检中及尸检即可确诊。治疗用左旋咪唑、丙硫苯咪唑等。

9. 内寄生虫的控制

首先要给猪只提供一个良好的环境条件，如干燥、向阳的地方，温度适宜和通风的栏舍。要求猪只密度合理，饲养于水泥圈内。圈舍经常清洁卫生和消毒，粪便随时收集与堆积发酵以杀灭排出的虫卵。要随时注意保证饲料、饮水的卫生，防止污染。给猪只提供充足的饲料日粮中应富含蛋白质、维生素与矿物质等营养，以提高其对寄生虫侵袭的抵抗力。

定期对猪群进行预防性驱虫，可减少寄生虫感染强度，防止寄生虫病的出现。驱虫时机应为断奶猪进入成长舍前，成长猪进入成长舍2月后，母猪怀孕进入分娩舍前。公猪则每年2次驱虫。驱虫时应随时消灭或驱除中间宿主与传播媒介，如蚯蚓、蚊蝇、猫、鼠等。

四十、怎样进行猪疾病的预防和控制管理?

肉猪生产业的障碍之一是疾病。一般只重视引起猪只惨重损失的疾病如猪瘟、猪胸膜肺炎。然而，一些不会引起猪只死亡的疾病也会导致经济上严重损失。如猪气喘病不导致猪只死亡却能使猪只生长率和料肉比降低。其实，延长了上市日期的损失比猪瘟暴发还要厉害。对疾病问题，喜欢以药物来应付，此措施治标不治本，问题的根源依然存在。疾病的发生必有其病因。所谓“防重于治”提醒我们须要采取某些防备措施阻止疾病的发生。下面列出一些控制猪疾病措施供参考。在描述疾病控制措施前，必须先了解基本概念。

1. 猪群疾病的概念

（1）病原体越多，疾病越严重　不同病原复合感染的问题与猪场管理有密切关系。如寄生虫，细菌或病毒的复合感染将恶化病情。患上疥癣的仔猪抓痒时损伤皮肤而容易染上猪油皮病。猪痢疾与鞭虫症的相互侵害使疾病的诊断和治疗更加复杂。猪气喘病引起咳嗽和生长停滞。若再加上巴氏杆菌的感染，会发生严重的肺炎。猪蓝耳病（PRRS）患猪感染细菌性肺炎或沙门氏杆菌症常使疫情更加严重及死亡率增大。这些例子皆证明病原存在越多，疾病的状况越复杂，治疗也更棘手。

（2）猪只越多，控制疾病越困难　病原体需要易感宿主来繁殖。一只易感的猪只被病毒感染时将会排出大量病毒颗粒污染环境。当传播力强的病毒被带进易感猪群时，短时间内整个猪群将出现疾病暴发。猪只越多，疾病暴发期将延长，原因是易感猪源不绝，每天都有易感猪出生。猪瘟暴发于大猪场时需要更长的时间来控制。离乳的仔猪本来是健康的，一旦被移入污染的离乳栏时便开始发病；其实，许多病原在宿主体外生存期不长，只要实施消毒和保持空栏一段时间即可将其杀灭。如果场地小或猪只过多，只好将离乳仔猪移入受污染的离乳栏。相反，批次分娩或“全进全出”的管理方式应有控制疾病的可能。因此，如果想以大规模方式养猪，最好以建立几幢隔开的建筑单位而不是一幢大建筑物。

（3）引种越频，疾病越多　为了达到更好的疾病控制，应尽可能向一所猪场购买种猪。不同的猪场有不同的疾病。从许多猪场引进猪时，带入许多别的猪场疾病。引进带菌猪是猪场疾病传染的重要途径。即使是普遍的大肠杆菌或轮状病毒，随着引进不同的血清型，而本场猪只对这型抗原无免疫力而造成疾病问题。同样的原理，当种猪场从不同国家收购种猪时，也会从国外引入新血清型的病原或新的病原。

即使没有引进新的病原，但也可能带入有易感性的猪只。如猪场的猪群对猪场里的肠病毒有免疫力，然而，引进的新母猪则可能对本场的肠病毒没有免疫力，结果它的头胎可能产下许多木乃伊胎儿。另一个来自各地的各种病原将综合地侵害猪群，使猪场的病况复杂化。

（4）猪龄越长，免疫力越强　免疫力随着猪群成长面增强。年长母猪的免疫力比年轻母猪的强，这便是为何来自年轻母猪的仔猪下痢比较严重。当引进成批年轻母猪时，猪群整体的免疫力也随着降低，因此种母猪的更新应有计划地进行，每年的更新以不超过母猪群的30%为宜。

（5）病原在环境的存活力越强，其疾病越难控制　一些病原微生物在猪体外能存活较长的时间，如轮状病毒和细小病毒。沙门氏菌及布氏杆菌等，这类的微生物不容易被消灭。要控制其诱发的疾病也较困难。

（6）猪群之间的距离越远，疾病的传播越困难　最大感染常来自其他猪群，猪群之间距离不要太近，其距离以地形，猪只饲养密度及该地疾病情况而定。年龄不同的猪只不应混在一起。猪场工人应避免相互串舍以免病菌四处传播。除了猪舍之间应隔开，猪场之间也应保持一段距离。

2. 控制猪群疾病的原则

（1）猪场应建立于偏僻的地方　猪场之间的距离对控制疾病有关系。猪场的位置应与其他场保持一段较长的距离。由于面对土地有限和环境污染问题的压力，有时只能集中某一地区养猪。从处理猪场排泄物的观点看，地形集中养猪区是有益的。但是对于控制疾病却有害。养猪场稠密的地区常面对疾病蔓延而无力彻底控制其危害。

（2）猪场四周最好建立起围墙　猪场过分集中且猪场周围没有明显的界线，一旦有传染病暴发是难于控制的。因为猪场之间来往的人猫或老鼠都可能是病菌传播的媒介体。很多猪病皆可在这类密集养猪区出现。所有猪场都应该建立围墙，至少可以阻止车辆和其他动物任意进入。

（3）持规模小的猪群　养猪密度与规模的大小亦影响疾病的传入，规模小的猪群较安全。当传染病暴发时，大型养猪场更严重，持续较久且不易控制。猪场愈大，疾病发生时损失亦愈大。故考虑兴建养猪场，疾病控制将是首先考虑的因素，与其建立一所有1000头的母猪的猪场时，不如以安全起见建立两所500头猪场。

（4）尽量减少猪场的猪只来自不同的猪源　若猪场猪只来自不同猪源，新猪只的引入将导致新疾病的混合感染，不但威胁到引进的新猪，而且对原有猪只亦有相当大的威胁。自繁自养的猪场一般病比较少。若猪场必须来自不同猪源，且这些猪只健康状况不明时，必须根据自身猪场猪病流行情况，选购无下述感染的猪：

◆猪瘟

◆伪狂犬病

◆传染性胸膜肺炎

◆猪痢疾

◆布氏杆菌病

◆传染性胃肠炎

◆钩端螺旋体病

◆猪疥癣

◆肠道寄生虫感染

如果你的猪场无伪狂犬病侵扰，就应该检查所有引进猪只，确保它们无此病潜在。想引进新猪只时，实际的做法：调查猪源的健康状况，该场是否实施定期的免疫计划和防疫措施；向其他曾经从此猪场买过种猪的猪场询问；尽可能使猪场主保证不会隐瞒疾病的问题。

（5）避免买进幼猪　35~40 kg 的猪特别容易染病并且携带各种各样的传染病。应该停止买进幼猪以减少带入危险疾病的可能。

（6）避免购入大降价的猪只　面对猪瘟暴发时，畜主可能以低价卖掉无症状的猪只来减少疾病的损失。连那些即将上市的肉猪都以廉价出售。贪价钱便宜买入的人“引火烧身”，猪瘟也会出现于他们的猪场。

（7）避免过多参观客人　尽量减少参观客人，且进场时须先沐浴更衣，若参观者与其他猪只接触过时，必须3 d 后方可准其进入。

（8）为参观者提供胶鞋和外套　许多参观访问的客人可能是传染病的媒介，来往于许多猪场之间的药厂或饲料厂推销员和兽医应禁止入场。对必须参观访问的客人应有基本防疫措施如提供保护外套、胶鞋并经消毒药水及紫外线灯消毒，才让其进入。

（9）避免让购猪商进入猪场　生猪经营商可能去过了其他许多猪场。别的猪场的猪只、运输工具及司机亦为最大的污染源。猪只出售，应由本场工人亲自操作。猪场装载场，位于围墙边缘，猪商或运载工人不需要进入猪场院即可将猪运走。使用后，猪舍装载场及工具均须冲洗消毒。

（10）教育猪场的工人　教育猪场工人懂得疾病控制的原则并注意不接近其他猪场，避免肉食带入猪场内。猪肉食物可能含有猪瘟病毒，而牛肉也可能藏有口蹄疫病毒。工人进入猪场时须穿上工作服及胶鞋。

（11）引进猪只隔离检疫　公猪或母猪的更新，最好有隔离舍，使新进的猪只隔离检疫3周后合群。猪场没有隔开的孤立猪舍时，可将引进猪饲养于肉猪栏隔壁。隔离期间必须经常观察引进猪只的健康情况和采血测验抗体。

（12）不可忽略公猪　公猪也会传染疾病给母猪群，如布氏杆菌症，新公猪应严密隔离和抽血检测，人工授精可以防止公猪接触母猪群。然而，有的疾病感染了公猪的精液，亦会传播给母猪群。

（13）定期的疫苗接种计划　猪场各类猪群应有一个合理的疫病免疫程序，定期病菌接种是非常重要的。没有免疫计划猪场经常暴露于猪瘟的侵害，尤其是密集养猪区。

（14）妥当的猪场设计　不同猪龄的猪群，最好分隔一段距离有助于减少传染病的传播。唯一无法分开的哺乳舍，因为母猪和仔猪混在一起，因此，死亡率最高的猪舍便是哺乳舍。另一个被忽略的是不同年龄母猪饲养于母猪栏或哺乳舍甚至并栏于公猪群。导致年轻猪易感染上年长猪散播的疾病。

（15）良好的猪场管理　猪场管理不佳会导致许多猪疾病出现。营养不良、过分拥挤、寄生虫感染、疫苗注射、气温变化、怀孕、离乳和猪栏肮脏都是造成应激的因子。应激会造成猪只的免疫力下降而易受病菌感染。冷应激造成初生仔猪下痢和易染大肠杆菌症。不传染的疾病如瘦母猪症候群也因饲养管理不当才发生。冲湿的分娩栏不但易使仔猪受凉，同时也是细菌如大肠杆菌滋生的温床。湿热的环境促使细菌大量繁殖。因此，分娩舍在母猪产后保持干燥一周，粪便应该用铲取出。事实上有许多场的仔猪下痢因管理不良而不易控制。分娩舍在白日对母猪产生热应激，晚上却对仔猪产生冷应激。畜舍及管理影响猪只对病原的抵抗力。大养猪场内，3~5周龄的离乳仔猪，下痢、肺炎、生长发育不良等，这些都不是单纯的疾病，而是因过分拥挤、饲槽不足、水供应不够、饲料品质差、温度及通风不良所造成。单纯采用抗生素或其他药物不能解决问题。猪场管理良好比用药物控制疾病重要得多。

总之，疾病控制在养猪业是极重要的环节。猪场必须建立远离其他猪场的地方。避免建设规模太大的猪舍，分开建设几个小单位为佳。只从少数的种猪场买入新的猪只，若猪场必须来自不同猪源，且这些猪健康情况不明时。必须尽早作防范措施，以减少疾病损失。猪场周围最好有围墙。猪场的装载场须靠近办公室之围墙边缘；尽量减少参观，为参观者提供胶鞋和外套以及建立隔离舍。营养、畜舍及管理都会影响控制疾病的效率。常规性接种疫苗计划是必需的。良好的猪场管理有助于控制疾病。